湛庐CHEERS

与最聪明的人共同进化

HERE COMES EVERYBODY

哭闹撒谎
育儿心理学

孙路弘　刘帆◎著

Crying, Lying
Parenting Psychology

中国纺织出版社有限公司

前言

做父母，谁都要经历第一次

来到世界上，我的第一个身份是父母的孩子，在不知不觉中就开始对着一个男人喊爸爸，向着一个女人叫妈妈了。

长大后我有了自己的孩子，那是我第一次当爸爸，听儿子叫“爸爸”的时候，我想到了第一次听学生喊我孙老师时的情景。

为了成为一名老师，我考入了北京师范大学数学系，学习 4 年，取得本科学位。这时，我是学生。毕业后到实验中学报到，作为一名初中一年级的数学老师，面对班级里的 48 个学生时，我成了“孙老师”。

在成为老师的过程中我一路求学，先后学习了儿童心理学、发展心理学、认知心理学、教育心理学……当然，主修还是数学。后来，当儿子第一次叫我“爸爸”的时候，我开始心慌，因为我从来没有学过关于如何当好爸爸的课程。有没有这方面的课程呢？

我开始向我的父母求教："当初养育我长大的时候，你们学过怎么做父母这类课程吗？"我母亲说："没有什么可以学的，边做边摸索，犯过错误，第二次不要犯相同的错误就可以了。还可以请教你奶奶、爷爷、姥姥、姥爷，他们都有经验……"

原来，父母都是从一代又一代传承下来的经验中学习的。而在过去，没有师范学校的时候，老师也是靠经验，靠一代一代的示范，传承而来的。

现在是 21 世纪，就在刚刚过去的 100 年间，人类对很多事情的认识都发生了翻天覆地的改变。借助科学手段，人们找到了诸多事物的发展规律，人类成长这一领域也不例外。从生理发育到心理发展，从精神健康到智力形成，都有各种细分学科诞生。如今再当老师，不必通过摸索和试错来学习了，完全可以少走弯路，大大减少摔跟头的概率。

这些学科不仅适用于教育学生，也适用于教育子女，于是就有了这本书——《哭闹撒谎育儿心理学》。

这本书从家庭出发，代替经验传承，为每一位初为人父母的人提出了可供参考的做法，启发父母思考，并找出应对养育难题的答案。

哭闹，是孩子与生俱来的天赋权利。那些不分白天和晚上、随时发生的哭闹背后都有其动因。

撒谎，是孩子成长过程中常见的行为。有的孩子撒谎被发现了，如果处理妥当，可能以后再也不撒谎了；有的孩子在被发现之后却一而再再而三地撒谎；有的更加严重，从撒谎演变为偷窃、抢劫，甚至其他犯罪行为。

而哭闹和撒谎只是育儿路上众多困难中的一小部分，还有撕纸、调皮、注意力不集中、多动、打架、抢玩具……这些是每个养育孩子的家庭中永无休止的闹剧，除了这些还有打针吃药、不愿睡觉、撕心裂肺地哭喊……

这样的日子将有我陪你一起走过，请带上你的问题，在书中寻找答案吧！

目录

测一测　　你能正确识别孩子的真实需求吗？

1. 孩子刚开始出现有意撒谎的行为时，内心的真正目的是什么呢？

A 为了讨父母欢心

B 为了得到好处

C 为了逃避惩罚

D 为了避免责怪

2. 四五岁的孩子们一起玩时，总有些孩子喜欢跟大人告状，这些爱告状的孩子，真实心理是什么呢？

A 寻求规则的公平

B 希望得到关注

C 表现自己优秀

D 讨好大人

3. 孩子拼积木拼不好就发脾气，甚至把已经拼好的都毁掉，类似这种急躁、没有耐心的表现背后，是什么心理动因呢？

A 对自己不满

B 对陪伴的大人不满

C 对积木或其他玩具不满

D 对目标无法达成的状态不满

4. 孩子 10 岁左右时不时就会说“活着没意思”，这句话背后，孩子真正想表达的是什么心理状态呢？

A 对当下所做的事情感到不如意

B 感到无聊，随便说说

C 感到不满，希望大人满足自己的要求

D 感到当下的生活与自己没关系

扫码下载“湛庐阅读”App，
获取测试题答案及解析。

01

第 1 章

育儿现场：

孩子的行为背后，到底隐藏着什么需求

每一个婴幼儿都是一个鲜活的生命。这句话可以从三个层面去理解：第一，婴幼儿是一个处于自我变化中的个体，因生命而鲜活；第二，所谓自我变化，是以时间为单位的发展过程，一个鲜活的生命就是不断成长的生命；第三，自我变化会基于之前定形的部分而发展，生命因自我变化的不断积累而鲜活。身体的鲜活取决于环境，心理的鲜活取决于父母的响应态度，智力的鲜活取决于父母创造的视觉与听觉环境，精神的鲜活取决于父母平常生活中的言谈举止。因此，孩子的生命是他周围环境影响的总和。

有的孩子出生后立刻就会哭出声来，有的孩子要三五分钟后才哭出来，也有一些孩子出生半个小时也不哭，真的需要有人拍一下屁股。那孩子的第一声哭是因为什么呢？是被打疼了，饿了，还是要找妈妈呢？

每一位父母都知道自己的孩子是鲜活的生命，也都因责任重大而对孩子爱护有加，从响应第一次啼哭、清理第一泡屎尿、给予第一个拥抱、穿好第一件婴儿服开始，小心翼翼又忐忑不安，不知道自己的动作对不对，不知道孩子哭了该怎么办。

每个家庭都是一个大型的“育儿现场”，在这里，这样的问题有很多，父母心中时时涌现出各种各样的问题，每一个问题都有针对性的场景，都来自具体的现实，但他们往往苦于没有一本百科全书能够一一答复。求助于心理学的著作会发现内容抽象、术语又多，案例与现实难以吻合；求助于医生和护士，得到的答案也常常是模棱两可的。

根据婴幼儿常见的行为表现，结合来自父母们的成百上千条留言，我将在本章解决 9 个常见的育儿疑问。

让我们慢慢来，先从第一个问题开始。

1. 哭，是孩子试图要说什么

育儿问题五花八门，但新手妈妈们问得最多的问题总是离不开孩子的哭。有位妈妈问道：

> “孩子经常会大声号叫般地哭，我试过喂奶，他不要；强迫他吃奶，他会用舌头把乳头顶出来；试过抱起来，会好一些，但之后还会继续哭；也检查过是不是尿布脏了，但尿布还很干爽。这种情况每天都有一两次。去医院体检时问医生，他们都说没事，也查不出具体原因是什么。这到底是怎么回事呢？”

类似的问题还有很多：

> “我每天早晨去上班时宝宝都会哭，撕心裂肺的那种，但我要迟到了，到最后不得不走，不得不把孩子留给奶奶。孩子长大以后会不会记恨我啊？”
>
> “只要远远地看见了幼儿园，孩子就开始哭闹了。离幼儿园越近哭声越大。可老师说，我离开后孩子马上就没事了。这种情况是不是等孩子长大就好了？”
>
> “我家宝宝都 3 岁多了，还是很爱哭，每天我下班回家他一见到我就会哭，不是很大声的那种，就是黏着我，要我抱，但我抱了他还是哭，怎么哄都不行，给糖吃也不要。是不是身体发育有什么问题啊？”

这些问题引申出了育儿过程中的一个重要问题：孩子试图通过哭来表达什么？

哭是婴幼儿的一种表达方式，是生命赋予他们的基本生存能力。如同在野外生存的马和羊，必须在出生后 15 分钟之内站立起来，必须在 30 分钟之内有奔跑的能力，不然就面临着被自然淘汰的命运。人类的婴幼儿也是一样，初来乍到，不具备身体上的行为能力，却必须有发出声音的能力。

孩子一生下来就会使用哭声，大人在与孩子的哭声互动过程中渐渐发现他们是通过哭来达到某些目的的。婴幼儿发出自己的声音是希望获得关注和响应，满足这个阶段的生命需求。那么，婴幼儿到底要表达什么样的生命需求呢？不妨来做做下面这道思考题。

思考题 练习识别孩子的需求

一个 3 岁多的孩子边哭边看着大人，哭声时大时小：大人看孩子的时候，孩子的哭声渐渐变小，不看时哭声变大；大人走近时哭声变小，远离时哭声变大。那么，这种情况下，孩子哭的目的是什么？

A 饿了，想吃东西

B 孤单，寻求关注

C 难受了，不舒服

D 紧张，有一点儿害怕

仔细听，婴幼儿的哭声有四种类型，分别对应着以下四种意思。

- 第一种是饥饿。
- 第二种是难受。
- 第三种是孤独。
- 第四种是恐惧。

这四种意思分别对应着四个层面的需求。第一是生理层面的饥饿，婴幼儿通过哭声表达对食物的需求；第二是生理层面的难受，是关于身体的一种需求；第三是心理层面的，婴幼儿试图通过哭泣与外界建立联系，并确保这个联系一直都在，当他需要的时候就可以通过哭声唤来；第四是精神层面的，婴幼儿意识到了可能的危险，哭是对未知感到恐惧的一种反应。

孩子出生时通过哭来扩充肺部，使之吸纳空气，肺部内肺泡中的红细胞与空气中的氧气结合并释放出二氧化碳，高含氧量的红细胞通过心脏压缩进入血液循环，同时肺部排出二氧化碳。婴儿的第一声哭，就是肺部启动呼吸功能的一种表现。

听到哭声，母亲的本能反应就是喂奶，但让哭声持续一会儿并不是坏事。婴儿在母亲怀里吸吮乳汁，乳汁进入胃部，消化功能启动。随后，孩子的大脑建立了第一层条件反射循环，即制造出哭声会使胃里的饥饿感消失，使他感到舒适。随后，他就会一直使用这个规律，用哭声换来良好的感受。

在排便后，孩子的皮肤感到不适也会发出哭声，大人的响应解决了问题，让他感到舒适，这是第二层条件反射循环。有时一点细微的不适也会让孩子发出哭声，他会期待大人的响应，如果没有得到响应就会提高音量，依然没有得到响应就会加快哭闹的节奏，直到最后得到响应。这时，孩子学到了最重要的第三层条件反射循环：哭声可以调动大人进行响应，这是心理层面的互动。孩子 2 岁后，会大量地使用第三层条件反射循环来满足自己的心理需求，比如感到孤单或想得到什么东西了，都会通过哭来表达。然后就是当孩子感到恐惧、害怕时，比如外界声音较大，刺激了孩子的收音器官，而孩子还不能适应较大的声音时，恐惧感便会让孩子哭出来，这时大人的响应会促使他形成第四层条件反射循环，这是精神层面形成过程的一种基础模式。

当父母充分认识到婴幼儿哭声的四层需求后，就能够识别出每一个场景下的哭声是什么含义了。面对孩子的哭泣，父母的基本反应顺序应如下所示。

- 第一步，倾听，并做出基本判断，这是哪一层需求。
- 第二步，响应孩子的哭声，可以从最初级的方式开始依次响应：声音、目光、距离、触摸、面对面讲话、针对性动作。
- 第三步，当孩子的哭声得到缓解，恢复到哭之前的状态时，可以开始和他交谈。交谈也有一个渐进的过程，内容由浅入深，目的是尝试找到哭声背后的需求，获得孩子的认同后，提供适当的满足。

响应孩子哭声的基本做法是这样的：“我听懂你的哭声了，那你现在是难受了吗？是饿了，害怕了，还是孤单了？”

看着孩子的眼睛，继续自言自语：“我知道你难受了，是不是太热了？让我摸摸你的头，哎呀，这么多汗，帮你脱掉一件衣服吧！”

目光看着孩子，再缓慢地说一遍：“我帮助你脱掉衣服，你就会凉快了。”然后缓慢地给孩子脱衣服，伴随脱衣服的过程用语言描述动作：“我们先脱左边的袖子，好，左手缩回去了，对的，接着再来右手，现在好了，从头上一拽，就出来了。”把衣服从孩子头上拿开时，可以对孩子做出捉迷藏被发现的表情，同时说：“感觉一下，是不是不那么热了？一会儿就不出汗了。下次哭可以说‘我热了’。”缓慢地对孩子说：“我热了。”让孩子看到你说这三个字时的口形。

以下是上述思考题的答案，以及关于孩子不同哭声的具体解释。①

你做对了吗？

A 饿了，想吃东西

解读 这种情况下的哭声是持续的，不会因为给予目光关注就有所缓解。

B 孤单，寻求关注

解读 这是明显的互动式哭声，孩子会渐渐学会使用这个哭声来控制大人。

C 难受了，不舒服

解读 难受时的哭声大小是随难受程度而变化的。

D 紧张，有一点儿害怕

解读 感到紧张时的哭声通常声音不大，而且大人的关注不会影响哭声的大小。

哭是孩子的正常行为，关键就是要弄明白孩子试图表达什么，并给予适当的响应。有的父母说，安抚奶嘴能有效缓解孩子哭泣。这的确是一种解决办法，奶嘴不仅对安抚孩子哭泣有帮助，同时也是儿童心理层面的一种压力转移方式。这就引出了另一个话题，那就是孩子吃手、啃东西，什么东西都往嘴里放，这种情况应该怎么办呢？请看下一节。

---

① 本书思考题的答案及对各选项的解读以“你做对了吗？”的专栏形式呈现，其中字体加粗加黑的选项即为正确答案。——编者注

2. 孩子为什么啥都往嘴里放

养育孩子确实辛苦，在婴幼儿期很多人将这种辛苦形容为“熬人”，因为父母需要目不转睛地盯着孩子，一会儿也不能走神儿，否则一回头的工夫，孩子不是把什么东西拽倒了、掀翻了、弄洒了，就是以迅雷不及掩耳之势把手边能抓到的一切往嘴里塞，不管干不干净、能不能吃。

父母担忧的不只是卫生问题，更是攸关生命的安全问题。异物堵在呼吸道里，吐不出，咽不下，很容易造成孩子呼吸困难，生死一线。看看这些妈妈们的反馈：

> “我儿子现在 11 个月大，几乎所有玩具都会往嘴里塞，放在地上玩的小汽车只要让他拿到，就会放进嘴里。可是车轮子多脏啊，简直不能想，我总担心他会因此生病。”
>
> “自从孩子能很熟练地满地爬之后，我觉得看孩子好心累，越是犄角旮旯里的东西，她越有兴趣。比如墙角里的碎纸片、沙发缝里的玩具零件、饭桌底下的食物残渣等，她不仅都会动手掏出来、拿起来，还会塞进嘴里。她在饭桌下捡残渣的时候，我总在想她是不是没有吃饱呢？”
>
> “我最近总是因为孩子啃咬东西而说他，但给这么小的孩子讲道理完全是对牛弹琴，没有用。我小时候因为咬笔帽差点儿窒息丧命，现在一见到孩子什么东西都咬，我就异常紧张。”

现在请做做下面这道思考题，看看你能否找到正确答案。

思考题 练习识别孩子的需求

孩子吃手指、啃脚趾，还可以理解为触觉与味觉的脑神经元联结过程，那么，孩子抓到什么都往嘴里放，这种常见行为应该怎么解释呢？

A 没有吃饱的一种表现

B 口腔开始体验不同固体的感觉

C 处在好奇探索味觉的时期

D 在练习手口协调的能力

孩子抓东西往嘴里塞，排除没有吃饱的可能性之后，最常见的原因是辅食准备期前后的口腔体验需求。

孩子长到八九个月时，味蕾开始发育，接着就是口腔内周边组织的增生，为下一步咀嚼软体固态食物做准备。开始添加辅食后，软体固态食物会刺激牙床，让孩子的口腔为下一个阶段做好准备。孩子开始往嘴里塞东西出于两个核心动力，一个是生长的动力，另一个是探索的动力。生长的动力推动孩子做出反应，而反应过程离不开口腔内各种感觉的体验，体验则通过探索获得。啃咬就是一种探索。孩子在这个阶段会不停地探索物体、探索味道、探索形状、探索硬度、探索变化。

既然这个动作出自生理发育需求，大人就不应该阻挠。大人往往担心孩子随意拿东西放进嘴里不卫生，容易致病，于是总是阻拦，而不懂得顺应。把东西放进嘴里是孩子生长的动力驱使，阻拦的结果就是生长的扭曲。正确的做法是不阻拦，转而提供消过毒的、可以反复咀嚼的、无法下咽的代替物，比如安抚奶嘴和食品级硅胶制品。这些代替物，孩子能咬住又咽不下去，材质安全，可以反复使用。这才是人类运用智慧满足孩子生长需求，同时避免致病的正确方法。

孩子在成长过程中会出现各种可能的危险，对大人来说，最应该做的不是阻拦，也不是讲道理，而应该是设法满足，同时去避免环境中的危险因素，让孩子感受到需求的满足，这才是家庭教育的智慧体现。

以下是上述思考题的答案及各选项的具体解释。

你做对了吗？

A 没有吃饱的一种表现

解读 不能完全排除这种可能。

B 口腔开始体验不同固体的感觉

解读 发生在辅食准备期前后，是孩子的口腔体验期。

C 处在好奇探索味觉的时期

解读 重在口腔体验，而非味觉体验。

D 在练习手口协调的能力

解读 这是核心目的以外的额外收获。

理解了孩子在添加辅食前后的口腔体验期，我们再来看看孩子喜欢往外扔东西又是为什么。

3. 孩子为什么总是扔东西

孩子一天天长大，从襁褓中不会翻身的婴儿到会坐、会爬、会走的幼儿，他们逐渐可以灵活控制身体各个部位完成各种动作，父母们在欣喜的同时也会产生各种负面情绪，其中孩子总是扔东西就是非常容易让人恼火的问题之一。孩子不仅会扔玩具，还会扔餐具、扔食物，动静越大的越爱扔，反复扔。一位妈妈这样描述：

"孩子特别喜欢扔勺子和碗，力气大而且速度极快，刚捡起来，一瞬间就又扔出去。边扔边笑，有时甚至是哈哈大笑，让我非常生气，觉得他是在成心跟我作对、折腾我，长大了还怎么得了，应该怎么纠正这个坏毛病呢？"

还有些妈妈们说：

"很怀念孩子躺在怀里的那几个月，就像个小天使，只要吃饱睡好就特别温柔可爱，但现在的她简直就是个小魔女，不爱惜玩具，拿在手里就是各种掰、扭、扔，变着花样使蛮力搞破坏，玩具基本上都被她折得七零八落。"

"我们家的情况是，孩子越长大脾气也越大，一转眼就把东西扔出去了，他还不会说话，这是他在表示不想要、不喜欢吗？"

"孩子什么都扔，反复扔东西的响声很让人心烦，楼下的邻居还为此投诉，我真是不知道怎么办才好。"

"我儿子七八个月大以前经常用安抚奶嘴，为了防止奶嘴掉在地上弄脏，我专门配了一个可以夹在衣服上的链子。不知道从什么时候起，我发现儿子喜欢故意把奶嘴扔在地上，每次把夹子扯开，把奶嘴扔出去的时候，他好像都很开心，有时费半天劲儿扯不开夹子，他急得脸都红了，气得直哭。每次捡起奶嘴我还得重新洗干净，一天洗无数次，太让人抓狂了，这是什么原因？是不是过了这个时期就好了？"

父母们首先需要知道的是，孩子扔东西这种现象很常见，而且完全正常，是孩子成长过程中与外界互动的一种需求体现。请思考以下问题。

思考题 练习识别孩子的需求

父母肯定看到过孩子将吃饭的勺子扔到地上，捡回来后，再扔出去的行为。要不就是扔别的东西，无论是什么，只要大人捡回来，孩子就会再扔。孩子喜欢扔东西的原因是什么呢？

A 不喜欢这个东西

B 让大人得到锻炼

C 感受东西落地的声音

D 延续自己的视觉感受

孩子扔东西是借助手的感受，根据声音反馈，进行视觉追随。这是触觉、听觉和视觉三个反馈系统第一次合作，可以极大地促进大脑神经元发育，能够创造极大的快感。遗憾的是，很多父母面对身处这个时期的孩子不是埋怨就是训斥，而且不让孩子拿到东西，从而导致孩子没有什么东西可以扔。

理解了孩子扔东西实际上是三个感官系统的首次协调，就应该鼓励孩子继续扔，并提供那些落在地上有声音、不滚动、可以留在原地的东西给孩子扔。观察孩子的视线能够在所扔物品上聚焦多长时间，以及孩子下一次是否会有意识地扔远一点、是否会变换方向，这些会促进孩子的动能、主动意识、手眼配合以及通过听力指挥视觉的多线程作业能力。

在物体离开手，视觉跟不上的情况下，孩子靠听觉得到信号，继而指挥视觉。如果得到机会再扔物品，重复“视觉—听觉—视觉”的过程，如此不断地进行，孩子大脑中的神经元就会得到充分的联结，在获得快乐的同时，自己也渐渐有了自主掌控的感觉。对自己的行为有掌控感，这也是一个人自信的底层基础。

下面是上述思考题的答案，以及关于孩子喜欢扔东西的原因的具体解释。

你做对了吗？

A 不喜欢这个东西

解读　孩子会有喜欢和不喜欢的感受，但不会用扔来表达。

B 让大人得到锻炼

解读　孩子不会有这个主观想法，15 岁以后的孩子才会有目的、有意识地调动人。

C 感受东西落地的声音

解读　接近正确，有声音反馈的影响。

D 延续自己的视觉感受

解读　更加符合儿童大脑发育需求，可以观察孩子听到声音后的视线变化。

因此，孩子扔东西，不仅具有大脑发育层面的生理意义，也具有心理层面的意义。孩子某种心理的形成都源自他过去的经历。在孩子成长的早期阶段，父母如何响应孩子的行为，将对他的心理和后续行为产生影响。请思考下面这个问题。

思考题　练习识别孩子的需求

孩子将手里的物品抛向远处或者扔向地面，本质上都是把东西摔出去的行为，但他并不能区别球是可以这样扔的，而碗却不行。通常 2 岁以下的孩子才有这样的行为，但如果孩子经常出现摔东西的行为，那么他在寻求的是什么？

A 好奇东西掉到地上出现的样子和声音

B 好奇东西掉到地上时父母的反应

C 手部活动，体验大脑小脑指挥的感觉

D 对其他孩子行为的模仿

儿童发育过程中，必须有动的表现，这才是生命体活着的标志。动的过程就是肢体发育、血液流动、神经传导的建设过程。这个时候，生命体的大脑没有学过控制自己不动，如果让孩子不动，用椅子约束住，生命体运动的本能仍会延续，只是变换成其他方式继续。比如动手，如果手里恰好有勺子一类的东西，孩子就会握住勺子敲敲打打，一不小心手握得松了，勺子掉在地上传来声音，孩子就会觉得：嘿，有意思！如果这时大人又塞给孩子一个东西，孩子就会继续松手，又让它掉到地上。一方面，孩子体会到了自己的行为能带来什么结果；另一方面，孩子体会到了自己松手的动作得到了声音反馈的刺激，于是会尝试再次松手。

这时如果大人做出了反应，呵斥或批评孩子，不再让孩子拿东西，那么，孩子在扔东西的时候就开始建立一个新的模式，即大人的反应也被计入自己行为的结果之中。如果大人的反应让孩子不舒服，以后孩子要体验这种行为的时候就会有预期意识，畏畏缩缩、小心翼翼、察言观色，内向的心理模式随之启动。

了解了孩子扔东西的原理，父母们还需要掌握具体的应对方法，核心原则就是“顺应”，具体有如下两步。

- 第一步，尝试循序渐进地“管住嘴”，不阻拦、不否定、不训斥，让孩子尽情地去做在相应发育阶段想做并且需要做的事情。
- 第二步，以平等的姿态参与孩子的行为，可以与孩子一起扔，并增添更多的乐趣。

比如在地上放一个盆，跟孩子一起尝试轮流把东西扔进盆里，看谁扔得准；也可以设置一个高度，比一比看谁扔得高；还可以变换不同的物品，扔纸飞机、扔球、扔毛绒玩具、扔积木等。**顺应儿童成长发育过程中的行为，强化行为出现时大脑神经元联结的形成，这也就是因势利导。**

以下是上述思考题的答案，以及对孩子扔东西时心理需求的解释。

你做对了吗？

A 好奇东西掉到地上出现的样子和声音

解读 最初是好奇这一点，但接着就会转移为好奇父母的反应。

B 好奇东西掉到地上时父母的反应

解读 扔东西的现象多次出现是父母错误反应导致的固化行为。

C 手部活动，体验大脑小脑指挥的感觉

解读 这是原发大脑发育的一个阶段。

D 对其他孩子行为的模仿

解读 这类行为很少是模仿来的。

了解了孩子扔东西的原因，当父母们再看到孩子这样做时，内心就有了指引，可以试图去理解孩子，理解他们的大脑发育过程和心理成长规律，也就不会盲目地批评和阻拦孩子了。除了扔了满地的东西，家中常见的“育儿现场”大概还包括随处可见的碎纸片或者书的残页，它们都是被孩子撕烂的。那么，孩子爱撕纸又是怎么回事呢？请看下一节。

4. 孩子为什么爱撕纸

和扔东西类似，撕纸也是孩子低幼时期经常出现且不断重复的行为。父母们反映孩子见到纸就撕：撕面巾纸，撕得丝丝缕缕；撕台历、挂历，还没到那个月份就都被撕掉了；撕打印纸，全新的没用过的白纸，一次能连续撕好多张；撕包装纸，抓到一包饼干马上就撕，饼干“哗”地一下全都掉在地上；不仅撕纸还撕书，几乎所有的低幼图书都有被撕破的地方，有的一整页都被撕掉了；更严重的是一个不留神没看住，孩子就把记录了重要内容的文件给撕了……

孩子还没成长到这个阶段的父母看到这些内容可能会哈哈大笑，而正在经历这个阶段的父母怕是哭笑不得。有了前一节关于扔东西的解答，相信父母们对如何理解孩子撕纸的行为可能已经有了一些启发。请看下面这道思考题。

思考题　练习识别孩子的需求

孩子长大的过程中，总有在大人看起来比较奇怪的行为，撕纸就是一个。那么孩子撕纸行为的背后又有什么样的原因呢？

A 让大人关注自己

B 体会纸撕开时的各种变化

C 体会手部动作带来的声音

D 体会散落的感觉

孩子撕纸的行为经常被大人定义为破坏、浪费和捣乱。有了这种看法，父母应对的方式通常就是阻止、喝令，有时还会恐吓孩子。

对孩子来说，这其实是在体验手部动作所带来的听觉和视觉上的不同。一个整体事物，可以被自己的手部动作改变，这让孩子获得了视觉上的满足，同时，第一次听到撕纸的声音，也激活了与听觉相关的新的大脑区域，于是孩子想要一而再再而三地撕纸，强化新激活的大脑区域并重复体会那种独特的感觉。

被撕开的纸张不能再次用于阅读和书写确实是一种浪费，但如果这种浪费换来的是孩子"脑一手一眼一耳"的联结，其价值就不可估量了。可现实情况往往是，父母无法直观地看到孩子大脑皮层被激活的结果，看不到也就当作不存在，于是认定那些被孩子撕碎的纸张就是浪费。这种认识，源于不了解孩子 5 岁前大脑发育所需的各种变化，对孩子来说，只有当事物在变化时才好玩，这是大脑发育过程的必经之路。了解孩子大脑发育的过程就是理解婴幼儿成长中的规律，理解孩子，改变自己的看法，不再将这些正常的发展行为视作孩子道德或态度上的问题，给孩子贴上"破坏、浪费、捣乱"的标签，这样才能采取适当的、科学的应对方式，不断巩固亲子关系，更多地体会到养育孩子的快乐。

以下是上述思考题的答案及各选项的对应解释。

你做对了吗？

A 让大人关注自己

解读　有要求关注的成分，不过要求关注还有其他更加有效的方式。

B 体会纸撕开时的各种变化

解读　孩子确实喜欢变化的事物，他们的视觉更容易捕捉到运动的物体。

C 体会手部动作带来的声音

解读　手的动作能够带来听觉的不同反应，是动作与听觉联结的过程。

D 体会散落的感觉

解读　只有眼睛可以体会这个感觉，常见情况是孩子在撕纸后并不看落下的过程。

孩子不会伪装、掩饰，脸上的表情就是身体和心理状态的真实反映。扔东西时听到声响的兴奋，以及撕纸时的全神贯注、兴致勃勃，都是情绪的写照，父母稍加关注就能发现不同。

孩子脸上还常常出现一种表情，每当晚上天一黑、灯一关，孩子就变得紧张，眼珠乱转，视线到处搜索，这是孩子害怕的表情。为什么孩子会怕黑呢？请看下一节。

5. 孩子为什么怕黑

很多人小时候都有过怕黑的经历，记忆中的一些场景仍然历历在目。即便成年后，好多人在身处黑暗时仍会觉得后背冒冷汗，心里十分慌张。看看下面这些文字，你是不是也有过类似的感受？

> “小时候家里只有两间屋子，晚上我总希望两间屋子的灯全亮着，可大人们说那样费电，应该随手关灯，于是没开灯的那间屋子我完全不敢进，总觉得黑暗之中是不是藏着什么。有时父母让我去那间屋子里取个东西，我都找出各种理由不去，为此还挨过几次骂，因为父母觉得我是故意装作听不见，但其实是因为我怕黑不敢去。”
>
> “我小时候特别害怕入睡前关灯，几乎每天晚上我都央求父母陪我入睡或是别关灯，等我睡着了再关。他们总说‘男子汉应该勇敢，你怎么这么胆小呢’，说完就毫不犹豫地把灯关掉，然后关门离开了。屋里一片漆黑，我害怕极了，但已经记不清自己到底害怕什么，或许是怕床底下有怪兽。这样的事发生过很多次，我都是在又伤心又害怕的状态中哭着入睡的。没想到现在我儿子也非常怕黑，每天晚上睡觉前的状态和我小时候很像，胆小的问题是不是真的会遗传啊？”
>
> “我的女儿现在 1 岁了，最发愁的事情就是每天晚上睡觉时，一关灯她就哭。据说开着灯睡觉会影响人体内的激素分泌，所以对于她开灯睡觉的要求，我很困惑，既希望她能情绪平稳地睡着，又不愿意她在屋里全亮的环境下入睡，非常矛盾。”

正如大多数人小时候都经历过的，怕黑是非常普遍且正常的情况，只是有的孩子用语言表达了出来，有的孩子用行为表现了出来，而有的孩子虽然没有明确的表示，但并不等于不害怕黑暗。请思考以下问题。

思考题 练习识别孩子的需求

孩子害怕黑暗的本质原因是什么呢？（多选）

A 孩子知道坏人藏在暗处

B 黑暗中孩子的视觉信息关闭了

C 孩子的眼睛不适应黑暗

D 大人用夜晚吓唬孩子的结果

E 孩子的眼睛习惯了光亮

孩子怕黑，主要有以下两个原因。

第一，婴儿出生后的前几个月每天要睡 16 个小时，几乎没有在清醒的状态下体验过黑暗，与视网膜相连的大脑视神经区域也就没有对黑暗的识别功能。孩子成长到 10 个月后，每天的睡眠总时间开始减少，有机会在清醒状态下看到黑暗了。最初看到黑暗时，大脑会认为什么都看不到，瞳孔本能地放大，部分视神经元被激活，同时伴随着眼球的肿胀感，轻微不适的感觉被添加到刚激活的神经元区域。再次看到黑暗，体会到类似的感觉时，孩子的大脑神经元就会发出警惕信号，引发孩子做出预先防御，表现出哭闹不安、寻找大人依偎以求获得安全感的行为。

第二，孩子害怕黑暗是因为缺少视觉信号输入。视觉在儿童发育过程中对大脑的发育起到了非常重要的刺激作用。通过眼睛看到的东西，大脑会驱动手去触摸，进而得到来自皮肤的感觉，大脑随之将这两个信号进行联系，形成一种认识——对看到的、触摸到的东西的整体认识。这个阶段发生在 7 ～ 12 个月期间，这时孩子总是要伸手触摸眼睛看到的东西。

孩子渐渐开始依赖视觉是在 3 岁以后，这时他们能够意识到自己的生存与视觉有着密切的关系。一个东西能不能吃，要先看清楚，而孩子之前被喂饭的时候完全依赖父母，父母提供什么就吃什么。自我意识萌发以后，孩子会先观察自己吃的食物，进行识别、印刻，以后再见到时会知道这种东西能不能吃。那些被家人追着喂饭长大的孩子就缺乏这个建立视觉联系的过程，可能会在观察力上有所欠缺。有些孩子长大后常常会有粗心、马虎等问题，本质上是因为孩子没有机会使用眼睛进行细致的观察活动。

基于此，孩子会以为看不见东西是灾难，是末日，是危险的。这种理解并非源于头脑中对黑暗世界的想象，而是因为没有信号输入。

父母往往不了解这两个基于生理和认知的本质原因，不仅不能理解孩子，还将怕黑归结为孩子不够勇敢，可想孩子该有多委屈。充分理解了孩子怕黑的原因后，父母就可以通过有步骤的做法，改善孩子最初看到黑暗时的感受了。

第一步，在孩子没有入睡的时候陪他一起看天黑，让他适应光线由强到弱最后变黑暗的过程。在此期间，视神经元从能够看到逐渐变为看不到，瞳孔一点一点逐步放大以适应光线变弱，就不会引发眼睛肿胀的感觉，孩子大脑中的记忆体就获得了无差异感受的体验，从而接受了黑暗。如果不能看到天黑的渐变过程，也应该在孩子入睡时，在室内创造光线逐渐变弱的过程，而不是突然把灯关掉。这种做法不仅能有效避免室内突然变暗造成孩子的眼部不适感，也能符合孩子的视觉认知规律，从而提供安抚。入睡时如果留着一点微弱的光线，孩子会更容易接受闭上眼睛的感觉。

第二步，感受光线变化的同时，给孩子讲故事，陪孩子听温馨的音乐，这种放松、舒适、安全的感觉有助于消除孩子对黑暗的不适和恐惧。

通过这样的做法，孩子慢慢就不再怕黑了。下面是上述思考题的答案，以及针对孩子怕黑的各种可能原因做出的具体解释。

你做对了吗？

A 孩子知道坏人藏在暗处

解读　孩子很小的时候，还不理解“坏人”就开始怕黑了。

B 黑暗中孩子的视觉信息关闭了

解读　孩子将视觉信号作为生存安全的根源。

C 孩子的眼睛不适应黑暗

解读　害怕并非源于心理而是生理，瞳孔放大，眼球肿胀难受，与眼睛相连的大脑视神经元记下了不适的感觉。

D 大人用夜晚吓唬孩子的结果

解读　有这个可能，但不是根本原因。大人的恐吓强化了大脑神经传递出来的恐惧感。

E 孩子的眼睛习惯了光亮

解读 如果慢慢暗下来，孩子也是能够接受的。

怕黑是心理反应的一种标志，眼睛可见即意味着安全，不仅人类是这样，大多数哺乳动物都是这样，而灵长类动物尤其突出。孩子幼时出现的种种状况看上去十分棘手，但了解到孩子的发展需求及其核心机制，也就能够更加科学合理地应对了。除了怕黑，喜欢玩水也是孩子的共性之一，一玩水就停不下来，弄得浑身湿、到处都是水，这样的“育儿现场”也是让家长相当为难的，而这背后的原因其实与前文类似，我们一起来看看孩子喜欢玩水的原因。

6. 孩子为什么一玩水就停不下来

几乎所有的孩子都爱玩水，不管是在家里的浴缸还是在亲子乐园的戏水区，孩子一见到水就很喜欢亲近，而且玩多久都不够。看看父母们的这些描述，你是否也曾遇到？

“自从孩子能够自己刷牙、洗脸、洗澡之后，每天晚上的时间就变得不够用了，上床睡觉的时间也明显延迟了。不是他不会洗或者动作不熟练，而是他喜欢玩水，边洗边玩，总是玩不够，每天都要几经提醒才很不情愿地从淋浴间里出来。”

“我女儿最近每次洗手总是把水溅得到处都是，镜子上、水池边、肥皂盒里、地上到处都淌水，我问过她很多次到底是怎么回事，她说是不小心弄的，后来我发现她会用手指堵住水龙头的出水口，看水喷溅。我说了她几次之后，她似乎不再这样弄了。但奶奶说白天我上班不在家时，女儿玩水玩得很疯，拦都拦不住，经常把自己全身都弄湿了。我真没想明白她为什么这么爱玩水。”

“关于孩子玩水，我想到了我儿子小时候的一件趣事。孩子 2 岁时全靠我自己带他，家里没有帮手。中午做饭时，我不希望他在身边缠着我，我的‘绝招儿’就是给他一个垫脚凳让他在厨房的水池边尽情地玩水。木筷子、塑料勺、不锈钢碗，还有各种瓶瓶罐罐，都成了他最喜欢的玩具，他可以自得其乐地专注好几十分钟，而我就正好趁机把饭做好。”

“我儿子酷爱踩水坑。下雨之后，路上总会有些坑洼的地方形成小的积水坑，他只要一见到就非要上去使劲儿踩一脚，看到水花四溅就激动不已地哈哈大笑，完全不顾衣服湿了，还有溅的一腿泥。我们越是不让他踩水坑，他越想要去踩，真是让人头疼。”

父母的这些描述引出了孩子为什么爱玩水的问题。请思考以下问题，看看你能找到正确答案吗？

思考题 练习识别孩子的需求

孩子并不是因为爱干净才愿意洗澡的，而是因为爱玩水，刷牙也是。孩子爱玩水，这背后有什么原因吗？

A 水是动态的，变化多样

B 水接触皮肤刺激触觉发育，能让孩子体验不同的感觉

C 水是生命之源，熟悉和热爱水是孩子的本能

D 胎儿时期被羊水包围着，水让孩子有一种熟悉感

孩子的本性都喜欢水，主要是因为皮肤接触到水后有不同的温度感受，形成触觉刺激，并让大脑体验流动和温度。但确实也有一些孩子怕水，主要表现为抵触洗澡。这主要是两个原因造成的。

第一个原因是孩子没有机会充分地玩水，或者一玩水就被大人批评。孩子认识一件全新事物之初，会从视觉和触觉开始长时间聚焦这件事物，比如盯住地上的蚂蚁看两个小时，渐渐地就在大脑中印刻了蚂蚁的信息。孩子早期接触并聚焦于某件事物时，一旦被大人指责就会在还没有体会到它的触感之前，形成心理上的恐惧关联。玩一次水被批评一次，这种印象形成后，孩子就从心理上开始反感水了。

第二个原因是在早期接触水的过程中，心中留下了与水有关的不快体验，

从而形成对水的恐惧。比如孩子的眼睛或鼻子里进过水，受到了水的刺激而感到非常难受，或者在情绪不佳的状态下被强迫洗澡。

这种恐惧会长期影响孩子，包括后期抵触学习游泳或与水有关的各种运动。避免形成这种负面影响的最佳办法仍旧是“顺应”：允许孩子从几个月大起就在澡盆里玩水，自由地体验水的触觉感受，可以在澡盆里放上小鸭子之类的漂浮玩具，促进孩子形成对水的好感，同时体会水的作用以及水与物体的关系。从长远来看，为孩子创造适合的条件，让他们自由体验水的感觉，会对孩子的成长产生积极的影响，其中之一就是促进大脑的发育。那么请思考下面这个问题。

思考题 练习识别孩子的需求

在玩水时，以下四种玩法哪一种对孩子的大脑发育最有帮助？

A 沙滩上，有塑料铲和桶

B 洗澡时漂浮着玩具的水

C 瓶子里倒来倒去的水

D 洗手时不停流动的水

这四种玩法不少孩子都体验过，但看到这里，父母可能会困惑：不是谈玩水吗，怎么 A 选项又扯到沙子上了？

沙子是“固态的液体”，也就是可以被工具管理起来的“水”。在玩沙子的过程中，孩子的大脑中也会形成很多神经联结，自主产生更多的想法，并尝试用工具来实现。如果有几个孩子一起玩，就能够互相激发出更多的想法，有效刺激孩子的大脑发育，建立更多的神经联结。

很多孩子在洗澡时喜欢用两个瓶子相互倒水。孩子还不会独立洗澡前，洗澡是一个被动的体验，而用瓶子相互倒水是一种主动的体验，只是变化形式比较有限。

洗手时玩水龙头的流水，纯粹就是触觉的感受了。随着手的介入，水的样子会发生变化，水不断向下流动，也是孩子喜欢体验的一种感觉，并且他们渐渐地会通过看水的流动感受到运动的规律。

对 6 岁以下的孩子来说，最好玩的就是看上去形式简单却有无穷变化的事物。水就是这样的东西，沙子也是，孩子喜欢玩水、玩沙子，两个东西混合在一起，就更好玩了。色子也是类似的东西，看上去就是六个面的立方体，每次扔出去停止后，都有一个面朝上，既有不同的时候，又有相同的时候，无法预料。玩的过程中，可以渐渐悟出很多东西。乐高积木之类的搭建玩具也是通过简单的拼接呈现出不同的形态。玩的过程中，孩子可能有自己的主动意识，也可能是无意识拼接后看到呈现出来的样子有了新的想法，比如再换一个形状试试看，这就是动手活动推动大脑发育的动力。

而现在很多孩子的玩具恰恰相反，看上去功能多样、结构复杂、难以理解，大人还要教孩子如何玩，孩子看大人玩得热闹，自己也就失去了兴趣，不再愿意参与其中，渐渐不再碰触了。

父母可能觉得，那么简单的东西有什么乐趣呢？这说明父母已经失去了孩提时代的童真、纯朴。**简单却蕴含无穷变化的东西，才是这个宇宙的核心。从孩子喜欢玩的东西中能看到孩子心灵中的童趣，父母或许能从中得到启发。**

以下是上述两道思考题的答案及各选项对应的具体解释。

你做对了吗？

A 水是动态的，变化多样

解读　这是比较表面的一个原因。

B 水接触皮肤刺激触觉发育，能让孩子体验不同的感觉

解读　这是驱动孩子产生情绪的关键原因。

C 水是生命之源，熟悉和热爱水是孩子的本能

解读　孩子还不具备这种认知能力。

D 胎儿时期被羊水包围着，水让孩子有一种熟悉感

解读　这也是比较牵强的一个说法。

你做对了吗？

A 沙滩上，有塑料铲和桶

解读　这是一个用工具操控水的体验。

B 洗澡时漂浮着玩具的水

解读　这是被动的漂浮，只能够体验简单的物理常识。

C 瓶子里倒来倒去的水

解读 存在主动操作，但比较有限。

D 洗手时不停流动的水

解读 这是被动的，没有孩子的主动参与。

玩水、玩沙子都需要工具，孩子的工具和玩具真是不少，玩的时候全倒出来散落一地，玩完了就甩手不管了，大人们还得紧跟着收拾和打扫。很多父母也因此觉得困惑：我的孩子什么时候才能养成整理的习惯呢？请看下一节。

7. 为什么家里到处都是孩子的玩具

如今，生活水平的提高不仅体现在衣食住行上，在孩子的玩具数量上也可见一斑。一个 3 岁的孩子，通常拥有 10 件以上的玩具。借助玩具，孩子能够得到不同方面的提高。但孩子的玩具过多也是很多现代家庭的一大“苦恼”，到处都是玩具，家里总是很乱，上一分钟刚收拾好，下一分钟又混乱不堪，似乎永远都收拾不完。听听爸爸妈妈们的心声，看看你有没有同感：

“我喜欢整洁干净的家，没有孩子的时候，家中一直收拾得非常有条理，但自从有了孩子，我就不得不降低标准，接受家里到处都是玩具的现实，否则只能把自己累死，因为根本收拾不过来，孩子只管玩、扔、摆，就是不爱收拾玩具。”

“孩子不仅不爱收拾玩具，对所有东西似乎都是只知道往外拿，不知道往回收，没有养成物归原处的习惯。每天总要提醒好多次‘把 ××× 放回原处’，这话我自己都说烦了，但如果不提醒他，他就不会这么做，有时就算提醒他，他也不愿意把东西放回原处，真不知道如何是好。”

“听老师说，孩子在幼儿园里能自觉地做到把玩完的玩具放回原处，这简直跟他在家里时判若两人。是不是因为在集体环境中，其他孩子都这样做，他也就自然而然地跟随了呢？但为什么在家里，看到我很辛苦地收拾玩具时，他从来不会主动参与呢？”

父母们普遍反映自己家的孩子不爱收拾玩具，既然这个现象如此常见，我们不妨去探究一下这一现象背后的原因。请思考下面的问题。

思考题　练习识别孩子的需求

孩子为什么不收拾玩具，你是如何理解的呢？

A 孩子懒，不愿意收拾

B 玩累了，收拾不动了

C 不知道“收拾”是什么意思

D 一会儿还要玩呢，就不收拾了

父母们可能没有意识到，平日里，自己对孩子说出的要求或指令性话语可以分为两种：一种是表意清晰的具体的词和句子，比如跑步、洗手、吃饭、把玩具放回原来的地方等，因为它们对应具体的动作和行为，所以孩子大多能理解，也就容易做到；另一种是表意模糊的抽象的词和句子，“收拾”就是一个抽象、含糊的词，大多数孩子一开始并不理解“收拾”是什么意思，也就不知所措，无法行动。父母在生活中轻松随意地说出“孩子不爱收拾玩具”这种话，孩子便会将这种评价记在脑海里，并认为我不收拾玩具是一种常态。**当父母不假思索地对孩子的行为下了各种定论后，这些定论也就成了孩子的标签，孩子习惯了标签，也就更难做出改变。**

父母期待孩子做出任何行动之前，都应该亲自示范。将教育落实到行动中，而不是口头说教。比如玩具时间结束时，比起简单地扔给孩了“收拾”两个字，让孩子困惑不已又无法达成目标，不如用自己的行动示范给孩子看，一边整理玩具，一边让孩子参与，并向孩子讲解这么做就是“收拾”。在整理的过程中，还可以告诉孩子玩具散落在地上既不安全又不方便，不仅看着不整洁而且非常不卫生，比如走路会踩到、下一次不容易找到、看上去比较乱、地上比较脏等。通过这样一次又一次的示范，将父母主导收拾玩具、孩子辅助，慢慢过渡为以孩子收拾为主、父母辅助，最后变成孩子自己主动收拾玩具。

此外，还可以通过细化“收拾”一词所包括的各种含义，将抽象的“收拾”拆解为具体的行为，让孩子有进一步的理解，比如先从与孩子有直接关系的玩具开始，玩过的玩具要“归回”原来的位置；进一步告诉孩子，衣物也和玩具一样，有自己固定的位置，让孩子学会自己"找到"要穿的衣服或将衣物"放回"原处；最后扩展至其他日常可见的物品，像餐具、洗漱用品、钥匙、门卡等，都有固定的位置，帮助孩子形成物归其位、会拿也会收的习惯。

思考过了孩子不愿意收拾玩具的原因，以下是上述思考题的答案及对应的具体解释。

你做对了吗？

A 孩子懒，不愿意收拾

解读 孩子小时候没有懒的意识，他们的心理活动并非是从"不愿意"出发的。

B 玩累了，收拾不动了

解读 与玩所消耗的体力相比，收拾玩具并不累。

C 不知道"收拾"是什么意思

解读 这才是关键，没有被示范过，就没有机会模仿。

D 一会儿还要玩呢，就不收拾了

解读 孩子小时候还没有时间规划的意识。

父母可能会发现，在没有养育孩子之前，自己对别人家的孩子并不关注，可有了自己的孩子之后，就会自然而然开始关注别人家的孩子了，尤其是同一个小区经常一起交流育儿经验的妈妈们，不经意间就会用其他孩子的成长情况与自己的孩子相对比。说话和走路，是孩子成长初期常常被用于对比的两个方面。这就引出了下一节，孩子说话晚，要紧吗？

8. 孩子说话晚要紧吗

随着现代生活条件的改善，孩子的营养摄入水平也有了很大的提高，有的孩子七八个月的时候，就开始咿咿呀呀地发声了，或者在大人的引导下，渐渐能够叫妈妈了，但有的孩子到了 2 岁还不开口，父母往往就着急了。看看下面这些父母的描述：

"小区里，和我家孩子年龄相仿的孩子们都已经开始说话了，有两个女孩才 1 岁 6 个月大，就能非常清楚地说出‘吃饼干、小汽车、不吃’这样两三个字的词语了，而我家孩子都已经 1 岁 10 个月了，除了会叫爸爸妈妈，其他的还都不会说，而且好像也不愿意说，这是什么原因呢？”

“我们发现自己的孩子在说话方面明显比周围的孩子起步要晚，说实话这让我们非常有压力，也非常焦虑，一是担心他是因为大脑发育迟缓才说话晚，二是觉得自己在养育方面做得不够好，是不是什么地方疏忽了才导致他迟迟不肯开口呢？”

“我是自己带孩子，不存在保姆带孩子不愿意跟孩子多说话的问题，也不存在老人带孩子精力有限顾及不上多跟孩子说话的情况，我会有意识地不断跟孩子说话，就连她趴在地上自己玩，我在做家务时，我也会自言自语地说出声来：‘妈妈在拖地呢，一会儿要去做午饭了。’可是我女儿还是说话晚，这是怎么回事呢？”

开口说话是孩子成长过程中非常直观的一个变化，和走路一样，总会引发全家人特别的关注和父母的横向比较之心。继而用这样的比较结果来判断自家孩子的成长情况。大部分父母在这种比较中，要么获得了一定的心理优越感和满足感，要么觉得自己的孩子不如别人，着急、焦虑在所难免。那么请思考下面的问题，看看你能答对吗？

思考题　练习识别孩子的需求

跟别人比较并不能解决问题，请父母们试着分析一下，孩子开口说话晚的原因到底是什么呢？

A 父母没有积极地示范

B 父母与孩子互动的时间较少

C 父母对孩子的哭声回应得不够积极

D 孩子智力发展迟缓

将说话早晚与智力发展联系在一起是许多父母的误解，其实说话的早晚与智力发展没有必然的联系。目前的科学手段和实验数据表明，早说话的孩子，大脑活跃度高，但大脑活跃度和智力发展程度是两个完全不同的概念。一个人一生的发展受到多方面因素的影响，并不取决于开口说话的早晚。

而且，父母们很可能没有意识到的一个原因是，大人对孩子哭声的响应方式会影响孩子的语言发展。孩子的哭就是一种表达，父母对孩子哭和笑的反应在孩子看来都是具体的互动，对语言发展产生重要影响的正是这种互动。在0～3岁的大脑发育期，孩子通过大量的听觉、视觉和触觉来感受周围环境的刺激，在各种刺激中，吸收并保留最多的内容就是父母与孩子的互动语言。在互动过程中，语言的作用超过任何玩具和图像内容，这就要求父母掌握这一时期与孩子进行有效互动的技巧。

首先，要围绕与孩子直接相关的、正在进行的、日常生活里最常见的场景进行互动。比如在孩子喝奶后，面对面跟孩子说话，语速要慢，用10个字左右的短句，但要表达完整，同时结合肢体语言，可以摸着孩子的肚子问他："你吃饱了，就不哭了，对吗？"在孩子0～3个月时，每天这样互动，一次5分钟，一天6～8次。这样的亲子活动是视觉、听觉的直接刺激，创造了互动的状态。此外，父母可以给孩子做四肢伸展活动，比如拉动孩子的胳膊或腿部运动时，可以配合动作说出相应部位的名称：手、脚、胳膊等，孩子随着感觉发出笑声就是在与你交流，这样的互动能够快速刺激孩子大脑发育。

其次，在与孩子进行互动时，要注意放慢语速。1岁左右是孩子语言形成的敏感期，孩子不断从父母之间以及父母与自己的互动中模仿发音，固定一个音节，继而说出词，最后开始说出简短的句子。在这个过程中，父母要尽量做到放慢语速去说话，让孩子的大脑有响应的时间和模仿发音的机会。

现在你应该知道孩子开口说话晚的真正原因了吧？下面是上述思考题的答案及各选项对应的具体解释。

你做对了吗？

A 父母没有积极地示范

解读 孩子说话不完全是通过示范学习的。

B 父母与孩子互动的时间较少

解读 这是一个常见原因。

C 父母对孩子的哭声回应得不够积极

解读 这是一个原因，不过不是主要原因。

D 孩子智力发展迟缓

解读 说话早晚与智力发展没有必然联系。

开口说话是大脑发育的一个结果，也是神经中枢发育带来的一种能力。爱因斯坦 3 岁才开口说话，且语速很慢，4 岁才算能够说出完整的话，但他在科学方面的建树举世闻名。因此，说话早晚不是问题，与孩子的智力也并无关联，在孩子自发地开口说话之前，最重要的就是保证孩子能够在听到大人说话的时候看到大人的行为，同时保证他所接收的语言是缓慢清晰的，他所感受到的情绪是柔和平静的，这才能够为孩子营造适合大脑发育的氛围。

孩子不开口，父母着急；孩子过于活跃，有暴力行为的时候，父母更加手足无措。这又引出了下一节，孩子打人是有暴力倾向吗？

9. 孩子打人是有暴力倾向吗

随着孩子不断长大，接触同龄人的机会越来越多，孩子们在一起玩的过程中经常会出现“打人”的情况。有意思的是，最紧张的往往不是被打孩子的父母，反而是打人孩子的父母。请看如下描述：

> “每次孩子动手打人，我都很紧张，不担心他受伤，就生怕他伤着别人。孩子在室内乐园玩时总爱跟人抢玩具，而且出手很快，有时我还没反应过来他就把别的孩子打了，还出手很重，这是不是有暴力倾向啊？”
>
> “孩子刚上幼儿园，老师已经找我们反映过几次了，说女儿在领水果、拿玩具、户外自由活动等小朋友们互相‘竞争’的状态下，经常用手抠人家，有时会把其他小朋友抠伤。孩子小的时候，我们动手打过她几次，现在我们很自责，她是不是模仿我们才想到用暴力解决问题呢？”

不知道你家孩子有没有类似情况，请思考以下问题。

思考题 练习识别孩子的需求

为什么一些孩子总是动手打人呢？

A 孩子从小就有暴力倾向

B 孩子是从父母那里模仿来的

C 孩子是从别的小朋友那里学到的

D 孩子的真实目的是保护自己的利益

打人的行为可以分成两类，一类是防御，另一类是攻击。孩子最初打人都是防御性质的，一般是用推或者挥舞手臂的动作来阻止他人的靠近，这是一种保护自己的本能性防御行为，并没有主动伤害别人的意图，也没有以此为乐的目的。这种情况下，父母不用急于干预，时刻观察情况，让孩子意识到自己的行为会换来对方同样的防御行为。父母不能用成年人世界的“报复”来定义孩子的行为，将这样的本能行为升级为暴力攻击是对孩子的成见。这种标签会逐渐加深孩子对防御行为的误解，并将防御转为攻击。

攻击行为是指孩子在没有需要防御的情况下，主动攻击，与别的小朋友发生肢体冲突。这就需要父母找到孩子做出攻击行为的目的，并且观察攻击行为发生的频率：一天多少次，多少天一次。常态情况下，孩子不该出现频繁的打人行为，如果发生的频率较高，可以向医生咨询。面对孩子的打人行为，父母的正确响应方式应该做到以下三点。

- 第一，不训斥孩子或者殴打孩子。这些行为都可能激发孩子下一次打人的行为，可能是为了获得你的关注，也可能是模仿你解决问题的方式。
- 第二，告诉孩子在幼儿园或学校的环境中，遇到需要防御的情况第一时间寻求老师的帮助，而不是用手或身体的其他部位触碰别人。并且告知孩子，防御可能引发攻击，应向孩子示范如何对老师说明事情的经过。
- 第三，在家中或父母在场的环境下，采用隔离法来制止孩子打人的行为。打人是一种正常的防御性动作，但当防御得逞后就会转移为心理感受，尤其是对方被打后表现出来的样子会成为对孩子的一种激励。隔离的做法既消除了打人的物理条件，又避免了对方反应所带来的激励和强化。

以下是上述思考题的答案及各选项对应的解释。

你做对了吗？

A 孩子从小就有暴力倾向

解读 过早地对孩子的行为进行性质判断了。

B 孩子是从父母那里模仿来的

解读 有这个可能，但不是主要原因。

C 孩子是从别的小朋友那里学到的

解读 这不是主要原因。

D 孩子的真实目的是保护自己的利益

解读 孩子不是要打人，肢体行为是保护自己的本能。

孩子之间的肢体冲突出现伊始如果没有处理好，随着年龄的增长会演化成霸凌。成年人以暴制暴地告知孩子“打回去”只会让情况进一步恶化，孩子会随着自己的身体发育，力量的增长而更加频繁地使用肢体力量来解决冲突。遇到这样的问题需要父母对孩子行为背后的心理活动有足够的认识，通过对孩子长期的观察，以恰当的教育方式来减少这种行为。

身边的妈妈这样做

走在练习识别孩子需求的路上

——杜丽娜，家有 10 岁男孩，3 岁女孩

我有两个孩子，大儿子 10 岁，小女儿 3 岁，和初为人母时相比，我的心态更加稳定，老大的成长经验让我意识到，孩子的成长是有节奏、有规律的，父母不能只按自己的想当然或者延续下来的惯性做法行事，而无视孩子的成长规律。在此之前，我完全没有这样的思考，这是自己的点滴进步。在此举一个理解孩子的真实需求和意愿的例子。

有一天晚上 7 点多，女儿吃过晚饭不到半个小时就对我说她肚子饿了，想喝奶。我听到后心想她晚饭吃得不少，很快就说饿，那么饿可能不是她真实的生理需求。于是我对她说：“你刚刚吃完晚饭，我们要等到 9

点钟才能喝奶。等时针指到9了，你就可以喝奶了。”

之后，我们一起分类摆放乐高积木，哥哥也全程参与，积木分类摆放好后，哥哥开始按照模型组装积木。其间女儿在边上看着，时不时想拿一块哥哥的积木，哥哥大怒，对着妹妹大吼。结果女儿一下子哭了起来。

我摸着女儿的头，对她说：“你很难过是吗？被哥哥吼了。”她没有理我，继续哭。我抱了抱她，她哭声小了点儿，但没有停止。我对她说：“你有你的积木，哥哥有他的积木，哥哥没有你的允许不能动你的积木，你也不能动哥哥的积木。”女儿的哭声还是停不下来，过了一会儿奶奶把她抱走了。她又表示想喝奶，那时候才刚过8点。奶奶冲了奶粉给她喝，她居然很快就闭上眼睛睡着了。

后来想想，女儿最开始表示想喝奶时，其实是困了（这是生理需求），她白天没有午睡，喝奶是为了提前完成晚上睡前喝奶的例行程序。被哥哥吼一下就哭，根本原因还是她的生理需求没有得到满足，但是我没有理解，依然根据大人的思维，把哭泣的原因归为眼前的事情。奶奶抱走她，给她喝了奶，她的睡前程序得以启动，生理需求得到满足，情绪就稳定了下来。

这件小事让我意识到自己很容易只站在大人的角度思考而无法真正理解孩子，也启发我以后要更多地练习识别孩子的生理需求，在生理需求得到满足的前提下，再朝着心理需求的方向思考。只有识别了孩子的需求，才能有针对性地响应孩子。

我们陆续解决了育儿过程中常见的9个疑问，它们频繁出现，但父母几乎没有机会去思考这些问题，不是秉承老一辈的经验，就是自己尝试摸索，却往往背离了科学，有失严谨。现在不妨回忆一下每一个小节都学到了什么。

家中的“育儿现场”总会发生出乎意料的状况，那些让父母焦虑的状况往往是儿童合乎天性的自然表现。顺应孩子的表现，采取合理的对待方式，让养育之路更顺畅，是每一位父母的必修课。在下一章，我们将看到父母与孩子相处时所说的每一句话、做的每一件事，都是如何在无形中给孩子带来影响的。

02

第 2 章

养育时刻：孩子就是不听话、不配合怎么办

每个孩子都有自己的成长动力，能够调整自己的行为，也能够学到生存必需的技能。孩子的成长离不开饮食，从一口一口吸吮妈妈的乳汁，到抿一点米糊菜泥，再到大口吃稠粥肉末，开始有自己的口味和食物偏好，逐步过渡到成年人饮食；从完全需要喂食，到用手抓食，再到兴奋地挥舞着勺子尝试自己吃饭，最后会熟练地进餐并具备基本的用餐技能。

为人父母的成年人对婴儿时期的记忆早已模糊，直到有了自己的孩子，才意识到自己也是这样吸着妈妈的乳汁一点点长大的，那么自己喂养孩子的姿势对吗？怎么判断孩子是不是饱了？饱了以后怎么拍嗝？拍多少下？用什么力道？……我们从小到大在学校学过那么多科目，怎么没有机会学习一个育儿的课程呢？大家都是在自己的摸索、试错中学习的吗？我们的妈妈以前是不是也是在这样的尝试中学会的呢？

人类的进步是因为善用前人积累的经验和研究成果。为了孩子的健康成长，关于养育的科学建议越来越多，也越来越让初为人父母的我们无所适从，不知从何学起，每次遇到突发事件都手忙脚乱，种种疑问层出不穷。

在“养育时刻”这一章，我将选取最困扰父母的 7 个问题一一做出解答。

10. 孩子晚上不愿意睡觉怎么办

先来看看下面这两位妈妈的对话：

> “带孩子辛苦，如果能够不上班，全职带孩子就好了。”
>
> “谁说的，全职带孩子，照样睡不够。”

当妈之后最盼望的大概就是孩子早点睡觉，孩子睡了才有时间专注地做一些自己的事情。可是孩子却不这么想，非要再看一会儿电视，非要妈妈陪着讲故事，非要妈妈待在身边哪儿也不许去。如果孩子身上有一个开关，按一下开关倒头就睡就好了。可如果孩子真的这样，也就不是拥有自由意志的人了。请思考以下问题。

思考题 练习识别孩子的需求

每天晚上，孩子到点儿不睡觉，这时大人应该怎么做呢？

A 顺着孩子，睡不着就是不困

B 强行让孩子上床入睡

C 向孩子耐心说明睡觉的好处

D 找到孩子不睡觉的原因

父母经常凭本能来对待孩子，而多数情况下这种本能驱使下的做法都是不正确的。采取行动的目的是解决问题，因此先要确认眼前的问题是什么。自己心中希望或认为孩子应该睡觉，但孩子不想睡觉，这就是问题。

孩子不想睡觉的原因有很多，比如白天活动量不够；临睡前刚玩完游戏，大脑兴奋，情绪激动；晚饭吃得太多，肚子胀得不舒服，等等。在这样的状态下强制孩子马上进入睡眠状态，非常不利于孩子的健康。**很多时候，父母为了让孩子立刻达到某种状态而采取的强硬做法，不是弄得大家都不愉快，就是有损孩子的健康，甚至会给孩子带来心理上的负面影响。**

下面是上述思考题的答案，以及对各选项不同做法的具体解释。

你做对了吗？

A 顺着孩子，睡不着就是不困

解读 完全不干预孩子，也不是正确的做法。

B 强行让孩子上床入睡

解读 强制性干预，有可能对孩子造成心理伤害。

C 向孩子耐心说明睡觉的好处

解读 孩子不是成年人，不能立刻懂得这些道理。

D 找到孩子不睡觉的原因

解读 父母应该从原因入手。

针对原因入手解决问题是人类区别于动物的一个重要方面。人类具备理性思考的能力，能够解决各种问题。孩子是否睡觉以及父母应该如何应对，都可以依据经验和科学规律来寻找答案。请思考以下问题。

思考题 练习识别孩子的需求

父母们要想一想，在孩子不愿意睡觉的各种原因中，最主要的原因是什么呢？（多选）

A 害怕天黑

B 没玩够

C 害怕感受不到父母的照顾

D 没有安全感，需要陪伴

E 身体还有能量没有耗尽

F 担心眼前的事物消失

孩子的身体不会撒谎，当他能量十足、活力四射的时候，往往感觉不到疲劳，然而只要活动充分、精力耗尽，立刻就能够睡着，无论是在公交车上还是在爸爸的肩膀上，都可以睡得沉沉的。父母们想到这样的景象就能明白，孩子晚上不睡觉的核心原因之一是“能量没有耗尽”。

体力消耗不足，身体活动不充分，坐的时间太长，总处于静止的学习状态，这些都是孩子“放电”不充分的原因。对于10岁以下的孩子而言，脑力发育更多的是在运动过程中而不是在静止的学习状态里发生的。运动中，孩子通过保持身体平衡、协调四肢活动，增加大脑对外界事物的判断速度和响应速度，同时大脑对运动机能进行指挥、控制、调整。这种大脑的刺激过程，是无法用中规中矩地坐着进行书面学习活动代替的。老老实实坐在桌椅上的状态，抑制了身体消耗的过程，身体得不到必要的运动，晚上当然睡不着觉了。

能量消耗不只体现在身体上，也体现在情绪上。如果没有足够的身体活动，通过调动孩子的情绪，使孩子在亲子互动中哈哈大笑也可以消耗能量。同理，充分地哭出来也能让孩子较快地耗尽精力，沉沉地睡去。所以，人是可以笑到困的，也是可以哭到睡着的。现在的孩子，笑得不足，哭得不够，电量充足，于是每天都会上演睡前战斗。

除了能量消耗不够，孩子不愿意睡觉还有可能是因为担心眼前的事物消失。孩子以视觉为核心来识别事物、认识事物、感受情感、感知周围的一切。12 岁前，孩子的大脑主要靠视觉而不是听觉和触觉来构建对外界的认知，这也是依靠声音的命令对孩子没有效果的一个原因。视觉上的刺激更容易影响孩子，闭上眼睛，孩子的大脑就认为眼前的一切都消失了，因而抗拒睡觉。

下面是上述思考题的答案，以及对孩子不睡觉的可能原因的具体解释。

你做对了吗？

A 害怕天黑

解读　这个情况存在，但不是主要原因。

B 没玩够

解读　很多父母会这样归因，但实际并非如此。

C 害怕感受不到父母的照顾

解读　孩子还没有这种感觉，父母会误以为是孩子的依赖。

D 没有安全感，需要陪伴

解读　这是很少见的情况，安全感缺失不体现在入睡方面。

E 身体还有能量没有耗尽

解读　能量没有耗尽是睡不着的主要原因之一。

F 担心眼前的事物消失

解读　这也是主要原因之一，而且常常被父母忽略。

“睡前战斗”本质上反映的是父母在没有充分认识和理解孩子不睡觉的原因的前提下，从心态上把孩子放在了自己的对立面，觉得孩子难缠、哄睡煎熬，因而在做法上总采取生硬、强制、硬碰硬的方式。那么请思考以下问题。

思考题 练习识别孩子的需求

既然厘清了孩子不睡觉的原因，应该如何科学地应对这种情况呢？（多选）

A 督促孩子执行每一个睡前环节

B 哄骗孩子入睡，先上床再玩游戏

C 和孩子一起进行一些消耗体力的活动

D 不理孩子，恐吓和惩罚孩子

E 与孩子进行视觉伴读

大人完全可以观察出孩子是否有睡意，比如眼神困倦、没精神、揉眼睛、打哈欠等。如果孩子已经困了但仍希望父母讲个故事或者陪他玩一会儿，父母可以顺应他的心意，孩子得到满足之后就能慢慢入睡了。如果因为能量消耗不充分，孩子不困，这时劝解、哄骗甚至是强迫孩子睡觉都不可取，即便孩子勉强躺下了，大脑也无法得到有效的放松和恢复。

当白天活动量不足时，可以通过晚间家庭互动的方式来补充，但这样的互动不能距离睡眠时间太近，避免孩子因为过于兴奋反而无法入睡。开动智慧吧，把“睡前战斗时间”变为“睡前欢笑时光”：来个满屋爬行亲子追逐赛、侧身连续翻滚、蹦高摸门框（给孩子找一个矮一点儿的可以通过跳跃触摸到的物体）、单腿斗鸡等。父母把心态调整好，才能打开思路的闸门，才能发现，可以开展的家庭活动真是太多了。连续活动 15 分钟以上，孩子开始出汗，身体开始消耗能量，与此同时大脑会做出反应，传递困倦的信号。这时不能立刻停下，而是要继续进行 5 分钟以上的活动。这样一来，孩子就很容易入睡了。

和孩子一起互动同样需要父母投入时间和精力，但“睡前战斗”的投入既不愉快，效果也不好，还很消耗大人的心力。而和孩子一起玩耍，既有利于孩子的身心成长，又能解决入睡困难的问题，还可以改善亲子关系。

当然，还有一些帮助孩子放松，让孩子尽快入睡的方法，比如温水泡澡或泡脚、按摩头部或脸部等，对一些孩子来说也是有效的。

针对孩子担心眼前事物消失而不愿意闭眼、不想睡觉的情况，父母可以在孩子入睡前进行视觉伴读，这也是非常有效的睡前安抚方式，大人用手指着书中的文字引导视觉，并加入情景想象、角色关联，通过文字唤醒孩子大脑中的想象力，让各种场景、人物和故事情节从视觉转移到脑海里。长期进行入睡前伴读，对孩子的大脑从具象到抽象思维的过渡有很大的帮助，这种帮助也会使孩子变得更加聪慧。

养育过程中，父母也常常感到无力，甚至会慨叹和幻想："要是谁能替我把这些都做了该多好啊！"可事实是，就像没有人能代替我们在孩子心中的位置一样，亲子关系中的这些投入也是必不可少的。

以下是上述思考题的答案，以及对生活中常见应对方式的具体解释。

你做对了吗？

A 督促孩子执行每一个睡前环节

解读 长期落实有助于孩子建立睡眠习惯，但无助于解决孩子无法入睡的问题。

B 哄骗孩子入睡，先上床再玩游戏

解读 贿赂模式，孩子会认为睡觉与否是可以协商的。

C 和孩子一起进行一些消耗体力的活动

解读 正确做法，孩子不愿意睡觉，是体力消耗不足，这时睡觉反而不利于孩子的大脑发育。

D 不理孩子，恐吓和惩罚孩子

解读 这是惩罚性的，孩子会认为睡觉是父母强加给自己的。

E 与孩子进行视觉伴读

解读 这是有效的睡前安抚方式。

睡觉本是最放松、最舒服的一种状态，酝酿睡意的过程也应该是轻松愉快的。那如果遇到以下问题，该如何解决呢？

思考题 练习识别孩子的需求

有父母提问："每晚睡前孩子其实已经很困了，但总是要求再多玩一会儿，我应该如何回答呢？"对于这个问题，你觉得比较恰当的做法是什么？

A 约定再多玩多长时间，并开始计时

B 直接告知不行，向孩子讲述睡眠对身体的好处

C 答应孩子玩，提议在床上玩并调暗灯光

D 告知孩子早一点儿睡，明天起来会有更好玩的

规矩是成年人用来约束自己、依据规律改变生活的。12 岁以下的儿童没有过去和将来的概念，他们的脑海中想到的事情只有三种：一种是源自生理上的需求，一种是源自大人的指示，一种是源自心理上的想法。肚子饿了要吃东西，这是生理需求；写作业，这是大人的指示；想多玩一会儿，这是心理上的想法。“按照规矩来执行”不在孩子大脑的感知体系中，对孩子而言，“规矩”就是一个抽象的词而已，会被归类到第二种情况，是大人的指示。

睡觉当然应该有规矩，但不必对孩子解释。只要大人做到按时带孩子上床，等待孩子进入睡眠状态就可以了。孩子的生物钟将在未来发挥按时睡觉的作用。父母应该做的是顺应和安抚孩子的意愿，同意玩，只是改变玩的场所，比如在床上；改变玩的环境状态，比如调暗光线，瞳孔变大以便在暗处能够看清事物，眼睛闭合的次数随之增加，这将对大脑发出想要入睡的信号。

睡前一个小时减少脑力和体力消耗的强度，减少电子屏幕的接触，在柔和的灯光下，配合父母的舒缓伴读，进行小话题的讨论、当天事情的小结、未来活动的预期等，都是不错的睡前放松办法。

灵活地顺应孩子的需求才是应对孩子不肯入睡的最佳方式，以下是上述思考题的答案及各选项的具体解释。

你做对了吗？

A 约定再多玩多长时间，并开始计时

解读 睡眠时间是原则问题，不应养成谈条件的习惯。

B 直接告知不行，向孩子讲述睡眠对身体的好处

解读 直接拒绝孩子会导致其情绪紧张，引起更多难以入睡的脑部活动。

C 答应孩子玩，提议在床上玩并调暗灯光

解读 这是智慧的方法，答应并营造出有利于睡眠的环境。

D 告知孩子早一点儿睡，明天起来会有更好玩的

解读 这种说法不能改变孩子对当前心愿的聚焦，也无益于进入睡眠。

当孩子不愿入睡的时候，不妨先想想大人们在生活中经常出现的情景：正在看电影，一个声音说“该做晚饭了”；正在打游戏，厨房里喊“该吃饭了”。我们愿意马上放下手里的事情，高高兴兴去做“该做的事情”吗？答案显然是否定的，但我们总会下意识地告诉孩子“该睡觉了”。请思考以下问题。

思考题 练习识别孩子的需求

孩子每天听到“该睡觉了”这句话时，通常会如何理解呢？

A 现在不能继续玩了

B 到时间了，需要休息了

C 爸妈又有自己的事要做了

D 自己的身体累了

孩子没有自己累了要通过睡觉来恢复体力的意识，也不理解睡觉是一种主动行为，可以自己控制。年龄小的孩子常常需要父母提醒才能去睡，而父母的做法多数都是没有任何铺垫和预警，直接对孩子说一句：该睡觉了。如果这时孩子的关注点正处在一个让自己兴奋的事情上，突然听到“该睡觉了”，会觉得其实是大人不想让自己玩了。

提醒孩子睡觉的一种方式是，父母通过看时间的动作，把时间与生活的关系完整地表现出来，比如自言自语地说：“我们玩了多久了？让我看一下时间，哇，都已经 10 点了。我明天还要上班，我要去睡觉了。你呢？”这样的表达非常重要，其中体现了三个核心要点。

- 第一个是突出了对时间的关注。
- 第二个是表达了对自己的安排，而不是对孩子的要求。自己要睡觉了，这是示范动作。
- 第三个是征求了孩子的意见，表示充分尊重。

掌握了这三个核心要点，我们就可以举一反三地在生活里做出类似的表达了，而不是永远使用命令的方式让孩子睡觉。长期用命令的方式，无法培养出孩子自己主动睡觉的意识。

提醒孩子睡觉的方法不止一个，在时间差不多的时候，我们可以提出建议："要不我们到床上去继续玩吧，哦，床上不能放那么多积木，你选三个带上，我们现在过去。"走到床边的时候可以对孩子说："哟，对了，上床之前有一个约定，要去一趟洗手间，去那里干什么来着？"引导孩子自己说出刷牙、洗脸、上厕所等，并和他一起去完成。这样做是出于什么考虑呢？父母们可以尝试分析一下。

孩子听到"该睡觉了"会有怎样的理解和反应？请看上述思考题的答案及各选项的具体解释。

你做对了吗？

A 现在不能继续玩了

解读 听到"该睡觉了"的指令，多数孩子的第一反应都是不能继续玩了，而不是该睡觉了。

B 到时间了，需要休息了

解读 从小被该睡觉了命令长大的孩子，不仅难以形成主动睡觉的意识，自我意识也会被削弱。

C 爸妈又有自己的事要做了

解读 大一点儿的孩子会有这种理解。

D 自己的身体累了

解读 孩子还不会理解为自己累了。

终于哄睡了孩子，辛苦养育的一天结束了，刚想休息一会儿却突然想起还没准备明天的早餐。为人父母，挖空心思准备三餐，为的就是让孩子能够获取足够的营养，健康成长。可精心准备的餐点，孩子却怎么都不吃，怎么办呢？请看下一节。

11. 孩子就是不好好吃饭怎么办

有的孩子不愿意睡觉，也有的孩子不爱吃饭。很多父母说起孩子的吃饭问题都是一肚子苦水，比如有的孩子一定要听着故事才吃饭，有时一个故事讲完了饭还在嘴里含着；有的孩子要抱着玩具才肯吃饭，敲几下鼓吃一口，吃一顿饭乒乒乓乓、锣鼓震天；有的孩子完全坐不住，在地上跑来跑去，大人追着喂才肯吃一口；也有的孩子虽然可以自主进食，但吃得特别慢，吃一顿饭要花上两顿饭的时间；更有一些孩子吃饭的时候离不开手机屏幕，要边看手机边吃饭才行。

人类用餐过程中的行为举止，包括目光、表情、话语、动作等，都是内在素养的一种体现，正是这种素养，将人类与动物区别开来。儿童时期，正是培养素养的最佳时期，而在现实生活中，父母们往往过于关注孩子吃了多少、吃没吃饱，尤其是由老人帮忙带孩子的家庭，为了让孩子尽快把饭吃完、多吃一口，往往没有底线地放任、纵容孩子，不管用什么样的招儿，只要能吃进去就算达到目的，认为不良习惯等孩子长大后慢慢就好了，或者认为孩子出门时会有意地遵守规则，在家里就由着他吧。

然而，孩子在家庭之外的表现都是家中行为的延续和缩影，一味地纵容并不能解决问题，很可能会愈演愈烈。请思考以下问题。

思考题 练习识别孩子的需求

父母以及家里的老人首先需要知道孩子边吃边玩、见饭就跑、追着才吃的行为都是需要调整的，那么当孩子出现这些行为的时候，应该怎么办呢？（多选）

A 让孩子离开饭桌，不要吃了

B 吃饭前提出明确的时间限定

C 允许孩子有自己的用餐方式

D 父母示范，提示孩子模仿

E 追着喂，哄着喂

F 威严命令，提高音量

G 执行规矩，不坐好不能吃饭

H 提供孩子爱吃的食物

3 岁孩子的智力水平大体上与成年牧羊犬相当，对于动物我们常常会用“驯服”一词，有让其服从的意味，而对于孩子，要在平等尊重、和谐轻松的氛围中，通过父母的言行向孩子示范，激发孩子主动模仿的欲望并养成良好的习惯。既不是发号施令，更不是驯服，而是在为孩子提供食物的过程中，通过父母和孩子的良性互动巩固亲情，培养孩子的习惯，提升孩子的素养。

孩子可以在获得食物的过程中形成如何与周围人互动的意识。当父母追着孩子喂饭的时候，孩子会认为这是天经地义、理所当然的，习惯培养则无从谈起。与生理需求不同，孩子的行为模式都是后天习得并固化在大脑深处的，长大以后都难以改变。

用餐的过程，可以向孩子传达行为规范，也可以帮助孩子树立正确的饮食观念。比如吃饭的目的、食物的营养价值、餐桌基本礼仪等。行为培养的过程离不开父母的具体提醒，既不是说教，也不是讲大道理，更不是没完没了地唠叨、数落，而是依托于具体情景，示范自己的做法。话语围绕父母自己要做的动作，而不是对孩子提出的要求展开。比如，快开饭时，爸爸可以自言自语："要开饭喽，我不看手机了，电视也关上吧，你帮我关一下好吗？我先洗手，等下准备端菜了。"

全家在餐桌前落座后，妈妈可以这么说："一家人围坐在一起吃饭的感觉真好啊！刚才在接电话，让全家都等着我一个人，太不好意思了，下次我一定先来吃饭，再去处理别的事。"

大人们端起碗拿起筷子，用餐期间不用自己的筷子搅拌菜品，不大声说话，不对着饭菜咳嗽或打喷嚏，不张口咀嚼饭菜，孩子自然也会模仿和学习。吃完饭可以说一句"我吃完了"再下桌，同时可以称赞一下饭菜十分美味。其乐融融的用餐时光，行为规范已经点滴渗入，每天如此，你会惊奇地发现孩子已经掌握了这些基本的用餐礼仪。

父母可以把用餐的核心规矩写下来，在孩子 2 岁左右开始传达一些易于理解的用餐约定并在生活中落实，比如坐好坐稳才开饭，离开座位代表吃饱了等。实践一段时间以后，再增加一两条约定，比如饭桌上不能带玩具，不能边吃边玩，吃饭时不能看手机等。一段时间以后，可以再进一步细化，比如饭菜定量分餐不剩饭，鼓励孩子尝试各种食物不挑食。开饭时，可以适当说明用餐的合理时间，如"现在是 6 点 10 分，半小时吃饭时间，6 点 40 分晚饭就要结束哦，爸爸妈妈就要清理餐桌了"。说明时间后，在吃饭的过程中，无论孩子用餐速度是快是慢都不再提醒、不再催促。用餐时间结束就离开饭桌，清理餐具。这些细致的行为规范都是渐渐融入的，最终孩子会在 3 ～ 4 岁养成用餐习惯。

人们可以通过不断学习来掩盖小时候的无知，但用餐习惯一旦形成，任何时候都能够暴露出一个人的教养。用餐习惯的恰当与否不仅影响身体健康、智力发展，还会影响到他人评价和人际关系，从而进一步影响心理健康。

孩子不好好吃饭，以下是上述思考题的正确答案和常见应对方法的具体解析。看看你找到正确答案了吗？

你做对了吗？

A 让孩子离开饭桌，不要吃了

解读 这是个办法，前提是确定孩子不饿。

B 吃饭前提出明确的时间限定

解读 这是需要长期培养的一种方法。

C 允许孩子有自己的用餐方式

解读 有关吃饭的方式，不能放任。

D 父母示范，提示孩子模仿

解读 这是良好的方式，注意语气。

E 追着喂，哄着喂

解读 这个做法只会进一步巩固孩子的散漫行为。

F 威严命令，提高音量

解读 这个做法会严重影响孩子的饮食消化过程。

G 执行规矩，不坐好不能吃饭

解读 长期的示范和引导才是正确的方法。

H 提供孩子爱吃的食物

解读 这是一种让步，反而淡化了孩子对食物营养价值的了解。

现实生活不总是尽如人意，尽管学习了原理，掌握了做法，提前铺垫，反复示范，也写下了用餐规矩，和孩子共同约定好了，可孩子在用餐期间仍然会出现那些不符合期望的事情，父母们难免感到挫败，甚至是恼火。比如孩子吃到一半离席去玩，玩一会儿再回来吃，或者没吃几口就不吃了，又该怎么办呢？请思考以下问题。

思考题 练习识别孩子的需求

这种用餐期间不配合的情况，应该如何处理呢？

A 改善食品，提供孩子喜欢吃的东西

B 终止孩子的用餐行为，和他明确下顿再吃

C 劝导孩子好好吃饭，需要时喂一下

D 给孩子自由，饿了自然会吃的

孩子会在用餐过程中对大人给出的反应形成认识，进而依据这些认识调整自己的行为。比如，想玩的时候就中途离席，随后只要对大人们说我饿啦，大人的反应一定是立刻提供食物，那么孩子就不会认为中途离席有什么不妥。

大人对孩子的用餐有一个错误的认识，那就是孩子必须按时吃饭。事实上，按时吃饭并不是动物最初的成长方式，对动物而言，一开始的用餐方式是在找到食物的时候立刻尽量多吃，预防接下来很长时间可能找不到食物。人类个体也需要10年的时间来完成这一进化。10岁后，孩子会渐渐知道有规律的进食更方便，更健康。

大人还有另一个错误认识是如果没吃完饭，孩子会饿坏的。生物体有可能饿死，但不会饿坏。按照目前的生活条件，少吃一两口，甚至少吃一两顿，对身体都没有危害，反而会启动身体的潜能机制，以便更有效地处理、储存、调配体内的资源。饥饿过后，孩子吃饭时的注意力会非常集中，既不挑食，也不喊着看电视、玩游戏了。

如果大人的意识转变了，那么孩子吃饭不配合的问题也就容易解决了。而且是彻底解决，一劳永逸。那么对于孩子用餐期间不配合的情况，应该如何处理，你有答案了吗？

你做对了吗？

A 改善食品，提供孩子喜欢吃的东西

解读 这不是可以长期持续的方法。

B 终止孩子的用餐行为，和他明确下顿再吃

解读 这是能够落实的管理动作。

C 劝导孩子好好吃饭，需要时喂一下

解读 这是常见的无效动作。

D 给孩子自由，饿了自然会吃的

解读 这是放任自流的做法。

除了用餐期间不配合，到了饭点儿不来吃的问题也让很多父母挠头。请思考以下问题。

思考题 练习识别孩子的需求

还有一种很常见的用餐表现就是到了饭点儿，孩子表示不想吃，没兴趣，或怎么叫都不来，就跟没听见一样，这又是怎么回事呢？

A 确实是不饿或者准备的食物不喜欢吃

B 被要求吃东西前，在做的事情还占据着脑海

C 刚刚吃过更好吃的东西了

D 被娇惯和娇宠的时间太久了

儿童在大脑发育方面有三个特点，分别阐释如下。

- 第一个特点是儿童大脑是分区发育的，一天里做不同的事情，会让大脑的不同区域得到发育。
- 第二个特点是事物进入一个区域快，离开这个区域慢。这样一来，当孩子专注于眼前的事情时，要求孩子立刻转移到另一件事情上，比如吃饭，孩子就会表示不想吃。并不是不饿，而是大脑区域没有额外的电流流到感觉饥饿的区域，大脑让当前活跃的区域慢下来需要一定的时间，等有了额外的精力后，才能将注意力转移到其他的区域。
- 第三个特点是大脑中不同的区域有热度的高低，热度高的区域里的事物容易上手，热度低的区域则会本能排斥。孩子表现不想吃东西的时候，多数是眼前事物占据的大脑区域热度高，如果眼前的事物是孩子不太喜欢的，比如对一些孩子来说，写作业就是不喜欢的事情，这个时候孩子就容易感到饥饿，便会立刻响应吃饭的安排，而且很高兴。

儿童发展的核心是围绕大脑展开的。学习如此，生活习惯、人际互动、理解指令、落实行为都是如此。父母们尝试多从孩子大脑发育的角度思考，当看到孩子的一个表现时，先问一问自己，此刻孩子的大脑在想什么。

孩子到了饭点儿不吃饭的相关原因和对应解释如下。你找到答案了吗？

你做对了吗？

A 确实是不饿或者准备的食物不喜欢吃

解读 偶尔一次有可能，如果这种情况多发，那么这不是本质原因。

B 被要求吃东西前，在做的事情还占据着脑海

解读 多数情况是这个原因，是时间前后形成的直接影响。

C 刚刚吃过更好吃的东西了

解读 如果是这个情况，父母可以避免。

D 被娇惯和娇宠的时间太久了

解读 主要还是因为大脑被之前在做的事情占据了。

劝孩子吃饭也是一个普遍的问题，尤其是由老年人带孩子时，饭桌上经常能听见“再吃点儿吧”。这反映了历史在人们内心深处的沉淀，老年人当年饿怕了，所以总担心孩子也会挨饿。

孩子反复听到“再吃点儿吧”心中会非常反感，尤其是在自己已经不断表示吃饱了的情况下，大人还是再三地劝自己多吃。请思考以下问题。

思考题 练习识别孩子的需求

不考虑孩子的意愿劝吃会让孩子的心理产生下列变化，其中哪种对孩子的影响最恶劣？

A 排斥吃饭

B 疏远大人

C 厌食

D 拒绝吃饭

频繁过度地劝孩子吃饭会遏制孩子自己产生对食物的真实感受，饿了要吃东西是生命的本能反应，却因为压力而引发不愉快的体验。用餐心情不快会影响胃酸分泌，消化器官呈现抗拒状态。在大人的压力下，孩子可能选择勉强地、象征性地多吃了一些食物，但孩子的身体内部已经无法积极地消化这些食物，这种感觉会被大脑记住，下一次开饭之前，孩子的消化器官就开始进入防御状态。长期如此，身体也会出现问题。

过度劝吃的另外一个结果是孩子会贪念零食。吃饭时封闭了食欲，吃了也不会被身体吸收，对比来说，孩子就会更享受吃零食的过程。零食完全是自己选择的，没有大人强迫的压力，就算大人不让吃，只要哭闹着坚持几次，就可以得逞了。**困了让自己睡足，饿了把自己喂饱，这是生命体的本能，却被所谓的好意和关心剥夺了。**

不考虑孩子的意愿劝吃会让孩子的心理产生下列变化，其中哪种对孩子的影响最恶劣？具体解释如下。

你做对了吗？

A 排斥吃饭

解读　会有这种情况，严重影响青春期时的发育。

B 疏远大人

解读　这是心理影响中的一种。

C 厌食

解读　扭曲生命体自己的生理规律，影响一生的身体健康。

D 拒绝吃饭

解读　这是叛逆意识的觉醒过程。

和好好学习一样，好好吃饭四个字，承载了父母们的很多期待，为了让孩子不挑食，父母们可谓煞费苦心，从烹饪方法上下功夫，在用餐技巧上想点子，挖空心思只担心孩子吃不好，长不好。事实上孩子自己天性选择要吃的东西，才是自己身体最需要的。父母们自以为是的决定，貌似都有道理，但到了孩子那里就会变成强加和权威。吃饭的问题如此，喝水的问题也是如此。请看下一节。

12. 孩子不爱喝水怎么办

几乎所有的父母都会慨叹，养育孩子需要操心的事情实在太多了！确实如此，但其实有好多事是父母给自己平添的，不仅自己很累，还会制造出很多的问题。

在生活中经常会出现这样的场景：孩子专注地玩着积木，奶奶端着水就过来了，对孩子说“该喝水了”。于是孩子接过杯子，急匆匆喝两口。孩子在亲子乐园中尽情地爬上爬下，大人们背着水壶、握着保温杯、端着水果盒时刻待命般在一旁候着。一会儿追上去塞一块水果，一会儿又拿起水壶探身上前，把吸管送进孩子嘴里，一系列动作熟练迅速，孩子只负责张嘴。喝完一口正要去玩，又听到一句“喝得太少了，多喝一点儿，再喝一口”。也有一些父母不追着孩子送水，却在一旁像复读机一样反复提醒孩子该喝水了，孩子荡秋千、玩滑梯的工夫，就能被念叨五六次。在幼儿园和学校门口，每天早上孩子进入校园和大人们说再见时，大人们的回答多半都是：“在学校要多喝水啊！”放学了，接上孩子的第一句话往往也是：“今天喝水了吗？今天有没有好好喝水？今天喝了多少水？”好像孩子会把自己渴死一样，真是太操心了！请思考下面这个问题。

思考题 练习识别孩子的需求

我们是否可以冷静地思考一下，反复提醒孩子喝水，长期下去会对孩子产生什么样的影响？

A 孩子会理解父母对自己的爱

B 孩子长大后会关心爱护父母

C 孩子的意识与身体需要水的关系脱节了

D 孩子认为喝水是配合大人的要求

替孩子一手包办琐事是很多父母的本能做法，看着孩子这也不会弄、那也做不好、手脚不利索、不是太慢就是节外生枝地弄出许多岔子，为了省去很多麻烦，父母索性都替孩子包办，往往意识不到自己在代替孩子决定他们的生理需求。多吃点儿，好像孩子饿了自己不知道似的；该去小便了，好像孩子故意憋着似的；该喝水了，好像口渴了孩子自己没有生理反应似的。长此以往，孩子就真的没有生理反应了，因为建立生理需求与大脑感觉的通道被父母强行关闭了。

在父母的过度介入下，孩子凡事靠大人的帮助和命令才可以完成，而大人却又开始焦虑孩子不独立，嫌孩子什么都不会，什么都做不好。可是，这不正是我们自己导致的吗？

过度的、越界的关爱会阻碍孩子体验生命的各种真实感受。眼下的省心只会换来未来的糟心，阻碍孩子的生命体验，只会阉割孩子最基础、最根本的能力。这不仅是对生命的不尊重，更是一种侵犯。

所有的能力都是用进废退，既然不需要自发去使用，就会退化、废弃，使得孩子以后根本不能独立，也不能自食其力。培养孩子形成各种健康的习惯不能靠督促、逼迫和包办，而要靠方法，父母应该用自己的行为做示范，帮助孩子建立自我行为意识。比如父母可以在陪伴孩子时说："一直讲故事，妈妈有点儿渴了，我要喝点儿水润润嗓子。"

父母看似无意说的话、做出的行为，孩子其实都会听进耳里、看在眼里，而且他们是主动接收的，比起那些孩子一听就烦的说教和大道理，这样的耳濡目染更有效果。

反复提醒孩子喝水，长期下去会对孩子产生什么样的影响呢？完整的解释如下。你找到正确答案了吗？

你做对了吗？

A 孩子会理解父母对自己的爱

解读　爱的理解不是靠督促喝水形成的。

B 孩子长大后会关心爱护父母

解读　是否关心父母取决于多种原因。

C 孩子的意识与身体需要水的关系脱节了

解读　这才是本质。

D 孩子认为喝水是配合大人的要求

解读　最初阶段是这样，时间久了孩子的心态就会发生变化。

父母担心的不只是孩子喝水太少，还常常担心孩子吃糖太多。尽管大人都知道吃糖对身体不好的道理，但孩子不会轻易接受这样的道理。我们多次强调，生命体自然的本能是不用外来干预的，那么，吃糖是不是孩子的本能呢？请看下一节。

13. 孩子太爱吃糖了怎么办

孩子一旦尝过甜的食物，大脑立刻就会牢记这种体验了，并把此类食物归到“好吃”的行列里。在找糖吃方面，孩子似乎有着特殊的天分，不信就看看父母们的描述：

> “我们平时很少给孩子买糖，一是觉得吃糖对牙齿不好，二是觉得一粒糖含在嘴里，孩子容易呛到，但我发现他总能找到吃糖的办法。有一次我们买了几个没有陷儿的菠萝包，结果一个没注意孩子就把甜甜的酥皮揭掉单独吃光了。吃夹心饼干只吃夹心，留下饼干。为此我们对药品也加强了警惕，为了避免他把那些糖衣类、糖浆类、果味冲剂类的药当糖吃掉，我们专门分类整理了家中药品，放在了他无法拿到的地方。”
>
> “孩子姥姥买了榨汁机，说多吃水果有好处，每天都给孩子榨果汁喝。工作日白天我不在家，也没有多留意，一段时间以后才发现，孩子不爱喝水了。大热天玩得满头大汗也不想喝水，只想喝果汁或饮料。我这才留意到姥姥给她喝的果汁都是很浓的原汁，我喝半杯都觉得齁儿，太甜了，怪不得孩子不喝白开水了，这个习惯可真不好。”

多数父母对于孩子吃糖都持消极态度，主要是担心蛀牙、偏食和肥胖问题，但这些都不是最深远的影响。请思考以下问题。

思考题 练习识别孩子的需求

对孩子来说，糖分摄入过多最大的影响是以下哪项？

A 精力分散

B 记忆力下降

C 理解力弱化

D 情绪激昂

中国科学院对北京、上海以及广州等大城市的调研数据表明，儿童摄入糖分最多的来源是饮料，占总糖分摄入的 31%；其次是零食，包括糕点，占

18%；真正的糖果只占 14%。

世界卫生组织建议：在 15 岁以前，儿童每天的糖摄入量上限是 12 克，健康状态下每天的糖摄入量不应超过 3 克。英国儿童平均每天的糖摄入量是 19 克，美国是 24 克，中国城市儿童平均每天摄入量为 15 克。

糖对儿童最大的危害在于大脑。人体代谢糖需要胰岛素，而大脑中神经元之间流通的信号也需要消耗胰岛素。人体每天制造出来的胰岛素有限，用于糖代谢，就没有足够的量提供给大脑神经元了。神经元不活跃会导致记忆力差，难以理解摄入的信息，甚至不能将收到的信息进行有效归类，大脑思维能力大幅下降。我们都有过饱餐过后感到困倦的体验，所谓“饭气攻心”，这是因为食物消化过程中血液大量涌向肠胃，大脑供血不足的缘故。

糖分摄入有多种形式，吃到嘴里感到甜的是直接的糖，除此以外，米、面、淀粉、土豆等碳水化合物经过代谢也会变成糖，也需要胰腺分泌的胰岛素来处理。以碳水化合物为主要食品的儿童，大脑工作状态都达不到最佳。

对孩子来说，糖分摄入过多最大的影响是什么？我们一起来总结一下，看看你找到正确答案了吗？

你做对了吗？

A 精力分散

解读　有影响，但不是最大的影响。

B 记忆力下降

解读　部分影响。

C 理解力弱化

解读　最大的影响。

D 情绪激昂

解读　人类情绪经常波动，不完全是糖导致的。

除此以外，吃糖太多还会阻碍肌体吸收纤维、延缓骨骼发育，因此糖的确称得上是“甜蜜的负担”。那该怎么办呢？请思考以下问题。

思考题 练习识别孩子的需求

如果孩子已经养成了吃糖的习惯，父母应该如何约束呢？

A 只要孩子表示想吃糖就不给

B 平时给孩子讲吃糖的消极影响

C 用孩子喜欢的人物当例子

D 让家里的含糖食物彻底消失

如果孩子已经形成对糖的依赖，每天都吃糖，不给就哭闹，这不是态度上故意要惹恼我们，而是儿童心理机制的一种表现。这种情况的对策是让家里的含糖食物彻底消失。

两种心理机制左右着人的行为，一种是避害，另一种是趋利。

孩子是依靠视觉形成认知的。比如，看过家里亲人牙疼的痛苦，会将这种痛苦的画面与吃糖联系起来，自己就能够形成自我约束的萌芽。这是利用了避害的心理机制。如果给孩子讲他喜欢的故事人物不吃糖，或者吃糖就会失去一些神奇的能力，孩子会被这个人物的做法影响，这是趋利的心理机制。

避害的方式会提高人抵抗诱惑的强度；趋利的方式会延长人抵抗诱惑的时间。两者结合，频繁出现，孩子就会形成自己的意识，长此以往就不是家里有没有、决定吃不吃，而是自己形成了免疫心理，能够从精神上克己，而这种克己，会对孩子的未来起到非常大的帮助作用。

如果孩子已经养成了吃糖的习惯，父母应该如何约束呢？下面是各种约束办法的具体解释。你找到正确答案了吗？

你做对了吗？

A 只要孩子表示想吃糖就不给

解读 这是直接对抗的做法，会被错误认识，影响亲子关系。

B 平时给孩子讲吃糖的消极影响

解读 这个方法是缓释的，但作用不大。

C 用孩子喜欢的人物当例子

解读 这个方法是积极的，但只靠这种方式难以对抗吃糖的习惯。

D 让家里的含糖食物彻底消失

解读 消除干扰物是最直接有效的做法。

糖分过量摄入对身体有负面影响，但糖并不是毒药，它是一种身体必需的能量，只是摄入量需要控制。提到糖，父母往往容易矫枉过正，走入极端，一听说糖有负面作用就完全不给孩子吃，甚至也不让孩子吃碳水化合物，尤其是在外看见其他孩子买糖、吃糖，孩子想尝一尝时，也完全拒绝或无视孩子的愿望，这不仅不能培养孩子的自主习惯，还会给孩子带来心理创伤。正确的做法是考虑孩子内心的需求，适时满足孩子的愿望，同时向他解释："吃糖对身体不好，但我看到你非常想尝尝，咱们偶尔吃一点儿也没有关系，但不能经常吃。"

孩子喜欢吃甜食是一种天性，父母在限制孩子摄入糖分的同时，应理解孩子的心理需求，而不是以频繁否定、喝止训斥或吓唬的方式让孩子暂时屈从，勉强忍着不吃糖，结果一有机会吃到就没有了节制，以此来弥补自己的心理需求。接下来我们来看看，孩子偷吃东西是怎么回事？

14. 孩子偷吃东西是怎么回事

孩子渐渐长大，自主的行为越来越多，自主进食、如厕、穿衣，当然这时候的孩子也会开始尝试自己拿东西吃，这是成长中的自然现象，但很多父母又起了否定和干预之心，请看父母们的如下描述：

> "没到饭点儿或者规定的加餐时间，怎么能拿了东西就开始吃呢？我们特别希望孩子吃好每一顿饭，两餐之间加点儿水果就不再吃别的了。她每顿饭吃得都不少，可是怎么还找吃的？"
>
> "一开始孩子光明正大地翻抽屉、开冰箱找吃的，被我说过几次之后好像改善了一些，但后来我发现他其实是背着我吃东西，像偷吃一样，又提醒和批评了他。结果他不在家里偷吃东西了，而是偷偷地把吃的揣进书包带去学校吃，简直像是在跟我们打游击战。"

孩子出现大人们意料之外的进食需求，很容易被认为是偷吃东西。那么，请思考以下问题。

思考题 练习识别孩子的需求

引发孩子偷拿东西吃的行为的本质原因是什么呢？

A 孩子饿了

B 孩子馋了

C 孩子担心被大人说

D 孩子知道大人肯定不会同意自己吃东西

进食是生物本能，知道要背着人进食是进化的标志。孩子出现这样的行为说明了以下这三个要点。

- 第一，他遵循着自己的本能，冷了穿衣，饿了进食。
- 第二，他知道自己的行为可能会遭到指责或者被阻止。
- 第三，他懂得采取针对性的行为，实现目标是第一，回避他人是第二。通过背着人进食的行为，趋利、避害两个目的都实现了。

孩子看到甜品、糖、巧克力或者饼干就要吃，同样是不满足的状态，不过这种不满足是机体的情感需求而已。大人说的馋就是这种情况。孩子是被眼前看到的食物吸引，大脑出现生物电流，生物电流通过的区域能够唤醒口感，于是孩子会通过行动满足口感，而不是因为饥饿。而孩子也意识到这个行为会被父母批评或阻拦，但确实被食物唤醒了欲望，就会采取背着人的方式来进食。

孩子出现大人意料之外的进食需求，很容易被认为是偷吃东西。那么，引发此类行为的本质原因是什么呢？下面给出了各选项的具体解释。你找到正确答案了吗？

你做对了吗？

A 孩子饿了

解读 这是最核心的原因，是一种生理驱动。

B 孩子馋了

解读 很多父母用这个说法责怪孩子。

C 孩子担心被大人说

解读 说明父母管教过严。

D 孩子知道大人肯定不会同意自己吃东西

解读 说明孩子对事情有清楚的认识。

接下来请再思考以下问题。

思考题 练习识别孩子的需求

如果孩子已经出现了经常“偷吃”的行为，并且是“偷吃”一些父母不允许进食的食物，父母应该怎么办呢？

A 告知孩子吃东西由他自己决定，不用掩藏

B 严厉批评，加强管制和干预

C 与学校老师协调，商量统一对策

D 询问孩子对其他小朋友出现这类情况的态度

如果孩子出现自己要回避父母进食的情况，说明孩子心中认为父母不认同自己想吃的东西。如果父母知道了，自己要么被训斥，要么完全吃不成。饥饿要吃东西是多数孩子的实际情况。当然，同样都是饥饿，面对不同的食物，孩子通常会凭借自己以往的经验选择口感好的，并不会从健康和卫生的角度去判断。这就给了父母如下三点启示。

- 第一，孩子在饥饿的时候是否被关注到了，是否可以吃到东西消除饥饿感。对孩子来说，不存在馋的说法。
- 第二，父母是否教过孩子，判断食物对自己身体利弊的方式，而不是饭来张口。比如所有包装食品上能看到的成分表、配料表。含量最多的头三位是什么，是天然的还是合成的（是可可脂还是代可可脂，是蔗糖还是甜蜜素，是糖分还是蛋白质？），无包装的食品外形、颜色、气味、手感如何，是不是时间长了甚至变质了？顺应孩子想吃的本能，可以引导孩子关注和掌握更多与吃有关的深入技能，并形成判断食物对于自己是否有好处的习惯。
- 第三，父母是否知道，孩子心中随时都在形成对亲子关系的认知，父母已经开始影响孩子的行为了。预测到父母可能会发火，孩子就会找到引发父母怒气的源头，要么杜绝，要么想办法不让父母看见。

孩子出现偷偷进食的情况，说明父母在食物教育方面已经有所欠缺了。如

果进一步严格限制孩子的进食，不着手进行正确的教育，会渐渐影响孩子的身心健康。

以下是父母可以选择的做法的相应解释。你找到正确答案了吗？

你做对了吗？

A 告知孩子吃东西由他自己决定，不用掩藏

解读 这是治本的方法，孩子的健康成长离不开孩子的自制能力。

B 严厉批评，加强管制和干预

解读 加大管理的力度，增加的是敌对情绪，以及孩子的反抗心理。

C 与学校老师协调，商量统一对策

解读 老师没有义务干预孩子的进食习惯。

D 询问孩子对其他小朋友出现这类情况的态度

解读 在孩子拥有自制力之后，可以借此办法巩固孩子的认知。

干预的内容和尺度，需要父母在平时与孩子相处的时候学会拿捏。不仅在孩子的饮食方面如此，在孩子的身体发育方面也是如此，孩子的站姿和坐姿也是让父母们备感头痛的话题。请看下一节。

15. 孩子坐姿不好、含胸驼背怎么办

内扣肩膀、含胸弓背、脖子前倾、目光下垂，现在很多孩子拥有这样一种身体形态。无论是坐是站，都没有挺拔向上的姿态。写作业时更为严重，头低得快贴到桌子上。父母们使出各种办法，希望帮助孩子改掉驼背的问题。有的父母要求孩子每天靠墙站军姿；有的买脊柱矫正设备，不管天气多热都监督孩子穿在身上；有的让孩子写作业时头上顶本书不许掉下来；还有的在书桌上安装了电子感应器，只要孩子写作业时俯身探头，感应器就会发出声音提醒孩子坐好。

然而，父母们把各种方法都试了一圈后却一致反馈，虽然没少费劲儿，但

孩子驼背的问题还是一如既往，没有根本性的改善。那么请思考下面这个问题。

思考题 练习识别孩子的需求

父母不妨尝试判断一下，青少年驼背的本质原因是什么？

A 从小的姿势习惯导致的

B 成长过程中缺乏教导和训练

C 身体发育问题，后背肌肉发育不够

D 睡觉的床板硬度不够

驼背现象是高发的，尤其对男生来说更是如此。近年来，中国部队在征招入伍的新兵中发现这类情况越来越普遍，这与学生们的体育运动和户外活动越来越少有直接的关系。运动本来就少，导致全身肌肉发育延缓，背部的四块肌肉发育就更为缓慢，背部肌肉对肩膀的后拉力量处在薄弱状态，肩膀前倾和含胸就是力学上的结果。

父母习惯于将客观发育问题归结为孩子的态度问题，认为是孩子主观上不努力导致的，进而在言语上对孩子提出要求，甚至指责孩子，因此孩子常常感觉非常无辜。**想要调整含胸驼背的姿态，要做的不是改变孩子的态度，而是增加有效的运动。**比如篮球运动中的投篮动作可以激发背部肌肉的发育，游泳时采用仰泳的姿势也能够激发这几块肌肉，尤其是斜方肌的发育。

但打篮球和游泳的针对性有限，想要直接矫正驼背问题，应该进行双臂的负重平拉伸及收并动作。8 次拉伸和收并算 1 个回合，每次共 3 个回合，每天进行两次。需注意在每个回合期间要有 1 ～ 3 分钟的间隔，负重从单侧 5 公斤开始逐渐提高，坚持 28 天会有明显的矫正效果。

因此，青少年驼背问题的本质原因也就一目了然了，以下是具体解释。你找到正确答案了吗？

你做对了吗？

A 从小的姿势习惯导致的

解读　是习惯导致的，但不是因为坐姿习惯，而是因为缺乏频繁的手臂拉伸动作。

B 成长过程中缺乏教导和训练

解读　是解决办法，但不是本质原因。

C 身体发育问题，后背肌肉发育不够

解读 驼背的本质原因是后背四块肌肉发育不够，不能向后拉伸肩膀。

D 睡觉的床板硬度不够

解读 睡眠环境确实对骨骼发育有影响，但不是本质原因。

驼背是长时间缺乏背部训练导致的结果，而非孩子主观意志可以控制的。孩子在成长过程中会遇到很多问题，不管是身体、行为，还是情绪、心理，都是逐渐形成的，所以解决起来也不能抱着追求速效、立竿见影的心态，而是要拨开现象看本质，首先弄清原因所在，再采取有针对性的做法去解决。不少孩子的身体在成长过程中会出现状况，而他们往往不愿意配合治疗，遇到这种情况我们应该怎么办？请看下一节。

16. 孩子生病时拒绝打针吃药怎么办

孩子生病是正常现象，但孩子生病后本来就很不舒服，还要面对打针的疼痛和味道不好的药物，本能的恐惧让孩子怎么都不愿意配合，甚至以激烈的方式对抗，哭闹也会加剧。对于这个问题有非常多父母反馈，看看他们都怎么说：

“去医院采指尖血，每次孩子都哭得像要背过气去一样，浑身是汗，我在旁边也急得一身汗。她泪如雨下，我也眼泪汪汪。对于这种必须进行的检查，真不知道怎么办才能让孩子好受点儿，只能这样强迫她接受吗？”

“孩子 1 岁半，发烧了不愿意吃药，尽管药不苦，但还是和日常食物的味道不一样，我不敢硬灌，怕他呛着，但如果不灌他就不会主动吃。有时好不容易灌进嘴里，他又全部吐出来。每次给孩子喂药都太消耗我的耐心了，有一次差一点儿冲他大吼。”

“我们家是老人帮忙带孩子，孩子很小的时候，吃药他们会说‘不苦，可好吃了’，孩子打针他们会说‘一点儿也不疼，完全没有感觉，就扎一小下’。结果孩子‘上当’了几次之后，就再也不相信吃药打针时家里人对他说的话了，我们怎么安慰和鼓励都不行，他会使出全身力气抵抗，因为这个原因，最近应该打的疫苗都没有打成，医生说让我们回家好好跟孩子说，安抚他的情绪后再来打针。可是我们确实不知道应该怎么办。”

“过去每次孩子吃药打针时，我们都用玩手机、看电视、买玩具、买零食等方式奖励他，他虽然也不乐意，但勉强愿意配合。现在孩子长大了一些，越来越不买账了，这些条件似乎完全不能打动他，怎么劝说都不行，死活不张嘴吃药，更不接受打针，这是怎么回事儿呢？”

一起来看看下面这道思考题。

思考题　练习识别孩子的需求

面对孩子拒绝打针吃药的行为，父母应该跟孩子说什么呢？

A 听话，吃过药就不难受了

B 吃药后，就带你去玩

C 无论如何都要吃药 / 打针的，你可以的

D 我们用糖拌着吃下去

生病后需要接受治疗是成年人才懂得的道理，无法逃避，必须面对，但是孩子不懂，孩子会以自己眼前的“避害”为主要行为依据，比如药是苦的，难吃；打针很疼，难以忍受。这些“害”是身体可以立刻体会到的，能避就避，孩子还意识不到，打针吃药可以带来“治疗疾病”的长期好处，所以孩子表现出来的就是抗拒眼前的伤害，也很难被打针吃药带来的“好处”说服。

因此，有的父母就会选择以交换为条件，许诺带孩子出去玩，给孩子买零食，同意孩子的无理要求等，这些做法都在无形中告诉孩子，吃药打针是可以协商的，不是必须的。

遇到原则性问题，父母与孩子之间没有商量的余地，而面对非原则性问题，则应该充分协商，考虑孩子的意愿，这样孩子就会认识到什么事情是需要

严肃对待的，说一不二的，什么事情是自己可以提出要求的。这些互动过程，都能够在孩子的大脑中形成行为习惯，并且能够建立原则感、边界感，使他成长为一个有独立人格的人。

当孩子拒绝打针吃药，以下是父母可以采取的应对方式的具体解释。你找到正确答案了吗？

你做对了吗？

A 听话，吃过药就不难受了

解读 这是安慰性的，以孩子同意为核心的。

B 吃药后，就带你去玩

解读 这是交换性的，孩子可以放弃玩，也起不到必须吃药的作用。

C **无论如何都要吃药/打针的，你可以的**

解读 这是没有选择余地的，向孩子传递原则。

D 我们用糖拌着吃下去

解读 这是条件性的，传递给孩子的是吃药可以讨价还价。

身边的妈妈这样做

陪孩子打针，千万别说“不疼”

——魏秀佳，家有 5 岁男孩

我记得在孩子 10 个月大之前，每次接种疫苗孩子都不知道害怕，更不会哭，接种后只是咧咧嘴就过去了。但 10 个月后再去接种疫苗时，孩子一看见护士阿姨就开始反抗了。因为我小时候去打针的经历给自己留下了心理阴影，所以我意识到自己需要学习如何正确地帮助孩子应对打针的问题。

自己三四岁时打针的记忆历历在目：明明知道打针很疼，但大人们却反复跟我说“一点儿也不疼”，我知道他们在哄我，所以哭得更厉害。得不到大人们的理解，反而还会被数落“哭什么哭，别哭了，太不勇敢了”，本来只是害怕，结果却因为大人的评价变得又害怕又委曲又伤心。每次打针都是这种感觉，印象非常深刻，那种害怕打针的心理到十几岁时仍然存在。

我从孙老师的课程中获得了这方面的启发，具体做法如下：

首先，在孩子没有生病的情况下，给他讲自己小时候打针的例子，自己害怕疼、很紧张，但仍然坚持打了，疼一下之后，过一会儿就缓解了。这样的做法是提前铺垫。

其次，打针前要告诉孩子真实的情况，疼就说疼，不能哄骗孩子说不疼，那样就迷惑了孩子，难道别人都不疼，只有自己觉得疼吗？明明就是疼的啊！

再次，要让孩子知道爸妈理解他害怕疼，害怕就说害怕，不要试图劝解孩子“别害怕”。

最后，也是最重要的就是，必须打的针，告诉孩子必须打，但自己会一直陪着他，安慰他，也理解他很害怕。

在孩子1岁半要打疫苗时，我尝试了这样的做法。提前两周，先不提他要打针的事情，只是用很慢的语速给他讲我小时候打针的故事，大概两分钟，我想他可能没有完全听懂所有的内容，但他一直看着我，并且很认真地听。

到了打疫苗当天，临出门前我蹲下来看着孩子的眼睛跟他说：“一会儿需要打一针，是疫苗，为了让以后少生病，少打针。”孩子的脸马上就变成了哭相，然后甩手、摇头、哼叽。本来我想再跟他多释解一下，但马上想到这个时候讲大道理是没有用的，于是我看着他的眼睛放慢语速跟他说：“会有一点儿疼，我知道你害怕疼，不想打针，我小时候和你一样，害怕打针。”没想到我说完这句话后，孩子的哭闹没有愈演愈烈，反而渐弱了。于是我又说：“疼的感觉不好，让人害怕，是吧？”他点点头，没有继续哭，仍然阴着脸，情绪低沉，但是我牵着他的手出门，他并没有抵抗和耍赖。

来到社区医院后，孩子再次奏响了哭闹的前奏，我再一次蹲下来，看着他的眼睛，跟他说：“要打针了，我知道你越来越害怕，因为被针扎会疼一下。”他眼泪汪汪地点头，哭闹竟然又一次没有继续大张旗鼓下去。之后撸袖子、摆姿势，虽然是边抽泣边进行，非常不情愿，需要大人辅助，但还算配合。打完针后几分钟，孩子的脸色就转晴了，安静地和我坐在一起等待观察期结束。孩子的表现完全出乎我的意料。后来我才慢慢感悟到，大人越是能理解孩子的心情，知道他是害怕的，他越不容易继续哭闹。哭闹，一方面是孩子自己害怕，另一方面是希望用这样的方式让大人关注他、理解他。当天晚上，我又给他讲了一次自己小时候打针的故事，他的表情专注、安静。

之后每次打疫苗或者生病时采指尖血，我都采用这样的做法，既表明自己既充分理解孩子害怕、不愿意的感受，又用平静的语气表明这样的针需要打，一般孩子都能配合，为此还得到过好多次医生的表扬，夸小朋友真勇敢。其实他不是勇敢，而是知道了妈妈小时候也怕打针，妈妈知道，妈妈理解。

大概 3 岁半时，孩子开始可以清晰地表达出“我怕疼，我不想打针”这种害怕的内心感受，而不像很多孩子哭闹得死去活来，只是喊“不打，不打，就是不打”，却不会直接说“我怕疼”。

应对孩子抵抗打针的这个过程以及孩子的变化，让我得到了巨大的触动，我意识到这样的做法也可以延展，可以运用到和孩子互动的其他方面。

本书前两章涉及的问题，包含了养育中的方方面面，重新读一遍每一个小节的标题，试着从大脑中回顾每个标题可以扩展出去的要点，再结合自己每天的育儿经历，只要有一次能够打破思维定式，正确面对并且理解背后的原理，你就已经是一位好父母了，至少是一位理性的父母。

从育儿现场到养育时刻，都是回避不了的现实生活，躲闪不开的日常点滴。每一个点滴瞬间，父母的做法既是在铺垫儿童的道路，也是在播撒各种种子——可能是参天大树的种子，也可能是脆弱的温室幼苗的种子。每一颗种子，都是日常生活中父母的言语、表情种下的，是通过对孩子行为的响应方式培育的。认识到了这一点，父母们在面对两难场景时就能够尝试思考儿童行为背后的原因，运用规律来解决问题。

03

第 3 章

两难场景：

为什么孩子一上学就出各种状况

年龄一到，孩子就应该上幼儿园了，这是理想；孩子死活都不愿意去幼儿园，这是现实。面对这类应该做但是孩子不想做的事，父母总会陷入两难的处境。

父母们选择强制送孩子去上幼儿园，而自己上班后脑海中却满是孩子泪流满面的样子。这种情感挫折状态是对自我精神的毒害，也是导致很多妈妈内心焦虑甚至抑郁的一个源头。没有科学的认识，面对种种两难，只能依靠忍耐、凭借韧劲儿熬着，最终伤害了成年人的心理及意志，也降低了家庭的生活质量。

孩子从呱呱坠地到满地乱跑，从喝母乳到吃饭，从只能躺在床上到每天去幼儿园，伴随年龄增长的不只有身高、体重、行为能力的外在变化，还有心理和精神的内在成长。2 岁半至 3 岁左右，孩子将进入人生中第一个叛逆期。父母渐渐发现，孩子由温顺听话的小婴儿变成了一天到晚总说“不行、不好、不要、偏不、就不”的“刺儿头”。有的孩子虽然嘴上不直说“不”，但行为上完全是和父母作对的状态：让洗手偏不洗，让加一件衣服偏不加，给他碗里夹一口菜马上就给挑出来，倔脾气一上来最拿手的就是原地大闹。

叛逆期这种说法，体现了父母们以自我为中心的权威视角，认为孩子的行为不合自己的意、不顺自己的心就是叛逆，但其实这只是孩子成长中必将经历的“自我觉醒”的表现，说明孩子开始有了自己的想法，有了独立于他

人的自我意愿，他想自己决定吃什么、穿什么、去哪儿玩、和谁玩，他在尝试成为自己的主人，而不是别人的附属。当孩子的自我意愿和父母的期待有落差时，冲突就会不断产生。加之这个时期是初上幼儿园前后，环境变化、必须上幼儿园、需要遵守规矩等约束都是外部强加给孩子的意愿，孩子会激烈反抗也就不奇怪了。对于父母，这真是两难的境地，把意愿强加给孩子不行，完全由着孩子自己的意愿也不行，两难之中如何权衡调整，时刻考验着父母的智慧。

两难的处境还有很多，送幼儿园仅仅是其中一例。随着孩子的年龄渐长，也就开始了社会化的过程，通过与老师以及其他小朋友的交往，孩子会去体验自我以及其他人的感觉，同时接触社会规则。基于这一事实，我们先来说说为什么孩子就是不想去幼儿园。

17. 为什么孩子就是不愿意去幼儿园

孩子到了入园的年龄，意味着孩子需要与人交往，需要习惯社会群体的规则。但绝大多数孩子都不愿意去上幼儿园，每年 9 月幼儿园开学后一连几个月，每天早上都能看到相同的场景在门前重复上演：有的孩子紧紧搂住父母的脖子死活不肯松手、不愿下地；有的孩子反复嘟囔“妈妈我不想去幼儿园，我不想去幼儿园”；有的孩子抱着大人的双腿缠着不让他们离开；还有的孩子走一路哭一路，到幼儿园门口时已经哭得双眼红肿，上气不接下气……

这时候大人也束手无策，一方面看孩子哭得撕心裂肺，自己心里也很不好受；另一方面不能因为孩子哭闹就不让孩子去上幼儿园，更何况自己还要去上班，拖延下去很可能会迟到。孩子入园初期往往让父母们身心俱疲，既想慢慢安抚孩子，又想赶紧把他送进幼儿园好去上班，完全没有心思和精力仔细研究孩子行为背后微妙的心理变化。那么你有没有思考过下面的问题呢？

思考题 练习识别孩子的需求

孩子不愿意去上幼儿园，背后的真正原因是什么呢？

A 幼儿园要学习，不习惯

B 幼儿园里能得到的关注变少了

C 幼儿园里没有父母的陪伴

D 幼儿园的玩具太少了

大多数家庭里，孩子从小就被父母甚至祖辈过度关注，从而觉得不管自己提出任何需求、有任何感觉，都会有人响应，一旦形成习惯就不愿意改变了。这一点与成年人是一样的，希望留在舒适区中，而不是到自己不熟悉的领域去。幼儿园里孩子多，老师少，当孩子有需要的时候，经常得不到老师的及时响应，相比之下，孩子当然会认为家里更好，何况在幼儿园里，自己喜欢的玩具总是会有别的小朋友一起抢着玩，家里就不会有这样的情况。

儿童的外在行为没有伪装，心里不舒服就会表现在脸上，嘴角下垂，眼球移动变慢。这种心理感受由三个部分组成：已经建立起依恋关系的人是否在身边；目光所及之处自己熟悉的事物有多少；视线内活动物体的数量。

建立起依恋关系的人不在身边，会引发孩子的安全感缺失，导致孩子的心情起伏。熟悉的事物少会让孩子无所适从，不知道自己应该做什么，这种情况下还被老师要求坐好不能动，就更加难受了。周围有其他的小朋友和老师走动，经常还有陌生人进出房间，进一步加剧了孩子的警惕感受。

幼儿园不如家里习惯和自由，当不得已要面对幼儿园的全新氛围时，孩子就开始在内心建立起一种防范层，自己不动、不理睬、不参与，试图靠屏蔽外在环境坚强地熬过这个时间，最终导致孩子的情感渐渐被关闭、禁锢、冷冻了起来。

解决孩子不想去幼儿园的问题，要从理解孩子的心理入手，弱化家庭和幼儿园之间的环境差异。

决定送孩子去幼儿园的前两周，父母可以控制孩子在家中得到的响应强度和速度，也要开始控制孩子在家里得到的玩具数量，并适当提高要求，严格起来，塑造一个比幼儿园还要严厉的环境，得不到响应，得不到玩具，只能自己想办法。两周后，把孩子送去幼儿园，孩子从心理上会觉得这里比家里好多了，至少还能够抢到玩具，还有老师乐意响应自己的需求。这样一比较，孩子就愿意去幼儿园了，等孩子渐渐适应了幼儿园的环境，再改善家里的气氛。

好多家庭恰恰做反了，预见到孩子上幼儿园时会不适应、不高兴，于是越临近上幼儿园，越宠着孩子，百依百顺，似乎觉得孩子马上就要受苦了，于是提前给孩子一些弥补。有些父母自己也有分离焦虑，想到孩子将要一整个白天都离开自己、离开家，也有一种分离感、失落感，于是在入园之前使劲儿把孩子和自己"绑"在一起。结果不仅没起到正向作用，反而让孩子入园后的落差感更大，更不容易适应。

有父母反映，家里有了第二胎后，老大反而更愿意去幼儿园了，老大的行为印证了前文，孩子心里会想：反正爸爸妈妈现在更关注的是弟弟妹妹，相比来说，幼儿园里的老师和同学对自己就不会有这样的关注变化。

还有一些家庭，父亲比较严厉，母亲工作繁忙，这种情况下的孩子多数都比较高兴能够去幼儿园，甚至愿意留在幼儿园，周末也要去，反而不愿意待在家里。

以下是上述思考题的答案，以及父母们认为孩子不想上幼儿园的几种原因的对应解释。

你做对了吗？

A 幼儿园要学习，不习惯

解读　实际上孩子的任何行为都是学习动作。

B 幼儿园里能得到的关注变少了

解读　这是关键的因素，需要有人响应的时候，没有大人及时响应。

C 幼儿园里没有父母的陪伴

解读　平常父母上班后，在家也没有父母陪伴，但是孩子却没有这么抗拒。

D 幼儿园的玩具太少了

解读　玩具少并不是主要原因，却也是一个因素。

有不愿意上幼儿园的情况，就一定会存在不愿意上小学、不喜欢上中学的情况。孩子在入园的过渡阶段，会直接、激烈地表达自己不想去幼儿园，但到了小学或是中学阶段，孩子会越来越少直接表达自己不想上学，就算内心真的不想去，嘴上也不会说出来，而是选择默默地忍耐。这让我们不禁思考以下问题。

思考题 练习识别孩子的需求

孩子不喜欢学校但还是会去上学，这又是什么原因呢？

A 因为没有别的选择

B 因为知道自己能够有所得

C 因为孩子的自主意识变薄弱了

D 因为学校至少比家里好

如果不喜欢学校，也没有可以倾诉这个想法的机会和对象，孩子就会开始对学校产生抗拒了。这会导致两种结果，一种是孩子会认为家不是自由之地，学校也不是喜欢的地方，因缺乏进一步的心理疏导而感到无助、孤独、自卑。实在难以忍受了就逃学，或者选择更极端的方式结束心理上的痛苦，比如自杀。另外一种是孩子因此而麻痹自我，别人不在乎自己，自己也不在乎别人，看起来对什么都心不在焉，但这类孩子往往比较有韧劲儿。

这并不是中国学生特有的问题，但是有些国家的处理方式有所不同。比如鼓励学生说出来，在学校设立心理咨询室，向学生提供心理辅导的人不是教师，而是心理学专业毕业的政府代表，专为学生提供情感疏导的帮助等。有些国家的孩子也可以选择不上学，以“在家学习”的方式完成学业，这些国家接受自学的孩子参加统一考试，他们与在校读书的学生一样可以被大学录取。

由于国情不同，在我国大多由父母充当心理辅导员的角色，他们本应对孩子进行心理安慰，至少让孩子把自己的想法充分表达出来，避免想法压抑成情绪，情绪进一步发酵成不可挽回的行为。但在实际生活中，往往孩子一说心里话，父母就数落孩子的各种不是，把问题全归在孩子身上，否定孩子的内心感受。

鼓励和接纳孩子的倾诉不是通过反复追问、逼迫或是敷衍地回答“我理解你”就足够了，而是要用孩子愿意听的方式承接他的情绪、顺应他的表达，比如说：“我像你这么大的时候也不喜欢去上学，因为觉得没有家里舒服自在，于是每天早上都赖床，不愿意起来，觉得能晚去一会儿就晚去一会儿。”“我上幼儿园时，班里的小朋友特别多，老师忙得顾不过来，有一次课间餐发香蕉，我和身边的小朋友挨着坐得很近，老师可能是没看见我，给身边的小朋友发完就给下一桌发去了，没给我发，但我又不敢张嘴要，于是就忍着，但心里很伤心，好多天都不想去幼儿园。后来我逐渐有胆量直接跟老师说‘我没吃饱、我还想要、没发给我、我吃饱了不要了’。”**父母可以通过回忆自己年少时的经历，唤醒对孩子的理解，这会让孩子更容易敞开心扉向父母吐露对学校的真实感受，并愿意讲述在学校发生的各种事情。**

关于孩子不喜欢学校但还是会去上学的原因，具体解释如下。你找到正确答案了吗？

你做对了吗？

A 因为没有别的选择

解读　这说明孩子对自我缺乏认识。

B 因为知道自己能够有所得

解读　工作得报酬，学校得知识，但这不足以支撑我们去上班和上学。

C 因为孩子的自主意识变薄弱了

解读　孩子心里决定命运的自主意识渐渐被磨掉了。

D 因为学校至少比家里好

解读　有这种可能，但不是本质原因。

学校是一个人成长过程中第一个停留较长时间的场所，也是习得社会人际交往方式的地方。但多数孩子都不是主动学习人际交往方式的，也不会意识到学校是一个人际交往场所。那么你觉得下面这道思考题应该选什么呢？

思考题　练习识别孩子的需求

在小学阶段，孩子心中是如何看待学校的呢？

A 学校就是学习考试的地方

B 学校就是轻松自由的地方

C 学校就是不得不去的地方

D 学校就是能见到好朋友的地方

以下便是这道题各选项的解释。你找到正确答案了吗？

你做对了吗？

A 学校就是学习考试的地方

解读 不少同学确实是这么想的。

B 学校就是轻松自由的地方

解读 几乎没有这么想的同学。

C 学校就是不得不去的地方

解读 小学阶段，多数孩子都是这么想的。

D 学校就是能见到好朋友的地方

解读 这么想的同学不多。

学校是不想去又不得不去的地方，孩子很两难。幼儿园阶段的学习压力小，孩子主要是因为在幼儿园与在家相比得到的关注减少而不想上幼儿园。到了小学阶段，有了学习任务，老师不再关注孩子的吃、穿、睡，不再带着孩子做游戏，而是传授知识、要求纪律、布置作业、评判分数、请父母谈话……很多孩子都向父母表示过不喜欢学校的老师。这是为什么呢？请看下一节。

18. 为什么孩子不喜欢老师

小学阶段，我们都有过喜欢某个老师以及特别不喜欢某个老师的经历，不过总的来说，对老师的整体印象都是略带几分抵触的，就算达不到厌恶，也实在喜欢不起来。请思考以下问题。

思考题 练习识别孩子的需求

在小学阶段，孩子对老师普遍持有抵触心态的核心原因是什么？

A 老师总是与作业联系在一起

B 老师不陪我玩

C 老师多数情况下比较严肃

D 老师会找父母说我的坏话

对于孩子来说，喜欢就是喜欢，不喜欢就是不喜欢，但让孩子解释相应的原因却并不容易，因为孩子还没有形成用外在视角审视自己的能力，不能识别影响自己偏好的因素。

一周七天，有五天的白天孩子需要在学校度过，接受老师严格的教育和约束，不管是学科教学内容还是日常班级管理，老师总是滔滔不绝地耳提面命。有的话老师已经反复说了无数遍，但对孩子来说仍然是陌生、空泛的。好不容易放学回家了还要写作业，老师每天布置的各种作业把家变成了学校的延续，孩子感觉学校的状态无限延伸，没完没了。

确实也有让孩子非常喜欢的老师。**孩子喜欢的老师通常有三个明显的特点：能够带着孩子们玩；说孩子们常说的话，不把自己放在高姿态上；说出来的话，孩子们能够听明白。**这并不是说，孩子们喜欢的老师不要求孩子学习，而是在玩的过程中，把应该教会孩子的内容都融入了进去，孩子在高兴的心情中学到了知识。就算布置作业，也不是那种超纲拔高的题目，而是结合实际的，大部分内容是熟悉的、容易理解的题目，既考核所学的知识，又不难为孩子。

人们的喜欢建立在熟悉和容易识别之上。人长大后，喜欢吃的食物都是小时候吃过的，而从小没有吃过的食物就会排斥，都是一个原理。让孩子对老师持有抵触心态的核心原因，具体解释如下。你找到正确答案了吗？

你做对了吗？

A 老师总是与作业联系在一起

解读　这是比较本质的一条。

B 老师不陪我玩

解读　有的老师会寓教于乐。

C 老师多数情况下比较严肃

解读　有一些老师还是比较慈祥的。

D 老师会找父母说我的坏话

解读　等小朋友长大一点儿才有可能是因为这个原因不喜欢老师。

除了对老师这个群体整体的抵触，孩子还会出现非常不喜欢某几位特定老师的情况，这往往与老师的某些行为或态度有关。比如经常训斥、批评孩子，甚至威胁、恐吓、惩罚孩子。比如，有的老师会质疑孩子：“这次考试分数这么低，以前你的好成绩是不是抄来的？”“你怎么这么简单的题都不会啊，上课听什么了？”“放学留在教室里改错，不许回家，再错就罚抄 100 遍！”“你不是学习的料，以后没有前途！”

孩子受到威胁、恐吓时，大脑皮层的反应会以不同的形式表现出来，有的是直接对抗，有的是开始逃避，有的是表现顺从，有的是学会伪装，这些都是生物体的自我保护功能。

除了语言上的威胁、恐吓，很多孩子还经历过被老师体罚的情况。有过这样经历的人，无论体罚的原因是什么，都将对一生产生影响。这是为什么呢？请思考以下问题。

思考题 练习识别孩子的需求

被体罚会导致孩子一生都受到影响的原因是以下哪项？

A 体罚时身体的难受和伤害

B 体罚时心理的伤害

C 体罚时对学习动力的伤害

D 体罚后对学科感受的伤害

体罚的经历能够长时间留在脑海中，这是因为体罚不光让孩子的身体受到了伤害，更让孩子的心理层面受到了伤害。这种伤害包含以下几个方面。

- 第一，这种行为改变了孩子脑海中原来对老师形成的认识，让孩子的认知有了冲击感。
- 第二，孩子感到自己在同学面前被羞辱了，觉得弱小、委屈、愤懑，形成了新的认知模式。
- 第三，孩子认知模式的焦点会渐渐扩展到各学科，扩展到所有老师、学校甚至让整个童年都不再阳光灿烂，而是阴云密布。

被体罚会导致孩子一生都受到影响的原因，具体解释如下。你找到正确答案了吗？

你做对了吗？

A 体罚时身体的难受和伤害

解读 很多人日后回忆都不记得当时的肉体感受了。

B 体罚时心理的伤害

解读 自尊是社会属性，是心理的一部分，受体罚伤害最大。

C 体罚时对学习动力的伤害

解读 会存在，但不会持续一生。

D 体罚后对学科感受的伤害

解读 确实会影响这个老师所教的学科。

每个人的经历都会成为留在脑海中的痕迹，这个痕迹会作为下一次类似事件出现时的反应依据。心理痕迹能够让孩子表现出对应的行为，因此父母看到孩子的行为和表现时，要试图弄清其背后的推动因素。当孩子表达不喜欢老师时，父母应该进一步了解具体的原因。

孩子不喜欢老师，在学校一定会以自己的方式进行应对，比如默默忍耐或我行我素。后者会演化为和老师作对，看上去似乎是因为对老师不满或不喜欢这个老师，但其实另有心理上的推动因素。为什么孩子喜欢与老师作对呢？请看下一节。

19. 为什么孩子喜欢与老师作对

2019 年，教育部委托某社会科学院做了一项调研，调查有关小学生父母与学校关系的现状。其中有一项是关于小学生家长对教师的评价，有一个问题是让小学生父母回答：你最希望孩子的老师在哪些方面得到改善？结果收集回来的问卷发现，在这个问题上家长有一个很集中的诉求，那就是能不能不要轻易找家长。同时这项调研还有一个问题是让小学班主任老师来回答：找学生家长最常见的原因是什么？结果排在第一位的是：学生不服从老师的管教。

现实是，每个学校都有老师找家长的情况发生，并集中在 3% ～ 6% 的学生身上。就是这些孩子的家长总是会被老师联系，并要求到学校配合教育管理工作。加上现在的网络社交通路越来越广泛，老师联系家长越来越方便，孩子哪怕出现一点儿行为问题，都会被老师以要求家长配合为由，找来学校。

而多数行为问题都是出于孩子跟老师的对抗。就是老师说东，他偏往西；老师让专心听讲，他却三心二意；老师鼓励积极举手回答问题，他就算知道也不肯举手；老师让每周一穿校服，他明明记得也不肯穿；老师推荐用笔记本工整书写，他却偏偏把字写在单线上，而不是空白处。那么请你思考以下问题。

思考题 练习识别孩子的需求

孩子这种故意与老师作对的行为背后，最主要的原因是什么呢？

A 觉得老师是他实现自我愿望的障碍

B 青春期叛逆的心理表现

C 没有被老师认可或者表扬过

D 因为父母说过不喜欢这个老师

面对孩子与老师对着干的情况，其实跟城市对待火灾的情况类似。对抗一旦形成，老师就会呼叫“消防员”，在这里就是家长，“消防员”火急火燎地赶到现场，采取措施，用自己在家里常用的方式，比如训斥、威胁、辱骂等，来消除孩子的对抗态度。这是火灾已经发生后的处理方式。现代城市的管理，会通过分析火灾发生的原因，在平时采取预防措施，大幅度减少火灾发生的次数。这才是智能化的、科学的应对方式。那么，孩子与老师对着干的原因究竟是什么呢？只有找到了原因，才能够有效预防。

孩子进入社会，接触大人、同学以及陌生人都是一个学习的过程。孩子进入社会前的初始状态由以下三个因素决定。

- 第一个因素是孩子现有的情感状态，由孩子所在家庭的父母关系影响而形成。孩子是自信的，游移的，还是自卑的，全都与家庭有直接关系。
- 第二个因素是孩子的活动能力以及交谈能力。户外活动多的孩子，具备接受挫折的认识，大脑中形成了不是所有事物都会如己所愿的感觉，并能够找到调整心情、安置情绪的方式。
- 第三个因素是孩子对家人依附的程度，这种依附有生活上的，也有心理上的，还有精神上的。

比较常见的情况是，自卑的、户外活动少的、依附程度极强的孩子，容易出现对抗所有老师的行为，或者表现为故意违反要求。依附表现正常或情感游移的孩子，容易对抗特定的老师。孩子表现出来的各种行为，都有其背后的原因，这些原因都是较长时间形成的，不是依靠惩罚、训斥、奖励、说教就能够改变的。需要找到原因，从原因下手。冰冻三尺非一日之寒，解冰化冻非一日之功。从找到孩子行为背后的原因到孩子慢慢有所改变，也需要漫长的等待和耐心。

以下是孩子与老师作对的可能原因的具体解释。你找到正确答案了吗？

你做对了吗？

A **觉得老师是他实现自我愿望的障碍**

解读 人们会抗拒自己实现目标路上的障碍，尤其是持续障碍。

B 青春期叛逆的心理表现

解读 叛逆心理不足以解释与特定老师作对的情况。

C 没有被老师认可或者表扬过

解读 这种情况，孩子会选择远离这位老师。

D 因为父母说过不喜欢这个老师

解读 有这个可能性，父母会影响孩子的态度取向。

如果孩子平时很少有愿望能够得到满足，就会觉得生活没有意思，那么在这种心态下，来自老师的任何命令都会被当作他实现自我愿望的障碍，随时都是不顺心的状态。最后表现出来就是与老师作对，但深入的本质是自尊心的缺乏，没有得到足够的爱的哺育，安全感严重不足。

父母都希望孩子在学校遵守纪律，而不是凡事都跟老师作对。但这恰恰是事情的两个极端，完全不听老师的话和凡事都听从老师、迎合老师都是存在问题的。上学后，孩子回家最常说的一类话就是“这是老师说的”“老师让写的”“老师说这个只能这么做”……老师的话就像“圣旨”，不敢违抗。那么请再思考下面这个问题。

思考题 练习识别孩子的需求

孩子对老师的话唯命是从，这种情况将导致以下四种可能的结果，哪一种对人存在终身的影响？

A 顺应老师，遵从上级

B 言听计从，筋疲力尽

C 缺乏主见，失去个性

D 迎合权力，见风使舵

孩子对老师没有免疫力的一个主要原因，就是父母的强权干预、操控、压制和否定，导致孩子没能形成自我意识。上学以前被迫全盘听从父母的孩子，上学后就转而对老师言听计从。

完全不听和全盘接受这两个极端，都将对孩子的一生产生影响。父母只有意识到这一点，开始尝试改变自己，在生活中培育孩子的自我意识和自主意识，孩子才有可能全面、平等、综合地看待老师，结合自己的意愿和客观现实，决定如何对待老师的要求。

以下是上述思考题的答案及各选项的对应解释。

你做对了吗？

A 顺应老师，遵从上级

解读 至少还能够一直服从听话。

B 言听计从，筋疲力尽

解读 这是让自己彻底任人摆布的结果。

C 缺乏主见，失去个性

解读 这仅仅是个性平庸而已。

D 迎合权力，见风使舵

解读 这是品格的扭曲。

孩子在学校度过的时间非常多，老师是孩子学习生活中的重要他人，孩子是否喜欢这个老师与这门功课的学习紧密相关。孩子喜欢哪一门课的老师，那门课就学得好，那么如果孩子不喜欢某一门课的老师，学不好怎么办？请看下一节。

20. 为什么孩子不喜欢哪门课的老师，就学不好那门课

孩子进入小学后，很多父母都发现过一个规律，那就是一到新学期变换老师，孩子对这门课的兴趣就会随之变化。比如孩子明明非常喜欢数学，愿意投入时间开动脑筋，学起来轻松自如，连续几个学期成绩都不错，可新学期就变得不喜欢数学了，甚至每天晚上整理课本、收拾书包时也不由自主地叹气：“唉，明天又是先上数学课。”

父母一开始都是一头雾水，不知事出何因，往往会先从学习难度的角度思考，推测是不是学得难了，孩子觉得吃力，进而马上采取帮扶行动，不是加强每晚督导作业的投入力度，就是给孩子物色补习班。后来才慢慢意识到，原来是因为孩子不喜欢新换的老师。

也有不少孩子，因为特别喜欢新老师，进而激发了对这门课的兴趣，以前学得好的，现在更愿意学了；以前学得不太好的，现在也变得非常喜欢这门课，成绩有了明显提高。那么你思考过下面这个问题吗？

思考题 练习识别孩子的需求

孩子喜欢哪门课的老师，那门功课就学得好。不喜欢的老师，他教的那门功课就学不好，这背后有什么特别的原理吗？

A 喜欢老师的学生，老师也喜欢，会提供特别辅导

B 喜欢老师，学习这门课的时候，大脑自然会放松

C 喜欢老师，说明孩子这门课本来就学得好

D 喜欢老师，是父母给孩子做了思想工作

大脑是学习的基础，当遇到自己喜欢的人时，大脑机制是开放状态，当遇到一个不喜欢的人时，大脑便会开启防御机制。

开放状态下的大脑神经元活跃，预备接收各种信息，并快速形成神经元之间的通路，对接收到的信息进行处理。有的信息激活了过去的相关信息，在过去已有联结的基础上延展扩充了新的联结，这些新的联结与旧的联结紧密相关，可以被大脑识别、自由调用，而不是一个零散、孤立的全新的信息点。

防御状态下的大脑对接收到的信息的处理方式是核对并验证。如果新接收的信息与现有的任何联结都不能吻合，大脑就决定排斥出去，完全不接收。如果有吻合的部分，就仅仅接收并强化吻合部分，对于新的内容仍然拒绝接收。也就是孩子貌似在听课，课程结束需要重复课程内容时，他却一脸茫然，不知所措。

孩子喜欢老师时，激活的是大脑的开放、拥抱、迎接的状态，更容易接受新的知识和内容；孩子不喜欢老师时，处于防御状态的大脑一直在核对、排斥新的信息。这两种状态都是人类发育过程中形成的本能，用于调节自己生长的

速度以及大脑协调与进化的速度。孩子如果长期处于防御状态，大脑会发育迟缓；如果长期处于开放状态，大脑就会发育超前。

以下是上述思考题的答案及各选项的具体解释。

你做对了吗？

A 喜欢老师的学生，老师也喜欢，会提供特别辅导

解读 这在日常教学中不成立。

B 喜欢老师，学习这门课的时候，大脑自然会放松

解读 这是学习的本质，也是大脑的最佳状态。

C 喜欢老师，说明孩子这门课本来就学得好

解读 这个说法有一定道理，但情况较少。

D 喜欢老师，是父母给孩子做了思想工作

解读 父母的影响不大。

孩子不喜欢老师是很常见的情况，那么你有没有思考过下面这个问题呢？

思考题 练习识别孩子的需求

当孩子开始不喜欢某个老师时，通常这个老师所教的科目也学不好了。以下都是孩子学习退步的可能原因，其中哪一个是最初出现的呢？

A 老师的讲解不容易理解

B 用不好好学来表示不喜欢

C 右脑占用了精力，左脑不能顺利工作

D 已经形成了习得性无助的心理定式

成年人所说的话，约有 50% 的内容对于 12 岁以前的孩子来说无法立刻领会。成年人说话时的正常语速，对孩子来说就是偏快。如果语言中携带语气，不仅不能提高让孩子明白的百分比，也不能提高明白的速度；如果又缺少具体示范，那只会加大孩子的心理负担，甚至让其产生恐惧心理。这样就导致了三个结果：大脑的精力不够用；心理抗拒给自己带来恐惧的人；仇视与这个人有关的一切，包括这个人布置的作业、所教的科目等。

如果老师讲课的内容孩子听不懂，一开始他会尝试努力听，但如果这些内容与他大脑中的已知内容实在难以吻合，大脑就会开始屏蔽接收信息了。如果老师还批评、指责，孩子就会出现反感的情绪，这时，主管知识、理性和逻辑的左脑已经分配不到什么电流了，大脑都被负责感觉系统的右脑主导，用于凝聚情绪和做出反应了，于是便进入“听不懂一被批评一反感一更听不懂”的恶性循环。

当父母发现孩子开始不喜欢一个老师的时候，可以有以下三种做法。

- 第一种是尝试将课堂内容录音，并将老师课堂上讲的内容用浅显的方式表达出来，市面上有很多价格便宜、容易操作、灵敏度高的录音设备可供使用。
- 第二种是尝试在家中增加这门课程的家庭游戏，为孩子的大脑铺垫适当的背景知识。一些家庭利用暑假和孩子一起玩数学类桌游，开学之后发现孩子开始喜欢数学了。
- 第三种是承认孩子这门科目不是长项，把精力集中到孩子的长项上，把长项的学习做到极致。要知道，这个世界上最不需要的就是全才。

父母应该帮助孩子形成一种认识：我要学习的东西，与教这个东西的人无关。我的未来需要英语，我不喜欢英语老师，那么我可以用我自己的方式和时间学习，那是“我的事情”。一旦有了这种认识，孩子就会以自己的判断为行为指导，也就具备了独立的意识。

以下都是孩子不喜欢老师后表现出学习退步状态的原因，其中哪一个出现最早呢？具体解释如下。你找到正确答案了吗？

你做对了吗？

A 老师的讲解不容易理解

解读　这是一门科目学不好的最初原因。

B 用不好好学来表示不喜欢

解读　这是第一阶段，开始出现对抗的心理。

C 右脑占用了精力，左脑不能顺利工作

解读 这是第二阶段开始形成的认识。

D 已经形成了习得性无助的心理定式

解读 孩子在这门科目的学习上已经自暴自弃了。

说到底，孩子在学校遇到什么样的老师，喜欢不喜欢都只能选择接受。觉得看不下去、接受不了而百般努力，多方奔走只为给孩子调换一个老师，或者直接为孩子转学，这样的付出意义并不大，这在眼下也许能办到一两次，但在十几年的漫长求学之路上，父母无法选择和干预孩子所遇到的每一位老师。更何况学校只是人生起点，未来孩子会遇到朋友、同事、上级，总会有喜欢的人和不喜欢的人，永远回避不了去面对这种情况，既然如此，不如当孩子在学校遇到不喜欢的老师时，就鼓励孩子找到相处和应对的办法，不是为了向老师让步，也不是为了喜欢上本来不喜欢的老师，而是为了形成自己独立、现实的态度，这对孩子是最好的锻炼。

除了不喜欢的老师，孩子在学校也一定会遇到不喜欢的同学，这种情况又该怎么处理呢？请看下一节。

21. 为什么孩子不喜欢同学

孩子初入幼儿园或小学，父母非常希望孩子能够尽快适应环境，和大家熟悉起来，有自己的好朋友，于是一放学就没完没了地追问孩子："你今天和谁玩了？""你认识了哪个小朋友？""你和谁玩得来？"结果发现对于这样的问话，孩子非常不耐烦，给出的答案也总在变化。

前几天孩子还说和某个同学是好朋友，第二天却又说不喜欢他了，结果没过几天，孩子又说他还是我的好朋友。大人们认为这是孩子敷衍自己的回答，于是缠着继续问，好像必须得到一个准确、稳定的答案才安心。殊不知，孩子一会儿说和某个同学是好朋友，一会儿又说不喜欢他，就是这个阶段的正常现象。不妨来思考下面这个问题。

思考题 练习识别孩子的需求

对孩子来说，“喜欢”或“不喜欢”一位同学主要取决于什么？

A 他是否能帮助我完成任务

B 在很多事情上，他与我是不是一样

C 他的座位是否与我相邻

D 是否在入学前就认识他

孩子情感萌发的起点是对自我的关注：自己的名字、喜欢的颜色、熟悉的游戏等。孩子对另一个同学的喜欢，始于当他发现自己喜欢的事情，另一个同学也喜欢；自己愿意玩的游戏，另一个同学也愿意玩；他们知道了彼此的名字，能够叫出对方的名字，愿意一起说话。这些都是由于两个人存在相似的关联而发生的。相似性可以扩展到喜欢的食物、图书、游戏，以及各自的感受，渐渐地他们也了解了彼此不同的地方，通过熟悉感拉近了彼此的关系。

那么，你的孩子是否明确自己喜欢的事情，父母是否在孩子面前示范过表达自己喜欢的颜色、数字、地点、食物等事物呢？父母可以用纸和笔记录下自己和孩子喜欢的事情，并张贴在家里，日常生活中需要做选择时可以作为参考。

比如，带孩子一起去超市，在蔬菜区可以说：“你爸爸最喜欢吃的青菜是菠菜，正好今天菠菜很新鲜，咱们买一点儿吧。”给孩子选衣服时，也可以说：“现在天冷了，我记得你最喜欢的颜色是浅黄色，想要一件浅黄色的外套吗？”周末商量去公园时，可以和孩子讨论：“你和爸爸最喜欢丛林拓展，我最喜欢划船，这个周末去哪里好呢？咱们商量商量吧。”

这些与自己相关的、自己喜欢的事情，不断激发着孩子的自我感觉。如果孩子能够说出这些喜欢的事情，有独立的自我感觉，就有更多的机会在众多小朋友中碰到拥有相似喜好的人。因为共同喜欢某种颜色，有了好朋友 A；因为共同喜欢某个地方，有了好朋友 B；因为共同喜欢某种食物，有了好朋友 C。知道自己喜欢什么，会表达自我的意愿，是社交的基础动作，也会让孩子越来越自信。

对其他同学的喜欢和不喜欢，是基于眼前正在发生的事件的，当眼前的事件发生了变化，孩子们之间在这件事情上没有了相似性，也就会出现玩不到一块儿、聊不到一块儿、不喜欢这个同学的情况。这也就是为什么孩子前几天还说和某位同学是好朋友，没两天就又说不喜欢他的原因。

对孩子来说，“喜欢”或“不喜欢”一位同学取决于什么？具体解释如下。你找到正确答案了吗？

你做对了吗？

A 他是否能帮助我完成任务

解读 孩子没有功利性，不会以是否得到帮助为喜欢的条件。

B 在很多事情上，他与我是不是一样

解读 相似性是人与人最初学习彼此接受的关键因素。

C 他的座位是否与我相邻

解读 座位相邻不能决定喜欢或者不喜欢。

D 是否在入学前就认识他

解读 这个因素也不能影响喜欢的感觉。

进入幼儿园或小学是孩子逐步社会化的开始，他会遇到兴趣相投的朋友，也会遇到不太喜欢的同学，甚至与同学之间发生摩擦、升级为打架的情况也在所难免。孩子被打时能还手吗？不还手吃亏，还了手可能矛盾升级，到底应该怎么教孩子应对这类问题呢？请看下一节。

22. 孩子被打了能还手吗

我们的孩子在幼儿园和学校里，既需要与同龄的孩子相处，也需要与父母以外的成年人相处。在这个过程中，经常会发生摩擦甚至打斗。有的孩子被打了，会选择回家告诉父母，说出自己的委屈；有的孩子忍着不说，但父母从老师的反馈或孩子身上的痕迹能看出来，这时父母往往会询问事情发生的经过，一般都是这样问的：

“他因为什么事情打你了？”

“你们谁先动手的？”

“他怎么打的你？”

紧接着就会问自家孩子是如何应对的。那么请思考下面这个问题。

思考题 练习识别孩子的需求

孩子的哪种应对方法意味着他有了自主意识？

A 告诉老师

B 告诉父母

C 默默忍了

D 打回去

父母询问孩子是如何应对的，其实最关注的一点就是有没有还手，经常是孩子刚一说还手了，还没等把话说完，父母就开始批评教育孩子“不能还手”。

人是从动物进化而来的，动物的本性源自生存的需要。人类社会进化了，文明程度提高了，人与人之间不该像动物一样以暴力的方式寻求自己的生存。这种文明的形态是逐渐过渡而来的，如果不能顺应儿童最初的动物性生存需求，而是由大人出头保护或教育孩子不可以还手，也就等于剥夺了儿童作为动物的一部分本能，其生存能力也就随之被抑制了。这种抑制不光在身体和生理层面，还会影响心理和精神，凡事都不加思考就直接寻求外在帮助，从而长成一个欠缺主动性的人。

孩子之间相互打架，作为本能反应，要有打回去的意识，以及对对方行为的响应。孩子无法充分理解大人说的文明方式，又被严格要求不能还手，就压制了本能，也就难以学会什么情况下应该保护自己的生命。

以下是对孩子应对方式的具体解释。你找到正确答案了吗？

你做对了吗？

A 告诉老师

解读　这是社会化变化的一个方式。

B 告诉父母

解读　这是家庭依附性的体现。

C 默默忍了

解读　这是一种自我意识，尝试独立的初级表现。

D 打回去

解读　这是自己的事情自己解决的核心基础。

孩子打架就是孩子们之间的事，但大人们生怕自家孩子吃亏，于是总想插手其中，进行干预。打架本身对孩子的伤害其实并不大，多数情况是父母参与后将冲突扩大化，并导致孩子受到伤害。请思考以下问题。

思考题 练习识别孩子的需求

父母参与孩子打架时，容易被忽视的伤害是什么？

A 流血的外伤

B 没有流血的内伤

C 造成的心理恐惧

D 造成的情感抑制

孩子之间出现冲突，多数不会造成太严重的身体伤害，却会对孩子的心理产生持久的影响。这种影响多数会从以下三个方面发生延续。

- 第一是对特定场所的排斥。
- 第二是对特定人的排斥。
- 第三是对自己的特定行为的抑制。

孩子之间发生冲突后最重要的不是追究发生冲突的原因，也不需要对孩子进行对错讲解，而是应该关心下一次出现类似情况该如何应对。如果孩子有情绪需要宣泄，那不应该阻止，不要说“别哭了”“哭没有用”这样的话，任由孩子哭，然后观察孩子下一次来到这个地方或者下一次见到冲突对象时，行为和神情上的细节。根据这些细节，父母就可以看出上一次事件在孩子的心里留下了什么影响。

事后不要让孩子直接谈论自己的体验，而是将孩子喜欢的人物代入类似情境，让孩子从旁观的视角讲出自己的心理。可以以孩子喜欢的人物的故事展开，向孩子询问，如果这个人物陷入了类似的场景中，他的想法、做法以及后续的情节发展会怎样。通过讲故事，让孩子形成第三者的视角和感受，从而可以比较好地说出自己对故事中人物做法的评价，包括对事件的看法。

心理的恐惧有可能持续一生，而且是相互叠加的，以后出现类似事情和类似的人，都会影响他的行为，从而让他对社交活动中人与人的交往产生恐惧。

父母们需要知道的是，这些恐惧的影响不是来自冲突本身，而是来自冲突后孩子对待这些冲突的看法。

以下是上述思考题的答案及各选项的具体解释。你找到正确答案了吗？

你做对了吗？

A 流血的外伤

解读　孩子之间的冲突不借助其他外力，通常不会流血。

B 没有流血的内伤

解读　如果没有摔倒或撞墙，多数也不会有内伤。

C 造成的心理恐惧

解读　大多数情况下，父母通常没有做好发生冲突后的交谈缓解工作。

D 造成的情感抑制

解读　这也是有可能的，要看父母如何善后。

回顾自己小的时候，我们谁没有过和同学起冲突的经历呢，绝大多数情况下就是打打闹闹，轮流占占上风，事情就过去了，并不像大人们紧张在意的那样，也没有谁故意想要伤害谁。但有时父母会发现，自家孩子非常喜欢跟别人动手，经常被老师或其他父母“投诉”，于是每次紧张担心的焦点都转向了其他小朋友身上，生怕人家伤着，非常担心对方会不会去告状，对方父母会不会不依不饶。孩子被打，父母担心；孩子经常动手打别人，父母也很担心。那么，孩子在学校打了人，父母该怎么办呢？请看下一节。

23. 孩子在学校打人了怎么办

在孩子们互动的过程中，有的孩子确实喜欢先动手，要么是打别人一下或推搡一下，要么是抢小朋友的东西，手上动作很快，还非常有力气，比如有的妈妈这样说：

“幼儿园老师向我反映过几次了，说孩子在幼儿园里特别喜欢跟人抢东西：抢凳子、抢玩具、抢图书、抢厕所、抢洗手的水龙头、抢水果……争抢过程中就会有身体接触，他经常因为手部动作太大而打疼别的孩子，甚至把别人挤倒在地上，于是总有父母反映，对我家孩子有意见。孩子这样的行为，也让我们觉得挺有压力，这到底是什么原因呢？”

那么，不妨来做做下面这道思考题。

思考题 练习识别孩子的需求

当父母发现孩子经常出现打人行为时，应该怎么办呢？

A 带孩子去看专业的儿童精神科医生

B 加大惩罚力度，让孩子记住

C 耐心讲道理，让孩子听懂

D 减少孩子与别的小朋友接触的时间

孩子所有的外在行为都由两个核心因素决定：一个是生理的，一个是心理的。当出现所谓的不良行为时，首先需要评估的是生理层面，比如大脑皮层以及脑干的发育情况、海马体与左右脑之间的联结吻合情况等，这些都能影响孩子的行为。当父母意识到生理层面的影响因素客观存在，就需要带孩子去看专业的儿童精神科医生，进行完全以事实为基础的诊断，而不是仅仅从理念上，用所谓的道德标准评判孩子，或是从道德上干预孩子，要求孩子谦让、友好、克己等。

父母对孩子不明原因的惩罚与看病乱用药同理，不仅对眼前的症状无效，而且会带来其他的隐患，甚至带来更加严重的后果。所谓的讲道理，不过就是道德层面的说教而已，孩子出于生理原因的躁动是无法被道德感约束的，这时所有的道德内容也就被当作了耳旁风，父母反而更加挫败。

孩子的行为很容易被大人归结为态度问题或意愿问题，其实不是只有父母对待孩子时容易出现误判，在成年人的人际交往过程中，也经常出现这种现象。我们对那些与我们不同、让我们不习惯的表现，都会嗤之以鼻，用品格的标准来轻易判断。这是错误的意识，因为没有客观、中立地去看待生理层面的影响因素。这类行为本身其实也不是态度上的问题，而是因为大脑皮层没有形成过自我约束的因子，没有形成左脑主控的习惯，也就是极度缺乏相关的训练导致的。

以下是父母发现孩子经常出现打人行为时的几种做法的具体解释。你找到正确答案了吗？

你做对了吗？

A **带孩子送去看专业的儿童精神科医生**

解读 这是最科学的方法。

B 加大惩罚力度，让孩子记住

解读 打人行为的发生都不是态度问题造成的。

C 耐心讲道理，让孩子听懂

解读 孩子的精神状态不稳定，就算听懂了道理，下次还会再犯。

D 减少孩子与别的小朋友接触的时间

解读 有可能会好一点儿，但这是消极的方法。

对于孩子频繁出现打人行为以及父母经常被学校要求出面的情况，父母确实有压力，有的是意识到了这其中一定有原因却不明白是什么原因，心里着急；有的是恼火孩子怎么屡教不改；有的甚至会觉得孩子总惹麻烦，让自己没有面子。这些情绪汇集起来，很容易让父母失去理智和客观思考的能力，直接被情绪控制，对孩子不是连篇说教就是大肆训斥。请思考下面的问题。

思考题 练习识别孩子的需求

这种不恰当的响应方式会让孩子的心理出现以下情况，其中哪种情况对孩子心理影响最持久？

A 知道了打人骂人行为不对

B 觉得父母不讲道理，不了解情况

C 觉得老师告状，有不公平的感觉

D 提醒自己，以后不能让别人看到

父母听到老师对自己孩子行为的反馈后，应该与孩子进行一次正式谈话，以积极表现作为切入话题：最近在学习上的努力、在学校中的进步，或者乐于助人、体育运动、家务劳动、手工制作、爱好发展……不管是哪一方面的积极表现都可以。**如果在父母眼中，孩子全是问题，找不出闪光点，那真是父母的问题而不是孩子的问题了。**

由孩子良好的行为表现谈起，渐渐引申出不当行为的原因，鼓励孩子说出当时的情况，当时的想法以及现在的想法。最好能用纸和笔边听边记录孩子说的话，记录的仪式感、正式感于孩子是平等、尊重、认真倾听，于父母是避免陷入情绪化，是防止片面听取信息，甚至打断孩子说话的有效办法。

文明的行为是通过父母的示范而继承、复制并得以延续下去的。**在和孩子沟通的过程中，父母无论多么激动，都要守住文明的底线。只倾听、记录事实的具体细节，不做评判，不要批评。**等孩子充分讲完时，告诉他当老师向自己说了这个情况后，自己最初的想法是什么，后来又想了什么，以及听完孩子的话之后对他的再认识。也可以说说自己童年时遇到类似的情况是怎么处理的，自己得到的经验和教训。最后准备结束谈话时，重新回到孩子有优势的、擅长的、得意的、做得好的事情上。

讨论之后，父母还要对谈话过程再做一次书面回顾，从以下三个方面进行思考。

- 第一，是否和孩子探讨了使用其他应对方式来表达当时情形下的心情。
- 第二，如何帮助孩子建立对行为后果的认识，使用文明的、每一次逐级强化的后果承担方式，而不是暴力惩罚的方式。
- 第三，尝试就医诊断，检查孩子精神及内分泌系统的指标，寻找生理原因。

以下是上述思考题的答案及对孩子持久心理影响的解读。

你做对了吗？

A 知道了打人骂人行为不对

解读 几乎不会有这个认识。

B 觉得父母不讲道理，不了解情况

解读 这是心理叛逆的种子。

C 觉得老师告状，有不公平的感觉

解读 这是仇视社会的种子。

D 提醒自己，以后不能让别人看到

解读 会产生这种心理，改善自己的预防能力。

孩子之间的矛盾，必然牵扯了孩子父母之间的关系，无论打人一方还是被打一方的父母都需要客观地面对问题，才能够有效处理，而不是两难无措。

----- 身边的妈妈这样做 -----

3 岁入园，我陪孩子这样适应

——谷红伟，家有 4 岁女孩、2 岁男孩

我很庆幸自己在刚有孩子时就开始不断地学习科学育儿的做法，不断实践，不断感悟。让我感触最深的是孩子入园前我们所做的铺垫，最初只是按照要求落实，并没有想得很远，等到两年多以后再去回看孩子入园期间的表现，我才慢慢意识到其中的神奇和家庭布局的深意。

孩子出生后，家里就买了一只绿色的小海龟，是小巧、好拿、柔软的毛绒玩具，我经常跟孩子说："这是妈妈最喜欢的物品，你想摸一摸吗？来，给你摸一摸。"之后我会把它拿回，也摸一摸、搂一搂，出门时我会把它装在背包里，于是孩子就知道，那是我的东西，是我随身带着不离手的。她想玩的时候，就会咿咿呀呀地向我示意，让我拿给她，之后我仍然会收回，自己带着。后来我需要出门几个小时不在家的时候，就会拿出这只小海龟，跟她说："妈妈要出去一会儿，让妈妈最喜欢的这只小海龟陪着你，你要是想我了，就搂搂它，就好像我陪着你一样。"

家人后来跟我说，孩子时不时就想我，有点儿想哭，但一说搂搂妈妈留给她的毛绒玩具，妈妈一会儿就回来了，她的情绪就能好一些，真的没有大哭大闹。

我在家里常开的门上贴了"门"字，每次开门关门，孩子都能看到这个字。不到 2 岁刚会说话时，她会指着念完一个门上的"门"字再去其他门上找。我要出门时，就告诉她："在家等我，我从门里出去 10 分钟后会从门外回来。"回来后发现她真的没有哭闹，相反，笑着指着"门"字发音，一扇接着一扇，把所有"门"字认了个遍。

孩子 3 岁入园前，我又把"妈妈的小海龟"拿出来给她，让它代替我在幼儿园陪她。但第一天入园的早上，她还是哭了，不愿和我分开，不过情绪不算激烈，搂着我的绿色小海龟进了学校。当天接她时，在学校门口她和我拥抱了一下就自顾自地去玩了，没有委屈、不舍，相反情绪轻松自然，我简直内心雀跃，一口气离开妈妈 6 个小时是对孩子心理安全感的一个试金石，之前的那些铺垫在这时体现出了效果。

除了情感寄托物，在孩子上幼儿园回来的第一个晚上，我们还角色互换，扮演了妈妈和孩子分开和相聚的场景。她让我说自己的心情，然后紧紧地拥抱了我一下。一遍又一遍，有半小时之久。

之后每天她都高高兴兴去上幼儿园，轻轻松松放学回家，在入园的过渡阶段，没有出现非常明显的分离焦虑和激烈的情绪反应。我觉得情感寄托物和角色互换表演是帮我们渡过入园难关的重要做法，这更是家庭提前布局的巧妙之处。

本章的问题全都围绕着孩子入园入学展开，这些日常问题是父母引导孩子通向社会的起步阶段需要和孩子共同面对的，身处其中往往觉得焦头烂额，不得要领，可是跳出来看一看，就会发现原来背后都有相通的规律和原理。有了这样的认识和心态，问题也就迎刃而解了。每一位父母接下来要面对的，更多的是孩子的教育。不管是行为规范还是读书学习，都与家庭氛围和父母教导密不可分。让我们进入下一章，看看那些教导中的难题。

04

第 4 章

教导难题：
怎么改掉孩子身上的“坏毛病”

孩子是父母爱情的结晶，外貌有父母的影子，言行举止有家庭的痕迹，很多父母都曾有过感慨：“这孩子和我小时候太像了，脾气秉性和我一模一样。”养育孩子的过程，会不断勾起自己童年的一幕幕回忆。想当年，物质生活水平和现在有天壤之别，吃穿住行在精打细算之下还经常处于紧缺状态，很多想要的东西都不是马上就能买到，周末时吃一块糖、过年过节时买一身新衣服或一件新玩具都成了欢天喜地的事。上一代父母工作很忙，家居生活中又没有那么多自动化的电器，周末好不容易休息一天，还要面对繁重的家务，哪顾得上管孩子呢，小时候整天被反锁在家里的孩子哪儿还敢想更多，能吃饱穿暖有学上就很不错了。

相比之下，今天的物质条件得到了极大的改善，大多数家庭温饱不愁，父母们经济上有了余力就有机会更多地关注孩子的教育。一边回想着自己童年经历的那些物质上的短缺、心理上的不满足以及成长中的种种挑战和困难，一边看着自己的“复刻版”一天天长大，这种遗憾和期待交织在一起，促使父母们自然而然地想把自己所有的经验和自己没有得到的机会全都给孩子，想为他填平自己掉过的坑，阻挡他吃同样的苦，想将全部的爱、时间和金钱都投入到他身上。

在这个过程中，父母往往忽视了最重要的一点，那就是自己是自己，孩子是孩了。就算他在外貌上看似和自己很像、生活上需要照顾、经济上需要支持，但他仍然是一个完全独立的个体，这在心理和精神上尤为突出。如果父母不知道家庭教育的基本规律，不掌握科学的做法，不尊重孩子的独立性，仍然沿用错误的方式，那么很可能投入得越多，跑偏得越严重。

这就引出了一系列教导的难题，让我们看看这些难题背后带来的启发。

家庭生活中，妈妈是最爱叫孩子小名的，有的时候为了表示亲昵，直接用“宝宝”“宝贝”“乖乖”来称呼孩子。儿童 3 岁左右出现独立意识，这是精神层面的最初阶段。自我的独立意识会促使孩子希望有自己固定的名字。7 岁左右是第二次独立意识的发展阶段，叫孩子小名会严重干扰他作为一个独立个体存在于集体中的感觉，甚至令他感到不知所措。从现在开始，别叫孩子小名了。

24. 孩子的小名，能不能随便叫

大部分孩子从出生起就有了自己的大名，也就是身份证上的名字，这个名字凝聚心思，取得慎重，非常正式。与此同时，长辈通常也会给孩子取一个小名，相比之下，这是一个非常随意的称呼，有时甚至每隔一段时间就会变化，或者随大人们的心情、情境、孩子成长的状态等使用不同的叫法。

这些小名五花八门，有大名的叠字，有吉祥讨喜的词语，有“大球儿”“小胖儿”等代表形状或体形的词，有各种动植物或食品的名字，有“佩奇”“乔治”等卡通人物，还有故意使用的带有戏谑意味的小名，一些地方传统认为贱名好养活。

大多数父母不知道小名与大名的区别以及名字之于孩子的重要意义，在家里随口就来，想怎么称呼就怎么称呼，叫孩子的名字叫得非常随意，哪怕孩子已经长成少年，还在使用小名。父母可能没有意识到，频繁、随意地使用小名会对孩子产生负面的影响。请思考以下问题。

思考题 练习识别孩子的需求

这种随便称呼孩子小名的做法对孩子最大的伤害可能是什么？

A 精神上无法断奶

B 无法形成独立的人格

C 在父母面前没有精神独立

D 难以建立与同龄人之间的关系

给孩子起小名，本意是父母自身的一种情感寄托。显示亲昵感、拥有感、附属感，更多的是为了取悦自己，承载自己的情感。然而，孩子不是宠物，不能一直从属于父母、依靠父母。尽管孩子年龄小，但也一样需要发展人格，需要与同龄人交往，需要中立、客观、不带亲昵性质的关系，尤其是与同学、老师这些在社会生活中需要交往的人，保持中立、客观的态度非常重要。

长期被过度的情感笼罩，家庭中就缺失了客观、严肃的一面，没有了健康人格所需的成长环境。当孩子的独立意识、自我边界开始觉醒的时候，对于父母过度亲昵的行为，孩子会有对抗、抵触、不服从的表现，但有的时候他又觉得亲密的感觉挺好的。这时，孩子的内心更加难受，却又不知道难受的核心原因，一直在矛盾之中徘徊、纠结、无措。

如果孩子精神上没有断奶，那他就总要找人依靠，这不是物质上的依赖，而是在自我意识被削弱之后出现的对自己、对生活、对未来都失去了决策能力的状态，习惯了完全由别人做决定，自己只不过是执行而已。于是孩子会出现遇到事情六神无主、优柔寡断、左顾右盼，总希望有一个救世主出现，精神上不独立、不主动，没有那种为了实现一个目标而去努力的想法，只是被动地过日子。

父母要想培养自己尊重孩子、平等相待的心态，培养孩子独立自主的精神，就要先从在家庭中称呼孩子的大名做起。不是等孩子上学以后才这样做，而是从孩子一出生，起了正式的名字就应该这样做。对襁褓中的婴儿直呼大名是什么感觉，只要尝试过的父母都会知道，那就是一开始叫不出口，好像是在叫别人，叫一个大人，感觉把孩子叫大了，孩子和自己之间一下子有了距离感、边界感。的确，这就是叫大名的目的。

就算是抱在怀里吃奶的婴儿，物理边界感不分明，他也仍然是一个独立的个体，而不是只为了讨父母开心的小乖乖、小甜心，不是父母的附属品。**从小就称呼孩子的大名，不用昵称，但语气完全可以轻柔舒缓，这样的做法就是在点滴间不断提醒父母以平等姿态对待孩子，也将有助于培养孩子的独立人格。**

这种随便称呼孩子小名的做法对孩子的最大伤害可能是什么，以下是具体解释。你找到正确答案了吗？

你做对了吗？

A 精神上无法断奶

解读 这是孩子无法独立的源头。

B 无法形成独立的人格

解读 本质上就是没有断奶。

C 在父母面前没有精神独立

解读 有些孩子确实是长大后不愿意经常回家。

D 难以建立与同龄人之间的关系

解读 这个情况也存在，但不是很普遍。

随着生活水平的提高，电视已经成为每家每户的基础配置，购买电视时，人们都会在经济条件和空间允许的情况下买最大的，然后摆在客厅的核心位置，客厅的其他家具和日常活动空间都会围绕电视进行布局。但不具备儿童认知发展常识的父母可能无法意识到，正是这件内容丰富、可以 24 小时轮番上演节目的家电，成了孩子注意力发展的隐形杀手。让我们一起看看，为什么孩子不能经常看电视。

25. 家里的电视，为什么不能总开着

很多家庭都有一个习惯：一回家先把电视打开，或者只要有人在家，电视就一直响着、亮着，直到晚上睡觉前才关。有了孩子以后，这种生活模式依然沿用。尤其是由老人帮忙带孩子的家庭，电视不光是老人排解无聊、空虚感的工具，也是缓解育儿压力的途径。只要开着电视，孩子就能老老实实地在电视前坐很久，老人得以歇口气，或者分身做些家务活、准备饭菜之类的。但这样的日子长了，问题就慢慢凸显出来了。看看下面这些父母的描述，是否有你家的影子：

“我儿子特别爱看枪战片，总是拿着家里的扫把或晾衣竿当枪使，还指着人的脑袋说‘开枪，砰’，或者说‘你被我打中了，活不了了’。这一定是从电视剧里学来的。”

“孩子上幼儿园之前一直由姥姥帮忙带，小朋友太活跃了，跑得很

快，姥姥经常追不上她，又生怕她磕着碰着出危险，所以平常很少带她下楼玩。每天还得给她做午饭，只有让她坐在电视前面她才能老实一会儿，所以孩子每天都看很长时间电视。最近我发现她时不时就冒出几句古装剧里面的台词，如果再这样下去真是太让人忧心了。”

“我们家电视常开着，不管演什么节目，孩子都会眼睛直勾勾地盯着看，现在他才6岁，我发现他好像有些近视了，看书看人总是习惯性地先眯着眼睛，儿童读物上的文字不算小，可是他总愿意拿近了再看。家里不该总开着电视，由着孩子看的，我非常后悔。”

父母们的描述中普遍提到了孩子长期看电视后在行为、语言或视力等方面出现的问题，除此以外更严重的是，电视还会对孩子注意力的形成和发展带来负面作用，而父母们对这种隐形的伤害大多一无所知。

在家里经常看电视的孩子在学习时很难集中注意力。一项围绕小学一年级学生展开的统计数据表明，约有78%的学生存在不同程度的注意力分散问题，导致这个问题最主要的原因就是电视。请思考以下问题。

思考题 练习识别孩子的需求

电视摧毁孩子注意力的本质原因是什么呢？

A 眼花缭乱的声光电刺激

B 内容多样，不适合儿童

C 看电视过程中缺乏大人的陪伴和指导

D 被动选择剥夺大脑主动意图的形成

大脑的发育是有规律的，可分为以下三个阶段。

- 第一阶段是0～3岁期间，大脑神经元高速发育，到3岁左右，最高水平将会完成95%的发育，之后，发育速度将会减慢。
- 第二阶段是3～6岁期间，神经元之间形成广泛的联结，6岁左右，将完成一生所需的90%的联结。
- 第三阶段是6～9岁期间，这些神经元联结开始深化、加强，而有些不常使用的连接开始减弱，到 9 岁时，这一过程会完成 75%，9 ～ 15 岁渐渐完成另外 25%。

15 岁之后，大脑在没有感受到特殊需求的情况下，不会再进行以上三种形态的发育。如果在大脑高速发育的年龄段，让大脑的信号接收体系长期暴露在电视的环境中，大脑会失去三种核心功能的建设机会，分别是目的性、主动注意力和深层理解力。

目的性决定一个人一生的主动性想法，没有了自己的想法，也就只剩下生理需求了。主动注意力是为目的服务的，没有了目的性，也就没有必要形成主动注意力了。**电视节目多数都是娱乐内容，一闪而过，缺乏重复性、递进性、启发性的内容变化，总看这样的电视节目，孩子的理解力自然也就只能形成浅层了解，而无法进入深层理解。**

即使是孩子自己使用遥控器更换频道寻找想看的节目，大脑也仍然是在被动模式下从已知信息中选择，而不是依靠大脑加工出来的未知目的。有数据表明，一天暴露在电视环境中超过 1 个小时，大脑皮层的神经元将减少发育约 3%。

以下是上述思考题的答案及各选项的具体解释。

你做对了吗？

A 眼花缭乱的声光电刺激

解读　这是一个方面，但不是本质原因。

B 内容多样，不适合儿童

解读　不构成本质原因。

C 看电视过程中缺乏大人的陪伴和指导

解读　这是心理因素，但不是本质原因。

D 被动选择剥夺大脑主动意图的形成

解读　这是核心本质，被动刻录大脑痕迹，不再形成主动意识通路。

电视对大脑注意力的损害很严重，比这更严重的是沉迷于电子游戏无法自拔，上瘾的症状让往日朝气蓬勃、阳光灿烂的孩子变得目光无神，干什么都提不起兴趣，一心只想扎进电子屏幕里。孩子的这种状态既是对自己的伤害也是对家庭的打击，父母们完全有办法提前采取措施，避免陷入这种境地。请看下一节，孩子沉迷电子游戏怎么办？

26. 孩子沉迷电子游戏怎么办

科技时代，有很多孩子从两三岁起就开始接触电子设备：玩手机、看平板电脑、看视频、打游戏、玩学习软件、摆弄有屏幕的智能手表……一开始是只玩一小会儿就能停下来把手机还给父母，后来越玩越久。不让他玩了，他嘴上答应着，手上却没有任何想要停下来的意思，有时根本不答应，就像完全没有听见一样。

慢慢地，孩子开始背着大人寻找一切能玩手机的时间，比如大人做饭、洗澡、睡觉时，偷偷把手机拿去玩游戏。最后还会直接从大人手里抢手机，甚至把密码给改了。这时如果想把手机收回来，孩子会哭闹不止、全力抵抗，这说明孩子对电子游戏已经上瘾了。大人玩手机游戏也有上瘾的情况，不过不如儿童上瘾的比例高。那么请思考以下问题。

思考题 练习识别孩子的需求

以下四种原因都可以让孩子对电子游戏上瘾，背后的主要原因是什么呢？

A 游戏中可以扮演英雄

B 游戏可以无限次重新开始

C 游戏有积分和奖励

D 游戏是动态的声、光、色彩的混合呈现

电子游戏成瘾是一个专业研究课题，有人专门进行过研究。对成年人来说，最初上瘾的一个诱因是游戏可以无限次重来，总是有机会可以重新开始，即便操作不完美、有错误，也不会受到批评和打击；另一个诱因是积分和奖励可以产生心理上的刺激作用。

对于儿童来说，游戏上瘾主要是由于受到声、光、色彩所呈现的动画的诱惑，一旦接触就会发现这些比书本和作业要有趣多了，形式灵活多变，而且对于各种操作动作都有交互的即时反馈，孩子更喜欢也更容易上瘾。

上瘾的状态，是大脑皮层分泌多巴胺带来的快乐感受导致的。多巴胺让人感觉到舒服、兴奋、好玩，如果是通过游戏刺激让大脑分泌多巴胺，身体的这种愉悦感受就与游戏绑定在一起了。**孩子通过游戏不断寻求越来越快的外界反应和多巴胺分泌的感受，就慢慢失去了在读书学习中需要经历一段时间才有反馈结果的耐心和快乐感。**

经过思考，以下是父母们可以参考的解释。你找到正确答案了吗?

你做对了吗？

A 游戏中可以扮演英雄

解读　这是最初吸引的元素。

B 游戏可以无限次重新开始

解读　这是成年人游戏上瘾的原因。

C 游戏有积分和奖励

解读　这也是一个对成年人有效的上瘾因素。

D 游戏是动态的声、光、色彩的混合呈现

解读　对孩子来说，这是主要的影响因素。

孩子易于得到手机，甚至抢手机玩，增加了暴露于电子屏幕前的机会，如果父母没有意识到电子屏幕对脑功能产生的深远影响，而选择纵容孩子，就会为孩子日后的上瘾行为埋下隐患。请思考以下问题。

思考题　练习识别孩子的需求

孩子在最开始出现总抢父母手机的行为时，就应该进行干预，那么正确的做法是什么呢？

A 教导孩子手机屏幕辐射对眼睛的危害

B 不让孩子拿到手机，或者看到手机

C 孩子拿大人手机后，为此事设定严格的规则并坚决执行

D 给孩子提供其他玩具，比如小车或者玩偶

孩子未经允许把大人的手机拿到自己手里，这是越界的行为，说明家庭成员之间的边界意识模糊，在日常生活中，父母没有经常与孩子讨论物品归属的话题。每一个家庭成员都有属于自己的私人物品，未经物品主人同意，不能直接拿到自己手里。对孩子来说，这是家庭内部的一项约定；对社会来说，这是物权归属的意识。如果在家庭中没有充分地实践这项约定，孩子到了幼儿园和学校就会经常出现越界的行为，自己却并不觉得有什么问题。这些不经意间流露的习惯，都是由家庭中父母随意处置孩子的物品以及孩子随意拿父母的东西开始的。

看到孩子出现这类行为时，应该当作没有发生，让当时的场景过去，不立刻批评纠正。三四个小时以后，在父母和孩子单独相处的情况下，两人面对面坐好，严肃地讲解私人物品的规矩，然后开始清点孩子的物品有哪些，最好用纸、笔记录下来，并和孩子约定好，他的这些私人物品，未经他允许大人不能随意碰触，并在纸上签字承诺。约定好孩子私人物品的边界后，再讨论父母的私人物品，一次只约定少数几样，可以先从手机、电脑开始。告诉孩子手机、电脑、背包是爸爸妈妈的东西，不征得同意，他不能直接触碰。当孩子表示听懂或者看上去貌似明白时，同样需要写在纸上分别签字。

在这之后，可以将这两份约定贴在墙上，后续再出现随意拿对方东西的行为时，比如孩子抢父母的手机，可以不用讲大道理，而是把手机直接从孩子手里拿回来，并告诉孩子，“我没有同意你使用我的手机”。父母的行为是在执行规则，动作明确但不要蛮横粗暴，语言平和而不是责怪、发怒，面部表情既不要过于严肃也不能微笑，就是用正常说事情的方式进行。

对于孩子拿大人手机这一行为的不同应对方法，以下是对应的解释。你找到正确答案了吗？

你做对了吗？

A 教导孩子手机屏幕辐射对眼睛的危害

解读 孩子会质疑父母为什么一直看手机。

B 不让孩子拿到手机，或者看到手机

解读 孩子能够发现你所放的地方。

C 孩子拿大人手机后，为此事设定严格的规则并坚决执行

解读　这是理性科学的方法。

D 给孩子提供其他玩具，比如小车或者玩偶

解读　这个替代方法是第二位的，要先立规矩。

如果孩子长时间沉迷于电子屏幕，到六七岁就可能出现对电子游戏上瘾的情况，男孩更易如此，表现为陷入其中难以自拔、无法克制自己，不仅影响学习，还会影响正常生活，说这种现象是一生毁灭的前兆也真不为过。对于不到 10 岁的孩子来说，尽快调整家庭内部的做法，逐步减轻儿童电子游戏上瘾的症状还来得及。那么该怎么做呢？请思考以下问题。

思考题　练习识别孩子的需求

发现孩子沉迷电子游戏，相对应的初期做法应该是什么呢？

A 让孩子看不到电子设备

B 父母要增加陪伴孩子的时间

C 要多次给孩子讲电子游戏的危害

D 呵斥或使用不给饭吃等惩罚手段

通过对 10 岁以下电子游戏上瘾儿童的研究发现，缺少父母陪伴是导致儿童上瘾的主要原因。在这些家庭中，孩子不是自己玩，就是被父母用手机打发掉，这样父母就可以轻松脱身，不用将精力耗费在孩子身上了。10 岁以下的孩子，内心是希望父母陪伴的，无论是玩耍、交谈还是出行，都希望父母能够参与到他们的活动和游戏中，能够与他们说话，或者有机会参与到父母的活动中。对于孩子的这种心理需求，父母需要接纳、陪伴，而不是将孩子直接推给电子设备。

孩子对电视、手机和电脑中的画面、影像是没有抵抗力的，如果父母经常看手机，孩子必然会受到影响，也会模仿这个动作，于是就想拥有大人不断在看的这些设备。陪伴孩子，最重要的就是要时刻想到：你的孩子盯着你呢，你拿什么，他们就要拿；你做什么，他们也想做；你吃什么，他们也想吃；你说什么，他们也会模仿。不想让孩子沉迷电子游戏，父母自己就要远离电子设

备，或者提高自己的自控能力，在孩子面前不拿手机、不看电子设备。

出现上瘾行为的最初应对方式，应该是增加陪同时间，等孩子渐渐恢复了需要父母陪同的这种感觉后，就可以把陪同当作激励孩子的手段了。孩子出现沉迷游戏的行为时，父母可以说“那这次我们不陪你玩了”；需要鼓励一个行为时，可以说“我们会多陪你玩一会儿”。

关于初期上瘾行为的应对方式，以下是对应解释。你找到正确答案了吗？

你做对了吗？

A 让孩子看不到电子设备

解读 这个方法不是初期采用的，而是后期。

B 父母要增加陪伴孩子的时间

解读 这个是最主要的、长期有效的方法。

C 要多次给孩子讲电子游戏的危害

解读 这个方法属于说教类型。

D 呵斥或使用不给饭吃等惩罚手段

解读 这个方法属于暴力类型。

父母希望孩子的行为符合规范，一看到不适当的行为，往往马上就会采用讲道理的方法，试图说服孩子改变，可是经常会发现这样的方法并不管用，孩子怎么说也不听，真是够气人的。说起这样的经历，每个父母都能举出一堆例子，那么，遇上孩子不讲道理的情况要怎么办呢？请看下一节。

27. 孩子不讲道理怎么办

孩子不讲道理是父母经常提到的情况，比如下面这些场景，几乎在每个孩子身上都上演过：

“孩子在路边走，边走边踩草地，告诉他踩草地是不文明的做法，让他不要踩了，他回头看着我，表示听见我说的话了，但是当他转过头继续走时，仍然选择踩草地，这真是太让人恼火了。”

“孩子学会了骑车，非常兴奋得意，但骑着骑着总是突然就猛地转弯，完全不顾身边有没有其他人，好几次都把一起骑车的小朋友别倒了，还有几次差点儿撞到散步的行人，为此我们跟他讲过很多道理，反复提醒他，想拐弯时先要看看身旁和后侧有没有人，确认没有人了才能拐弯，不能突然一下子猛拐。道理讲过很多很多遍，可他还是不照做，依旧横冲直撞，突然拐弯。我觉得他是心里明白，就是不肯听我们的。”

“我们带孩子出门赶火车，一进火车站就有卖小孩子玩具的商铺，都是很普通、很常见的玩具，基本上家里都有，她也反复玩过，但是孩子就是非要再看看，看半天也不肯走。我们的时间不太充裕，于是给她讲道理，希望能赶紧进站上车，不然很可能会误了火车，但不管怎么讲道理，怎么尝试说服，她就是摇头，完全不肯走。跟她讲道理，感觉像是在对牛弹琴，完全说不通。”

你是否也遇到过这种情况？不妨来做做下面这道思考题。

思考题
练习识别孩子的需求

对于孩子这种不讲道理的情况，应该怎么办呢？

A 换一个方式，放慢语速多讲几遍

B 提高音量，加快语速再讲一遍

C 不用再讲，看着孩子不说话

D 换一个人来再讲一次

大人对孩子提要求或进行解释的时候，最常用的方式就是说话，希望通过说话，能让孩子听话。本意是希望孩子听从自己的话，却忘了要用孩子容易接受的方式。父母说的很多话以及理由，都是孩子无法理解的，无法理解就只能发愣，发愣的结果又会被父母误解为抗拒。实际情况是，孩子确实完全听不懂父母在说什么，理由不懂，原因不懂。“以后不要再这么做了”，“以后”这个词不懂，“再”这个字不懂，“这么”不懂，“做”不懂。孩子以为父母是在说一件特别重要的事情，没有听懂，但能猜出父母希望自己点头，于是基于自己所能明白和所能配合的内容，点了一下头。但下一次仍然继续“不讲道理”，恼怒蹿火的是大人。

孩子的学习方式是看到行为，比如把孩子的手从嘴里拿开，把孩子抱离问题现场，不让孩子看到，不让孩子碰到，这些都是直接采取行动的方式。如果要让孩子履行你现在的要求，就要静静地、默默地看着孩子的眼睛，缓慢地说出要求，并给孩子示范你希望他做出的动作。这就足够了。

说教不仅不能解决眼前的问题，还会破坏亲子之间的互动模式。孩子需要父母关注的时候，就会做父母特别重视和强调的那些事情，这样就能赢得父母的关注，反正也听不懂你让我做什么，不过你与我说这么多话，还是挺好的。

以下是上述思考题的答案及各选项对应的具体解释。

你做对了吗？

A 换一个方式，放慢语速多讲几遍

解读 效果有限，下一次还是如此。

B 提高音量，加快语速再讲一遍

解读 讲了一遍，再讲一遍照样没有效果。

C 不用再讲，看着孩子不说话

解读 这是比较恰当、可以操作的方法。

D 换一个人来再讲一次

解读 这个做法有一定效果。

每一个父母都出现过下定决心要陪孩子好好玩的心态，可是落到具体的行动、真和孩子一起玩游戏和互动时，往往没有几分钟，就招架不住孩子的各种“不讲道理”了。孩子在游戏互动中不讲道理的情况，通常表现为不愿意遵守规则或者输不起、一输就哭闹。当这样的情况反复出现时，大人们经常手足无措，不知道应该怎么办才好。孩子不愿意遵守游戏规则怎么办？请看下一节。

28. 孩子不愿意遵守游戏规则怎么办

父母和孩子一起玩牌、下棋、玩桌面游戏时，经常会遇到孩子不愿意遵守规则的情况，比如下面这两条描述就非常有代表性：

“每次和孩子下棋，不管是跳棋、飞行棋、军棋、象棋还是围棋，他吃我的子或者赢了我时都兴奋得不得了，可是看见自己快要输了就非常不高兴，有时会气鼓鼓地捶桌子，有时会大声叫嚷、胡乱甩手，有一次差点儿把棋盘都掀翻了，嘴里还嘀咕着‘哼！再也不和你下棋了’，搞得我心里也很矛盾，一个矛盾是既想陪他玩，但又觉得太麻烦、太劳神了，一说到陪玩都有点发怵，因为不仅得陪玩，还得哄着他，照顾他的情绪；另一个矛盾是，有时想照顾一下他的情绪，故意输棋让他赢，但是又觉得输赢都是孩子应该体验的，而不是赢得起输不起，所以不知道应该怎么办。”

“我发现女儿特别输不起，不管是下棋还是在户外做游戏，比如玩跳房子、老鹰抓小鸡、老狼老狼几点了，她总是想赢。本来已经约定好了玩多长时间，却经常因为她输了而非要缠着玩到她赢为止。我提醒她已经超过约定好的时间了，下回再玩，她就生气、耍赖、哭闹，偏要继续玩。我也留意到很多孩子都存在这个问题，而我女儿似乎更明显、更严重一些，于是当她和有类似心态的孩子一起玩时，最后总是闹得不欢而散。但我发现邻居和同事的同龄孩子中，确实也有不因为输赢而过多影响情绪的，我很好奇这些孩子的心态是怎么培养的，很希望我的女儿在这方面也有所改善，不要那么在意输赢。”

你家孩子是否也有这样的情况？不妨来做做下面这道思考题。

思考题　练习识别孩子的需求

孩子发现游戏的情况对自己不利或者输了就想更改规则，在游戏过程中不配合、耍赖、终止、做出破坏行为的情况，背后的原因是什么呢？

A 人的天性都是如此

B 从其他小朋友那里学来的

C 平时生活中缺少规则的约束意识

D 现实社会的一种反映，从大人那里学来的

游戏规则，是规则的一种。孩子在游戏中的表现能够映射出家庭生活中对

于规则的理解、约定和执行情况，也反映出父母的规则意识。经常不遵守游戏规则的孩子，在生活的其他方面往往也有经常违反规则的表现。说到底，父母应该反思孩子成长中各种规则建立的过程，而不只是聚焦于孩子下棋总想悔棋、玩游戏输了哭闹这一具体的行为。

在孩子的成长中，如果在第一次做某件事情时就被明确告知了相应的规则，理解所有大人也都遵守这个规则，孩子就能够慢慢学会遵守规则。生活中细小的、点滴的规则无处不在，而大人们往往认为那些都是无关紧要的小事，不在乎、不重视，很多事情一直在规则不明确的状态下进行。等孩子体会到触犯规则可以让自己方便、对自己有利而形成经常违反规则的习惯后再去试图纠正和扭转，用规则约束他，往往会引发孩子的抵触和疏远，甚至会引起隐瞒欺骗的行为，在背着大人时触碰规则，实现利己的目的。比如在大人看不见时乱扔东西，或者下棋时暗中悔棋、换子等。这都是因为最初没有设定明确的规则导致的。

大到社会规范、人身安全原则，小到生活起居安排、吃饭礼节，这些都是规则。比如先来后到按序排队、垃圾分类丢弃、过马路等绿灯、进电梯或坐公交车要先下后上，再比如晚上几点睡觉、吃饭时不能看手机或报纸、玩具玩完要归还原位、脱下来的衣服要放到指定地方、下棋有输有赢有规定时间……这些小事最初就该有明确规则，大人首先遵守，亲自示范，一旦孩子掌握了规则，大人其实就不累了。最累的是一开始不设定明确规则，等孩子触犯规则再去纠正。

以下是大人们通常认为孩子不遵守游戏规则的原因及对应解释。你找到正确答案了吗？

你做对了吗？

A 人的天性都是如此

解读 天性中也有善良的内容。

B 从其他小朋友那里学来的

解读 那其他小朋友是从哪里学来的呢？

C 平时生活中缺少规则的约束意识

解读 这是主要原因，父母缺乏生活中的示范与辅导。

D 现实社会的一种反映，从大人那里学来的

解读 也有这个可能，大人是两面的，孩子学会负面的更容易。

再回到游戏规则这个具体的问题上，请思考以下问题。

思考题 练习识别孩子的需求

当孩子下棋输了有情绪时，父母应该怎么说最合适呢？

A 愿赌服输，输了就哭的话以后就别下了

B 我也输过，我输了都不哭，你也不许哭了

C 你喜欢下棋吗？输和赢都是下棋的一部分

D 哭够了，想办法提高本事，下次要赢回来

对于有输赢的互动类游戏，有的孩子一输了就很不开心，不是拒绝接受输的结果，就是想要改变规则以便自己能赢，或者索性破坏棋盘。但也有一些孩子能够以相对稳定的情绪接受结果，并准备开始新的一局。比较这两类孩子，就会发现他们有以下三个不同的地方。

- 第一，能接受输的孩子，兴趣点往往集中在体验下棋过程中的乐趣上；不接受输的孩子，兴趣点集中在最后的结果上。
- 第二，能接受输的孩子专注在输棋的具体环节上，并愿意立刻将经验教训运用于下一次的实战中；不接受输的孩子难以从过程中意识到新的技巧、新的做法与结果的关系。
- 第三，能接受输的孩子接受规则，并自觉地约束自己以及对方的行为，能够遵守规则；不接受输的孩子多把注意力集中在情绪体验和情绪对抗上。

对这三个方面进一步观察，就会发现孩子最初学习下棋时，父母的影响不可忽视。孩子是父母的镜子，尤其在行为、心理、情绪以及精神方面。最初接触

一对一互动对抗游戏时，父母的关注点如果集中在结果的输赢而不是过程的有趣和收获上，那么孩子也无法从中学到什么，只会将最终的输赢作为游戏的目的。

针对孩子不遵守游戏规则的问题，以下是几条具体建议。

- 第一，不管进行哪类互动对抗游戏，从一开始就要明确规则。可以把几条重要规则列在纸上让孩子看到，约定这是双方都需要遵守的，是公平的，不存在偏袒任何一方的情况。
- 第二，只要下棋就会有输有赢，不管怎么样都不能违反规则，否则直接出局。
- 第三，孩子输了有情绪甚至哭闹时，不必为了让他立刻停止哭闹而哄着；也不要摆出讲道理的姿态，这时孩子根本听不进去；更不能威胁孩子再哭闹下回就不玩了。而是允许孩子宣泄自己的情绪，让他自己哭一会儿，父母不哄、不劝、不生气、不离开，平静地陪着孩子。
- 第四，孩子希望对自己有利，中途想改规则时，明确表示先按照原来约定的规则把这一局完成，然后再共同商量是否需要改变规则。这是维护规则的严肃性，让孩子知道游戏规则不能想改就改。
- 第五，当孩子与父母的能力相差悬殊、容易输时，父母要避免摆出轻而易举就能获胜的高姿态，显得“我会、我能”，这样会严重打击孩子的自尊心和自信心。越是这种时候，父母越要放慢速度、自言自语地说“让我想一想下一步怎么走呢？”，从而展现出自我思考的过程。这样一来，孩子便会主动模仿，学到如何思考，并更多地关注过程、遵守规则。

以下是上述思考题的答案及各选项的具体解释。

你做对了吗？

A 愿赌服输，输了就哭的话以后就别下了

解读 这是对成年人的说教。

B 我也输过，我输了都不哭，你也不许哭了

解读 这是命令，比较粗暴。

C 你喜欢下棋吗？输和赢都是下棋的一部分

解读　这种说法是比较中立的，尊重客观事实的存在。

D 哭够了，想办法提高本事，下次要赢回来

解读　这也是一种说法，能让孩子的情绪得到一定的宣泄。

规则的约束，起先是被动的，逐渐形成习惯后，孩子会自发、自主、自动地遵守，这种主动遵守规则的意识也是对责任感的重要铺垫，规则意识除了体现在游戏中，也体现在生活里的其他方面，比如和父母一起做家务。那么，如何让孩子参与到家务劳动中呢？请看下一节。

29. 如何激励孩子多做家务

几乎所有的孩子在小学一、二年级写日记或作文时，都会写到在家里帮妈妈做家务的相关内容，可具体什么是家务，大多数孩子可就不一定能解释清楚了。有的孩子说：“妈妈双手拎着东西，我帮她按电梯，帮她拿钥匙开门了。”有的孩子说：“家里水龙头没有关紧，我帮忙关紧了。”还有的孩子说：“早上起床我自己叠被子、把床收拾整齐了。”那么请思考以下问题。

思考题　练习识别孩子的需求

哪些类型的劳动属于家务呢？

A 起床后穿衣、刷牙

B 回家写作业、参与活动

C 吃饭后洗碗、擦桌子

D 外出活动时买票、买饮料

个人卫生是个人行动能力范围内的事情，不是家务；孩子是学生，那么学习就是义务，与学习有关的任何活动，都不能算作家务；家庭集体出行，孩子跑腿儿去给大家购买饮料，也不算是家务，因为不是经常发生的事情，而且出门在外，每个人都有机会为家庭成员排队、取东西。家庭出行在于彼此协助，

促进家庭成员之间的感情。

只有家庭中经常出现的擦地、擦桌子、洗碗等才属于家务。应该培养孩子从小分担这些事情，让孩子意识到对于这些事情，自己是有责任去分担的。而且，做家务不是无偿的，可以从中获得适当的报酬，借此机会培养孩子认识自己的劳动价值，认识到钱的分量，以及在把钱花出去的时候，想到自己的劳动过程。从 5 岁甚至更早的年纪，孩子就可以通过承担家务劳动来自己挣钱了。

以下是上述思考题的答案及各选项对应的具体解释。

你做对了吗？

A 起床后穿衣、刷牙

解读 这是个人应该做的事情。

B 回家写作业、参与活动

解读 这是作为学生应该做的事情。

C 吃饭后洗碗、擦桌子

解读 这是家务活动，可以付酬。

D 外出活动时买票、买饮料

解读 这是集体均摊的活动，不算家务。

做家务还能挣钱，孩子肯定高兴坏了，积极性高涨，甚至在一段时间内陷入想方设法找家务做的状态。这时父母需要格外注意引导孩子的内在感受，比如自己学会做一些家务时，内心的自豪感；没有大人帮助独立完成时，克服困难的信心和勇气；得到相应报酬后，可以灵活支配的掌控感等。避免让孩子只关注获得报酬的外在结果，结合内在感受，调动内在动机，这样的劳动过程才更有意思。这就引出了一个与之相关的话题：对孩子应该使用精神奖励还是物质奖励呢？请看下一节。

30. 精神奖励还是物质奖励

奖励或者惩罚是人的行为与外界互动的一种反馈。奖励孩子的行为，能够影响孩子再一次做出这个行为的可能性。理性地看待奖励，父母们需要了解奖励的不同类型以及对孩子的不同意义，而不是下意识、习惯性地使用最省事、最省心的外部物质奖励，动辄买玩具、买零食、提供手机游戏等。请思考以下问题。

思考题 练习识别孩子的需求

孩子想实现一个目标，经过一段时间的努力后，这个目标实现了，这时父母可能会说：“你真棒，我为你高兴。”这句话也是一种奖励，它属于哪一个类别？

A 外在的物质奖励

B 外在的精神奖励

C 内在的物质奖励

D 内在的精神奖励

人在 12 岁以前需要得到养育和照顾，需要依赖父母，因此就会不由自主、积极主动地希望满足父母。在这个过程中，还会不断寻求哪些方面能使父母得到满足，在自己的能力范围内尽量做到那些方面。一旦满足了父母，父母做出响应，表示对此满意，就固化了孩子的大脑回路：没错，就是这样，他们满意，我就能够吃好喝好，舒服很多。这就是来自外界的激励原理。

通常情况下，孩子在 12 岁以后会渐渐意识到自己的生命质量，将生存看成一种合法保障，而不一定要满足父母。也可能在试图让父母满意的过程中，屡遭失败，难以满足他们的需求。这种情况下，孩子就会失去获取父母肯定和满意的外在动力。如果无法建立起内在动力，个体就会欠缺自我价值。没有目标、没有动力、没有较强的欲望，等同于没有灵魂。

一个人的内在动力十分宝贵，需要得到保护。个体的兴趣和愿望要在满足后再核实确认。比如询问孩子：“你自己觉得高兴吗？这是你自己之前设想的样子吗？”要多次强调，“你高兴，我就为你高兴”。将高兴的理由还给孩子。培育孩子自己的内在出发点，激发内在欲望发芽，所有自己体验的事情，都要有自己预想的结果，建立自己的期待目标。

以下是上述思考题的答案，以及对各奖励类别的具体解读。

你做对了吗？

A 外在的物质奖励

解读 比如给孩子购买想要的物品。

B 外在的精神奖励

解读 父母给的一种满意的表示。

C 内在的物质奖励

解读 比如自己决定允许自己吃一块糖。

D 内在的精神奖励

解读 比如感到自豪，并生成新的愿望。

持续奖励是不间断的、总会有的对一类行为的奖励，而且奖励的一方是稳定的。那么请思考以下问题。

思考题 练习识别孩子的需求

持续奖励应该以下面哪种方式落实，才能对孩子的心理成长有更健康的意义？

A 持续给予物质奖励

B 持续给予精神奖励

C 持续给予无效物质的精神奖励

D 穿插给予，都有

所谓无效物质，就是小红花和五角星之类的贴纸或印章，看上去是一个物质，却没有具体的功效，不能吃、不能玩，只能贴出来看见。每一次看到，都能够唤醒得到它的原因，如果形成一排或一整片，就有更多的自豪感，孩子会开始回忆，是自己的什么行为得到的这个奖励。这就是长期持续无效物质的精神奖励。请再思考下面这个问题。

思考题 练习识别孩子的需求

如果父母经常采用外部物质奖励，孩子最不可能出现什么行为？

A 更加关注自己的行为，尝试更进一步

B 更加关注奖品，希望奖品更好

C 更加关注给奖品的人，让这个人满意

D 更加关注那些有奖品拿的事情

在进行鼓励之后，父母更有必要去做的是告诉孩子，这是他自己投入了精力的事情，是他自己追求的事情，是他感兴趣的事情，即使没有奖励，他也仍然会努力，仍然会投入热情，仍然愿意继续做这样的事情，而奖励只是应得的，不奖励是不公平的。这时颁奖的决定者就不重要了，因为获奖者的自我意识得到了放大和凸显。

具体有功效的物质奖励会让孩子将注意力转移到物质的功效上，功效带来的刺激会成为一个中心点，孩子就忽视了是因为自己的行为才得到这个奖励的。于是，虽然孩子期待下一次得到奖励，也会为了得到奖励而去重复做那件事，可是做那件事时的心情不再是因为事情本身而快乐，而只是为了奖励。接着，孩子心里就会更关注结果而不是过程了。只要过程稍有不如意，孩子的心态就会急躁，容易放弃，或者负气地认为“大不了我不要奖励了，我可以用我的钱去买那个东西”。这就不是陶醉于过程，而是想着敷衍了事，草草结束好得到奖品。

长此以往，孩子成年后难以形成持久的追求心态，做任何事情都会习惯性地关注结果，甚至连看电影、看书都迫不及待地关注“然后呢”，只被情节吸引，完全不想深究事情发展过程中的因果，从而无法形成想要从中获取信息的心态。

父母要引导孩子回到精神上来，回到自我上来，让孩子感到自豪，不再记得奖励是谁发的、谁给的，而是非常明确那是自己得来的，是在自己喜欢的事情、自己付出过努力的事情上挣来的，这就是内在的奖励，是对自己愿意做的事情的巩固和渗透，同时也能够让孩子觉得可以通过重复或完善自己的行为，再次让自己感到自豪。即使得不到五角星、小红花，也知道自己就是表现得很好，是自己认同的行为，而不依赖于别人的评价，这就是自信的源泉了。没有内在的自我奖励，就不会有实实在在的自信。

以下是上述两道关联性很强的思考题的答案及各选项对应的解释。希望你能有所启发。

你做对了吗？

A 持续给予物质奖励

解读　物质之间可以比较优劣。

B 持续给予精神奖励

解读　口头的，可以转化到内在。

C 持续给予无效物质的精神奖励

解读 相比其他，这种更好，但奖励不是最终目的。

D 穿插给予，都有

解读 孩子会陷入对奖品的比较中。

你做对了吗？

A 更加关注自己的行为，尝试更进一步

解读 这恰是奖励的最终目的。

B 更加关注奖品，希望奖品更好

解读 孩子会开始流露出想要奖品的意愿。

C 更加关注给奖品的人，让这个人满意

解读 接着就是猜测还有什么事能让大人满意。

D 更加关注那些有奖品拿的事情

解读 凡事都会以是否有奖励为前提来决定做不做，失去了主观思考的能力。

对人的行为的反馈，有奖励和惩罚两个大类，具体还有精神和物质之别。更进一步还有外部和内在两种情况。对事物的认识，最先来自分类，不同的类别会有不同的表现，这些表现都遵循着一定的规律。当父母对孩子使用奖励或者惩罚的时候，了解了精神或者物质奖励分别会带来什么样的结果，就可以着重培养孩子形成内在的自我平衡、自我认知，这些都是父母与孩子朝夕相处时不知不觉传递给孩子的。

随着对惩罚背后心理机制的认识，你也许会改变一些亲子之间的行为，下一节我们来聊聊为什么惩罚不管用。

31. 为什么惩罚不管用

孩子是能够通过父母的举止和神情来判断自己的行为是否合适的，很多孩子能够理解父母的鼓励和惩罚，却不能明白是自己的哪一种具体行为导致了父母的态度不同，也就无从判断以后的行为标准。请思考以下问题。

思考题 练习识别孩子的需求

从这个角度考虑，在家庭中奖惩孩子时需要尽早明确的是以下哪一项？

A 行为的规范要求

B 明确的规章制度

C 任何喜怒的具体原因

D 父母对孩子的期待

假设妈妈因不能按时出门，对孩子说话提高了音量，当观察到孩子的表情出现了变化时，正确的做法应该是立刻说明：“妈妈声音太大了不是因为你，是因为我自己起床太晚来不及按计划准时出门而生气，不是针对你，对不起。”

这么做的目的有以下三个。

- 第一，消除孩子的紧张感受。
- 第二，给孩子展示自己行为的诱因，形成逻辑意识。
- 第三，让孩子感受到价值观，什么是好的，什么是不好的。因为自己没有严格要求自己才会生气。并且，道歉并请求原谅，同时还培养了孩子的自尊心。

如果提高音量的真实情况是对孩子行动迟缓的反应，也应该给孩子一个原因，直接说出来：“你动作太慢了，我担心咱们会迟到，所以提高了音量，请原谅。”总之，只要孩子出现困惑、惊讶、紧张的表情，都应该详细讲明原因。而且，大人之间哈哈大笑时，也要用孩子能够听懂的语言讲明白刚才是在笑什么。

下面是奖惩孩子时需要尽早明确的内容及解释。你找到正确答案了吗？

你做对了吗？

A 行为的规范要求

解读　规范要求难以理解，没有具体的示范动作。

B 明确的规章制度

解读　规章制度是对成年人行为的约束。

C 任何喜怒的具体原因

解读 只要发现孩子疑惑的神情，就要解释具体原因。

D 父母对孩子的期待

解读 期待越明确，孩子越有可能讨好或者背离。

只要是外部惩罚，都会导致孩子的哭闹和抗拒，不一定是言语和行为上的，而是会先从心理层面对自己被惩罚有了一个感觉和解释。请思考以下问题。

思考题 练习识别孩子的需求

最初遭到外部惩罚时，孩子的心理状态是什么样的？

A 自己确实错了，以后要改正

B 父母对我与以前不一样了

C 自己没有错，父母不公平

D 父母不再喜欢我，不爱我了

孩子需要大人，大人的一个重要作用就是在孩子出现错误行为时，能够及时出面阻止，从而避免不可挽回的后果。但对孩子来说，这就意味着自己当时的行为被打断了、意愿无法实现了，而且还被告知下次也不可以出现这样的行为。更何况孩子根本听不懂父母讲的道理，也就不能真正理解自己行为的不当之处，全部感受都集中在父母对待自己的态度上，这是自己以前没有体会过的状态。于是孩子心里会先从安全感的角度考虑，觉得父母是不是不再爱我了。

当父母发现需要批评甚至惩罚孩子，而且一天之内多次出现不得不对孩子的行为大声呵斥时，应该首先想到这是在孩子行为形成的初期没有得到父母示范的结果，是没有让孩子建立起对父母的要求需要服从的意识的结果，也是与孩子之间没有建立多种相处方式的结果。父母不是溺爱孩子到无法规范孩子行为的地步，就是一家人不苟言笑，欠缺温馨的家庭氛围，总处在两个极端，全家人的情绪都非常紧张，内心也十分疲惫。

孩子开始有意识的时候，要及时建立与孩子之间的互动模式，比如特定的手势一出现，就要立刻停止当时的行为；或者只要称呼大名，孩子就明白眼睛需要看向父母，关注并倾听父母在说什么。如果尽早与孩子建立起不同严肃等级的互动模式，也根本发展不到最后需要惩罚的地步，而且一切行为的矫正，都会变成孩子内在的自我感受。

以下是孩子遭遇外部惩罚时心理状态的几种解释。你找到正确答案了吗？

你做对了吗？

A 自己确实错了，以后要改正

解读　是非判断意识的出现，大约要到 12 岁。

B 父母对我与以前不一样了

解读　这是渐渐习惯被惩罚之后的感受。

C 自己没有错，父母不公平

解读　这是有了一定的比较意识后的感受。

D 父母不再喜欢我，不爱我了

解读　最初从自我意识层面解释出的被惩罚的原因。

日常生活中，孩子会本能地关注父母的言语、表情、行为，就算自己没有做错，也会敏感地将这些与自己联系到一起。比如父母之间的争吵，父母因工作而表情严肃，孩子都会解读为父母对自己的惩罚，并尝试弄清楚自己哪里错了，更不用说父母有意识地惩罚孩子了。请思考以下问题。

思考题 练习识别孩子的需求

如果孩子感受到的惩罚是频繁的、经常发生的，最终将使孩子形成哪种心理模式？

A 安全感缺失

B 习得性无助

C 内向自闭倾向

D 自卑的心态

“习得性无助”是一个心理学术语，代表一系列事情的因果。对小狗进行电击时，小狗试图挣脱，但无论怎么挣扎都无法逃脱。两天后，取消对小狗行为的限制后再次电击，小狗也不再试图挣脱了。习得性无助就是对这个现象的概括。当孩子遭受惩罚，无论做出什么努力都无法改变惩罚的发生时，孩子就接受了，不再试图通过改变自己的行为来摆脱惩罚。

习得性无助的消除是一个非常漫长的过程。在学习方面，只要孩子确实做出了与之前不同的努力，就要在对待孩子的态度上有所改善。这是强化努力这个动作，以消除习得性无助。遗憾的是，很少有父母或老师会这么做，而常常是直接下结论认为这个孩子根本不可信，或者认为成绩的提升是孩子用作弊等不良手段达到的。

家庭是可以帮助孩子从习得性无助的心理中恢复的，那就是要发自真心地信任孩子，看到他点滴的行为变化就要及时给予响应。减少批评的次数，减少对孩子的期待，尊重孩子是独立个体，有自己的兴趣、自己的人生。

以下是上述思考题的答案及各选项的具体解释。

你做对了吗？

A 安全感缺失

解读 这是初期惩罚后的心理状态。

B 习得性无助

解读 这是频繁惩罚后的心理状态。

C 内向自闭倾向

解读 这是更加严重的程度。

D 自卑的心态

解读 这个心理状态是长期得不到肯定和鼓励的结果。

父母在养育孩子的过程中，有时知道自己在惩罚孩子，有时却没有意识到自己的行为是惩罚。惩罚的方法也是随心所欲、五花八门。那么请思考以下问题。

思考题 练习识别孩子的需求

以下四种做法都属于外部惩罚，对孩子来说都是不公平的。我们不妨看看，哪一种对孩子恢复正确行为有心理学上的意义？

A 大声训斥孩子

B 责令做出改正动作

C 造成身体伤害

D 撤销答应的事情

父母希望借助惩罚让孩子停止不正确的行为，恢复正确的行为。从行为层面来说，任何外部惩罚都可以达到这个目的，但从心理层面来说，外部惩罚是一种伤害。长期遭受外部惩罚的孩子，渐渐会形成内向心理；如果再进一步，就容易形成因避害心理而带来的行为掩饰，接着就是隐瞒、欺骗、扭曲事实、否认事实、逃避责任……这些问题都会随之而来。

上面列出的这四种惩罚都是外部惩罚。对孩子来说，只有内部惩罚才是最有效也最能带来长期影响的，从心理学角度来看也是健康的。内部惩罚是通过孩子心理上最亲近的人的感受，渐渐让孩子认识到是自己的行为导致了亲人的难过、无奈，而亲人仍然对自己关爱照顾，能用自己听得懂的语言和自己谈心，从而意识到自己可以做出不同的行为来改变亲人的感受，这时孩子得到的就是内部惩罚。如果孩子尝试安慰大人，并明白了自己的行为可以有选择，那么自我矫正的意识的种子就播下了。

上述思考题中每一个选项的做法都是不适当的，因此本题没有正确答案。请看具体解释。

你做对了吗？

A 大声训斥孩子

解读　训斥的内容多数都是口不择言的，是冲动感性的语言。

B 责令做出改正动作

解读　责令做出行为改变，有可能看到改变，不过仍然是伤害。

C 造成身体伤害

解读　这是暴力，身体伤害可以恢复，心理伤害是永恒的。

D 撤销答应的事情

解读　这是滥用作为父母的权利，失去孩子的信任。

惩罚有很多种形式，大声训斥孩子就是一种惩罚。夫妻间也是如此，相互之间大声训斥、吵架、宣泄情绪就是对对方的惩罚，而且这个时候，连带受伤害的还有孩子，就是大家常说的，不能在孩子面前吵架，具体原因请看下一节。

32. 为什么不能在孩子面前吵架

每个家庭都需要面对工作和生活中的各种压力，熬夜加班、出差应酬、人际关系、锅碗瓢盆、柴米油盐，加之上有老下有小，担子确实不轻。夫妻两人是两个独立的个体，观点和看法经常会有不一致的时候，正常的交流讨论往往会因为内心的压力或对对方不切实际的期待而转变为争执，于是拌嘴和吵架似乎在所难免。没有孩子时，吵架也就是影响彼此的感情，顶多波及双方的父母，让老人担心。但有了孩子以后，剑拔弩张的场景、怒目而视的表情、口不择言的话语、激动到失控的状态，都会被孩子尽收眼底。

有的孩子一听到父母吵架，就会吓得紧贴墙站着、眼神惊恐、全身紧绷，甚至不敢大声喘气；有的孩子则是手足无措、伤心不已、哇哇大哭。那么请思考以下问题。

思考题 练习识别孩子的需求

吵架的紧张氛围对孩子稚嫩的心灵是一种巨大的刺激，所以父母不应该当着孩子的面吵架，这么做的核心原因是什么呢？

A 会吓到孩子，造成神经系统失衡

B 会对孩子造成心理上的扭曲

C 会让孩子自我责怪，并埋下自卑的种子

D 会影响孩子的学习成绩以及正常行为

音量提高、语速加快、互相抢话、回话间隔很短……这些都是人与人对峙时表现出来的状态。孩子一直旁观，却不能完全听懂大人之间的对话，很多词听不懂、意思也不明白，但心中又试图找出一个解释，于是就会认为这是自己造成的，是自己让爸爸妈妈之间不高兴了。父母之间的对峙经常会延续很久，孩子就会渐渐形成惯性思维，内心坚定地认为自己是一切麻烦和不快的根源。这种心理认定会催生出自卑的心态：不愿意与别人交往、跟人对话时目光躲闪等。

孩子不能理解大人之间的观点冲突和心情起伏的诸多原因，只能理解为是由自己而起。所以大人在吵架之后应该立刻对孩子解释：“爸爸妈妈的争执不是因为你，我们的不高兴与你无关，是爸爸妈妈之间有不同的意见。”父母冷静下来之后要向孩子表示，以后不再争吵了，并且牢记不要再次在孩子面前吵架，否则自己会失去信誉，孩子从此会不再相信自己。

在孩子面前，父母之间有再大的分歧也要避免争吵，有不同的看法和观点时，不要当着孩子的面对峙，实在有情绪时可以先隔离自己，比如到别的屋子或门外待一会儿，冷静一下，而不是张嘴就说对方不对，恶语相向。

以下是上述思考题的答案及各选项的具体解释。

你做对了吗？

A 会吓到孩子，造成神经系统失衡

解读 这是一个后续的结果，还有更加深入的原因。

B 会对孩子造成心理上的扭曲

解读 这也是有可能的，也是有原因的。

C 会让孩子自我责怪，并埋下自卑的种子

解读 这是最核心的原因，父母之间的争执，孩子不懂，就会埋怨自己。

D 会影响孩子的学习成绩以及正常行为

解读 影响学习成绩只是表面现象。

家里的每一次争吵，孩子都在见证。父母在孩子面前的争吵是对孩子最大的惩罚，是对儿童生命存在意义的一种巨大的否定，这种惩罚带来的负面影响会持续一生。

身边的妈妈这样做

劳动赚钱，给孩子种下财商的种子

——王渝，家有 5 岁男孩

“要劳动了才能得到钱。”在没有进行家庭财商教育布局前，我怎么也不会想到这样的话能从 4 岁孩子的嘴里说出来，而且不是从别人那儿鹦鹉学舌说出来的，而是他自己有感而发的。回顾了一下这段时间的记录，我意识到，财商的种子在孩子的脑海中萌发了。下面这些是我们日常活动的一部分记录内容。

2018 年 2 月 23 日

刚起床，我帮儿子叠被子，叠完了，他说了一句："妈妈，我要支付你钱。"

我问："为什么呀？"

他说："你帮我叠好被子摆放整齐了。"

接着我问："那你准备支付我多少钱呢？"

儿子说："3 块钱。"

2018 年 3 月 5 日

晚间洗漱时间，我让儿子洗自己的内裤和小袜子，儿子说："我洗内裤，你帮我洗袜子。"

我说："可以啊，不过你说三个理由，还要支付我报酬。"

儿子想了一下说："只能说一个理由。"

我说："一个理由，好啊，那你自己洗。"接着我再次说："三个理由加支付我报酬，我给你洗。"

儿子说："第一，打了肥皂，我洗不干净。第二，我不会洗袜子。第三，我手太小了，袜子太大了，我搓不动。"

我说："好，那你支付我多少报酬？"

儿子说："10 元！"

我爽快同意："那成交，我洗袜子，你洗内裤。"

然后我们就动手了。

2018 年 3 月 29 日

两天前，儿子提出想买一套汪汪队的玩具，我们一起查询了价格，比较选择了样式后，他确定想买的那套的价格是 178 元。我告诉他，可以买，不过这钱得他自己出，而且要等两天之后再看看，如果他还是特别想买，那时再付款也不迟。

刚才我画完日历后，又询问儿子是否确定想要。

他回答："确定。"

接着我指着日历告诉儿子：“妈妈给你两个建议，你听听看。第一，这 178 元，你自己出钱购买，但需要你从 4 月 2 日到 4 月 8 日，等待 7 天后再付款购买，买了之后物权归你。第二，这 178 元，妈妈出，但从 4 月 1 日到 4 月 30 日，你每天放学回家先陪妈妈玩家庭互动游戏 30 分钟。妈妈购买，物权归妈妈，一旦我觉得你打扰到别人了，我就有收回的权利。如果 4 月 1 日到 4 月 30 日，你做不到先陪妈妈玩游戏，那我也可以随时收回。”

说完两个建议后，我问他自己买还是妈妈买。儿子说：“妈妈买。”随即，我手写了一份承诺书，然后请儿子签字。（他在“乱画”名字时还一本正经地画一个字说一个字。）

2018 年 4 月 2 日

3 月 31 日下单购买了汪汪队玩具，今天到货后，我们拆了外包装，一起点数和识别汪汪队的 8 个队员，接着我们在日历上注明了玩每个汪汪队成员的时间从哪天到哪天。写完后，按照承诺书，儿子陪我一起玩了 30 分钟家庭互动游戏后，我们把内包装拆开，拿出了他写的最先玩的毛毛。其他的我就收起来了，儿子也没有任何异议。

2018 年 6 月 15 日

今天为暑期出行购买机票，买完后，我对儿子说：“我们出去旅行，你也得做贡献，机票价钱比较高，你现在没有办法全部支付，你贡献 200 元怎么样？”儿子欣然同意。

我们从称呼孩子的名字开始，深入讨论了成年人教导儿童过程中的各种场景，它们不断挑战着父母的应对方式。回顾这些话题，能够启发你在养育问题上的处理方式吗？

养育儿童是从生命体成长开始的，涉及各种两难的场景、困难的场景、从来没有遇到过的场景，我们已经为人父母却没有接受过任何岗前培训，而儿童的心理发展、情感形成、情绪表现以及习得性习惯都将在一天又一天的言语交流和行为互动中形成、固化。我们往往会后知后觉：是不是自己做错了什么？

伴随儿童成长的是父母的无数次选择，其中最常谈论的就是要不要给孩子报兴趣班。那究竟该如何抉择呢？请看下一章内容。

05

第 5 章

兴趣智商：

上兴趣班，是要让孩子学什么

在父母的咨询留言中，最常见的一种提问方式就是：

"孙老师，请问孩子上舞蹈班好吗？"

"孩子上围棋班行吗？"

"孩子学习奥数可以吗？"

诸如此类对某种外在行为的提问，在不知道父母们目的为何的情况下，确实没有办法回答。对于给孩子报兴趣班这一行为，只有充分考虑到父母和孩子的目的是什么，才能有针对性地讨论做法。

想要达到一个目的不止一种做法，而是有很多种选择，但父母们往往既没有明确自己和孩子的目的，又无法看到更多选择，还总是受他人动作的影响，纠结于自己要不要跟随。并且父母们总是把问题向外抛，希望依靠他人来替自己选择，这样很容易被利用，自己心甘情愿地交了"智商税"，却并不一定能解决问题，更难以达到目的。

心理是一个人过去的积累映射到眼前的反应，精神是一个人期待未来自己的样子，并用这种期待来指导眼前的行为。就是说，**人在当前情况下的表现和言行，不是由过去积累的习惯决定的，就是由自己对未来期待的设想决定的。**

每次遇到问题，如果孩子非常本能地对妈妈说："我不会！"这就是心理模式的反应，用过去的经验判断当下的问题。如果遇到问题孩子说：“妈妈，我试一试，你别说，让我自己想想，想不出来，也明天再说。”这就是在借助对未来的期待来指导现在的行为。

不知道精神是什么，也就完全不会进行精神建设。精神源自儿童最初的兴趣，只有出于精神追求的动机，去体验各种科目和兴趣爱好才有利于孩子的智力发展，从而提升智力水平。

在众多兴趣班中选择适合孩子的，确实非常不容易，父母需要先想明白的是，兴趣对于孩子来说到底意味着什么。本章就兴趣班话题中父母们最关心的 9 个问题一一展开解答。

33. 对孩子来说，兴趣是什么

现在父母们的工作都非常忙，下班以后的亲子时间非常宝贵，但很多父母却没有真正地陪伴孩子，不是把时间花在接送孩子去各种兴趣班的路上，就是坐在兴趣班门外刷手机，还经常一肚子苦水：马不停蹄地折腾太辛苦，养孩子花费太大，自己为孩子付出了很多，孩子不懂事、报了兴趣班也不认真学，等等。那么你有没有思考过如下问题？

思考题　练习识别孩子的需求

父母张口闭口把挖掘和培养孩子的兴趣挂在嘴边，那对孩子来说，兴趣到底是什么意思呢？

A 兴趣就是自己擅长做的事情

B 兴趣就是自己喜欢做的事情

C 兴趣就是自己可以长时间做的事情

D 兴趣就是自己将来长大想做的事情

所谓兴趣，兴，起也；趣，急也。合在一起的意思就是：起来，急急忙忙地去做的事情；也有所做的事情能让自己有所得的意思。再梳理一下，兴趣就是主动积极、急切地投入到一件事情中，并且能从这件事情中有所得。孩子不在乎获取金钱和荣誉，他们希望满足的是心理需求和精神需求。精神需求多数表现在大脑发育过程中通过触觉、视觉感受到的东西对大脑形成了刺激，这个刺激让大脑产生的快乐。不过，孩子并不知道自己快乐，有时也说不出来，那种感觉就是自己的兴趣。

可以较长时间主动集中注意力去做一件事，并在以后的时间里，不被提醒的情况下仍然会主动去做的事情，就是孩子的兴趣所在，时间是一个判断标准。**当孩子的兴趣与大人的期待不一致时，大人就会下结论，认为孩子对父母期望的事情没有什么兴趣。但兴趣是要以个体行为体现出来的，而不是由别人来判断和评价的。**

“兴趣”这个词的英文是 interest，它在英文中有三个意思，分别是“利益”“利息”和“兴趣”。仔细想一想，三个意思的本质其实是一回事，对于不同的人来说，有的是利益，有的是利息，而对孩子来说那就是兴趣，等长大以后就会变成利益和利息了。

以下是上述思考题的答案及各选项的对应解释。

你做对了吗？

A 兴趣就是自己擅长做的事情

解读 孩子并不知道自己擅长什么。

B 兴趣就是自己喜欢做的事情

解读 喜欢也是一个主观性质的评价。

C 兴趣就是自己可以长时间做的事情

解读 只有时间的长短是客观可以评价的。

D 兴趣就是自己将来长大想做的事情

解读 兴趣与长大以后要做什么没有直接的联系。

在所有的兴趣班中，父母们最先给孩子报的往往是画画班，一发现孩子出现用笔乱画的行为，就觉得需要送去学一学画画了，那画画的兴趣班培养的是什么呢？请看下一节。

34. 画画是为了逼真吗

孩子到了 3 岁左右多会出现主动自发地用手、笔、木棍、小石子等在纸上、桌子上、地上、墙上甚至浴室有哈气的玻璃上涂涂画画的行为，也就是涂鸦。有时孩子能表情专注、投入地画很久，而且每天都想画，有时纸还没来得及帮他铺好，就自顾自地挥动胳膊画起来，情绪快乐而且很享受。大人们一看到孩子这个架势往往很激动，觉得孩子是不是有绘画天赋，将来说不定能成个画家，那可千万不能耽误了，得送去学习画画。那么各位父母请思考以下问题。

思考题 练习识别孩子的需求

在这个阶段，真要想通过画画来培养孩子，应该着重关注哪一方面呢？

A 培养绘画的基本功

B 培养绘画的技法

C 培养孩子临摹

D 培养孩子的手、眼、脑协调

孩子 3 岁左右所表现出的涂鸦动作，实际上不是大人们所认为的“画画”，而是孩子在尝试表达自己视觉所获得的信息，也就是眼睛所看到的东西的样子。孩子在运用视觉时，通常最先关注的是较大的物品以及自己熟悉的、能理解的物品，比如树木、花草、房子、家中的大人等，这时脑中会有电流通过，形成从轮廓到细部的印象，并产生对看到的这个东西的认识，再通过大脑指挥眼睛和双手，用眼睛看着自己的双手把看到的样子描绘出来。

这样的一个循环过程对于孩子来说就是巨大的收获了，大脑已经非常兴奋了，这种兴奋还来自画出来的事物与眼睛看到的不同，这是自己创造出来的变化与多种可能性，多让人激动啊！但这时父母们往往不明白这个过程对孩子认知发展的重要意义，只从画出来的外在结果上评价，夸奖孩子时只会说“画得真像”，或者说“真好看”。实际上，孩子追求的不是“像”。这样的评价等于歪曲了孩子这么做的本意，孩子为了得到父母更多的表扬和肯定，就真的转而追求要画得像，而不是眼神、大脑、双手协同的控制感、兴奋感以及不同侧面、视角下，事物的不同样子了。

大人不该对孩子画的内容进行任何评价，只能评价孩子画画的行为，比如说“用了这么长时间画啊，用了这么多颜色啊，用了这么多张纸啊”。还可以猜测画的是什么，比如问孩子：“这个是不是太阳啊？这个是不是草地啊？”然后启发孩子讲自己见到的事物。在孩子讲述的过程中，配合对细节的询问，来寻找孩子现阶段视觉关注的物体的特点，比如关注的是颜色还是外形、是物体结构还是物体之间的关系等。孩子在尝试回答这些询问的过程中，记忆力、观察力以及语言描述能力都得到了锻炼。

孩子画画不是为了当画家，我们应该通过激发孩子主动用手、眼、脑的协调来表达自己看到的样子，从而启迪智力。

以下是上述思考题的答案及各选项对应的具体解释。

你做对了吗？

A 培养绘画的基本功

解读 对于低幼儿童来说，这个理由不够科学。

B 培养绘画的技法

解读 技法是约束人思维发展的良好理由。

C 培养孩子临摹

解读 临摹是固化绘画想象力的最好方法。

D 培养孩子的手、眼、脑协调

解读 本质上，应该培养的就是手、眼、脑处理信息的协调过程。

要从儿童自发表现出来的绘画行为出发，那是大脑的活动方式，是手眼配合的过程。眼睛看到的事物经过大脑加工，识别出颜色、形状以及左右、前后、上下、内外的位置，再用自己的手操作画笔、借助树枝或者索性用手去涂鸦，这个过程能够让孩子的大脑渐渐形成认知事物的方式，并找到表达自我的方式。

儿童在早期自发流露的兴趣，几乎都是出自大脑不同位置、不同功能之间的协调和配合活动，以让大脑形成多功能区协同完成任务的活动模式。绘画如此，自发地把东西弄出声音来也是如此，如果这个东西是钢琴，那就叫弹钢琴。那么弹琴是为了培养什么呢？请看下一节。

35. 弹琴就能培养音乐修养吗

现在市面上各种培训机构、兴趣班，形形色色，应有尽有，父母们在选择时往往眼花缭乱、难以判断，但又抱着一种“执念”，觉得琴棋书画、德智体美要全面发展，各方面都应该会一点儿。在经济条件允许的情况下，父母都希望孩子能掌握一门乐器，最好还是乐器之王——钢琴。那么你有没有思考过以下问题？

思考题　练习识别孩子的需求

在孩子学习弹钢琴的初期，最重要的是培养什么呢？

A 激活大脑的音乐细胞

B 练习手指的灵活性

C 培养音乐修养

D 激发手、耳、脑之间的联结

孩子从出生到 1 岁的过程中，就会出现声音敏感期的表现了。妈妈在十月怀胎期间，孩子就对母亲的声音有了深入的印刻。出生后，妈妈的声音就是安全的信号。之后，孩子会陆续对爸爸的声音以及与吃奶之类生存活动有关的声音产生安全感。如果每次准备喂奶或冲奶的时候，都配上一段钢琴曲，孩子的脑海里就会有所印刻，以后更加容易喜欢上钢琴。

当孩子能够蹒跚走路后，通过手的击打听到物体的声音时，他就可以关注自己手的动作与产生的声音之间的关系，这时一些有意识的发声行为就出现了，这说明孩子大脑的听觉、触觉之间的回路联系开始建立。如果家里有容易触碰的乐器，比如钢琴，孩子通过触碰能听到不同的声音反馈，就会有意识地尝试所有的琴键。

学习钢琴，就是在大脑神经回路中建立一个声音的预期印刻，比如敲击一个琴键，预期能够听到“哆”的声音，弹出来的就应该是“哆”而不是“咪”，从而让大脑可以通过期待得到什么声音，来指挥手指敲击对应的键盘，这就是建立联结的过程。联结得越准确，智力发展就越提前。学习钢琴，不是为了训练指法，而是促进智力开发。

以下是上述思考题的答案，以及各选项对应的具体解释。希望能为你带来全新的认识和启发。

你做对了吗？

A 激活大脑的音乐细胞

解读 音乐细胞这种说法没有科学依据。

B 练习手指的灵活性

解读 手指灵活性的说法不准确，应该是手指的控制度。

C 培养音乐修养

解读 修养这个说法过于抽象，不是主要目的。

D 激发手、耳、脑之间的联结

解读 这是孩子自己在弹琴过程中得到强化的联结。

与绘画相比，使事物发声激发了孩子大脑的另外一个功能区参与协调眼前的事情，那就是听觉。同时，还激发了大脑的第六感，即自发平衡感。自发平衡属于触觉系统，只不过在这个触觉系统中，没有实际的身体部位去接触。平衡是一种无形的大脑感受能力，这一能力薄弱的人多数会有恐高的情况。

站在高处看到外面，视觉接收后，大脑无法处理身体的平衡，被视觉带跑，感到晕眩和恐惧，这就是恐高发生的原因。弹钢琴需要双手协同工作，这就是平衡感受的一个方式，大脑要分别指挥左右手完成不同的任务，同时自己的听力参与进行矫正，而不是依靠视觉对比去矫正。如果弹琴是被迫的，孩子的大脑也能够形成熟练的平衡协调能力，却会在多巴胺分泌方面留下终身的遗憾，导致缺乏计划性、精神状态低迷等情况。

对女孩来说，绘画、弹琴的爱好都有自发形成的可能；对男孩来说，自发形成的爱好更多的可能是带有一些对抗性的，比如复杂且有竞争感的棋牌类项目。请看下一节。

36. 学围棋能够培养什么

有文化艺术方面的兴趣班，就有智力发展方面的兴趣班，围棋就被归入了后者。网上有不少父母交流经验的帖子，探讨如何诱惑甚至逼迫自己的孩子学围棋，这是比较少见的父亲们扎堆参与、持续关注的育儿类话题，父亲们流露出了很多相似的苦恼：

> “我儿子的围棋下得真是太臭了，比我小时候差远了，每次跟他下，看他犹犹豫豫半天下不明白的时候，我就非常窝火。”
>
> “我父亲会下围棋，经常在小区里跟老邻居们下下棋，有时候带孩子去，孩子在旁边看着，能探着头一看看半天，后来竟然慢慢就会下一点儿了，他爷爷高兴坏了，说要送到外面好好学。在围棋班里，别的孩子是零基础，而他会一点点，自己非常得意，一开始表现出很强的兴趣，也长进很快，老师说是个苗子。可是没想到学了一段时间，到了要下功夫背定式的时候，他就不干了，不愿意花心思，而且越来越坐不住，现在连围棋课都不好好上了。”

从父亲们的讨论中能看出他们希望孩子学习围棋、能下得好，甚至在孩子没有兴趣时还强迫孩子继续学，大都是因为自己对围棋存在某种情结，自己下得好，自己到了什么段位，希望孩子也能如此，这是以竞赛成绩为目的，而不是仔细思考围棋这项活动对孩子的大脑有什么积极的作用。**只要心存一切为了竞赛的念头，这项活动所能起到的品格培养、扩展视野的作用就大打折扣了。**

对于棋类，电脑已经展现出可以战胜人脑的能力了，但是当 AlphaGo 在围棋比赛中战胜人类之后，却有越来越多的人在学习下围棋，这是因为有了机器套路的指导，学下棋变得更容易了，更加有章可循了，于是这些套路就不再是为了竞赛的输赢而服务了。就好比人类发明了汽车，当汽车已经成为居家生活的普及品时，跑步这项运动仍然存在，因为跑步的目的不再是速度快慢，而是自我的体验和乐趣。下棋也是一样的，请思考以下问题。

思考题　练习识别孩子的需求

对学习围棋的孩子来说，本质上学的是什么呢？

A 在游戏中学到规则的重要性

B 学会寻找不同方法达到目的

C 学会注意力集中并观察对手

D 培养竞争中的顽强意志

学习知识是为了解决问题，学习技能也是为了解决问题，积累各种活动的经验也是为了解决问题。下棋是对孩子智力最大限度锻造的一种活动。这个活动就是通过尝试各种方法，体会运用不同的通路来解决对手设置的各种难题。这样的思维在生活和学习中也能够随时培养，但现在学校的数学课很多情况下都是要求孩子熟练一种解法，孩子没有机会体会到多种方法的交替使用和自由变化，核心目的就是解决眼前的问题。

以下是上述思考题的答案及各选项的具体解释。

你做对了吗？

A 在游戏中学到规则的重要性

解读 规则不是学到的，而是在不断使用中习惯的。

B 学会寻找不同方法达到目的

解读 这才是核心，建立达到目的可以有多种途径的意识。

C 学会注意力集中并观察对手

解读 注意力集中也是在过程中形成的。

D 培养竞争中的顽强意志

解读 意志是在期待落空后克服本能感觉后形成的。

棋类活动，尤其是时长较长的棋类活动，比如围棋，对智力的发展有深远的促进作用，而对智力的促进体现在围棋的规则简单、次序重要、策略规划及选择这三个方面。同样的落子位置，次序不同，结果就不同。下棋过程中可以选择布局的策略，也可以选择接触战斗的策略，又可以选择占地的策略，还可以选择围剿的策略，对不同策略的权衡比较，就是大脑的高级活动过程，这样的训练能在不知不觉间提升大脑的智力活动水平。围棋的动手要求很少，脑力活动量很大，这与手工活动相比，能让父母深入认识到不同行为活动对应着不同的脑区，会对大脑产生不同的刺激。那么手工活动对大脑有什么作用呢？且看下一节。

37. 学手工能够培养什么

现在的兴趣班无奇不有，一个地区对儿童教育的重视程度从当地开了多少兴趣班这件事上就可见一斑。手工兴趣班虽然不像画画、弹琴看起来那么高级，但也很有市场。有的父母送孩子去学手工是为了“填缝儿”，把不多不少的一点儿空余时间安排上事情，这样自己就可以脱手了，这属于对孩子没有什么期待的父母；有的父母则期待很高、目的性非常明确，让孩子去学习做手工是为了将来培养孩子做工程师，工程师需要手脑并用，于是从小就开始培养。你还别笑，这是父母们的真话。且不说工程师到底是干什么的、需要什么样的核心能力，只说做手工这件事到底能培养孩子哪一方面的能力呢？请思考以下问题。

思考题 练习识别孩子的需求

以下四个都是做手工可以培养的能力，其中哪一个是最基础的？

A 培养孩子手指的灵活性

B 培养孩子的触觉回路

C 培养孩子的动手能力

D 培养孩子对实际操作的熟练性

做手工需要动手，动手就需要调动触觉。触觉回路指的就是，当手指操控一个物体时，每一次手指的动作都会导致物体形态发生变化，大脑通过视觉看到这种变化，并与动手之前的预期相对比，如果一样，便告知手指刚才的做法是对的；如果不同，便告知手指进行调整。触觉回路也就是手指按照大脑的新指示做出动作，形成新的形态，大脑核对后再发布指令的过程。

孩子抬手拿起剪刀剪纸，这是大脑发出一系列指令的过程，那这些指令是自发的还是外来的呢？父母的提醒、老师的要求等，这些都是外来的。在手工课上，只要老师不是强行要求孩子，而只是提出一个目的性的要求，比如“把纸剪成长方形”，孩子可以有多种实现的次序及方法，不同的手指动作、使用次序、工具配合，既可以达成同样的结果，也可以做成不同的样子，这些动作只要是孩子自发主动完成的，就将广泛地调动大脑。在孩子做一小时手工的过程中，这样的指令能达到上万个，如果是自发的指令，将激活超过 5 000 万簇的大脑神经元。这非常耗费精力，因此对于体力、精力不足的孩子，有时坚持不了 10 分钟，就转移注意力去做其他事情了。

做手工比画画、弹琴、下棋对大脑的多元刺激更强烈，同时还能任凭孩子按照自己的设想去落实，而不是执行现有的规范动作。这个过程完全来自大脑的随意思索方向，通过神经中枢的传导，指挥手指去落实，紧接着核实，并进一步重复这个回路。触觉回路好的孩子，将来运动能力较好，体能能够得到消耗，于是睡眠恢复能力强，饮食习惯也好，身体也就更健康。另外，大脑能得到更多的养料和休息时间，会进一步充分发育，孩子的智力发展也就会跟着提高。这一切都是规律循环带来的。

下面是上述思考题的答案及各选项的对应解释。

你做对了吗？

A 培养孩子手指的灵活性

解读 灵活性是比较模糊的说法。

B 培养孩子的触觉回路

解读 正是触觉回路促使不同的手法引起手里东西的样子发生变化。

C 培养孩子的动手能力

解读 动手能力涵盖的范围较大。

D 培养孩子对实际操作的熟练性

解读 没有固定的动作，因此不是熟练性。

画画、弹琴、下棋、做手工这些项目，如果以孩子的主动参与、独立意愿以及快乐为出发点，而不是通过被动上课的方式培养，都是提升智力、促进身心发育的优质活动，应该顺从孩子自己的意愿进行选择。但往往孩子选了一样后，希望孩子全面发展的父母还觉得不够，认为体育项目和身体姿态的培养也要加强。这种普遍的心理就催生了另一项“智商税”——武术班。那么学武术能培养什么呢？请看下一节。

38. 学武术就能体质好吗

现在有的父母在孩子三四岁时就送他们去上武术类的兴趣班，希望孩子强壮、体质好，并且身姿挺拔端正。而这些兴趣班为了商业利益，不管孩子年龄大小，还真敢收，来者不拒。

学站、学坐、学踢腿打拳，一招一式都需要大量分解练习、放慢速度去控制，保持一个动作后，还要求坚持十几秒甚至半分钟、一分钟，教练在一旁不断纠正：这高一点儿、那低一点儿、腿弯一点儿、腰挺一点儿，甚至连下巴和眼神也会有要求。训练一段时间就会有汇报演出，父母们看着自家孩子的举手投足还真有点架势，觉得脸上有光，很开心。这样的武术兴趣班不管宣传得多么冠冕堂皇，实际上就是为了好看，为了表演，为了让父母有面子。

西方国家也有学习中华武术的，但目的是强身健体，并不在初学时过于强调一招一式的精确性、动作的专业性，而是利用孩子爱动的特点，充分激发和维护孩子持续的兴趣，孩子在不断参与、主动练习中得到了身体的锻炼。因此兴趣班到底是为了好看、为了表演，还是为了强身，只要留意一下训练方式就一目了然了。请思考以下问题。

思考题 练习识别孩子的需求

强身是一种外在的表现，也是一种比较模糊的说法，那么从本质上讲，孩子学习武术能够学到什么呢？

A 学到身体的灵活性

B 学到身体的平衡与控制

C 学到对抗与保护

D 学到忍耐与毅力

练习武术的本质目的不是笼统的强身健体或者提高身体的灵活性，而是提高平衡能力。平衡由小脑管理，从脑干到脑垂体，通过神经传导，控制身体的四肢，包括运动过程中的平衡、体内液体的平衡，以及身体左右重量的平衡，等等。平衡不仅是身体表现上的，也是身体内部和精神上的。

练武术的人能够站得挺拔、坐得端正、行走如风，这都是平衡的作用。养成习惯，就能够反过来影响身体的发育，带来精神上的平衡。如果父母强调对抗性，就失去了练武术的意义，如果将孩子的心理向竞争的方向引导，发展下去他将难以建立信任的朋友关系。

父母懂得不同兴趣班的不同目的，就能够知道其实所有兴趣班都是阶段性的，都有有益的一面，只要孩子表示愿意试试，就可以练上一段时间，然后允许孩子尝试新的兴趣，而不是用所谓的磨炼意志力、信念、执着的品质来要求甚至强迫孩子坚持一个兴趣，尤其是他不太喜欢的兴趣。违背孩子的意愿只会导致亲子关系受损，而不是提升孩子的意志力。父母要理解每种兴趣班的本质，多顺应孩子的意愿，为孩子创造体验不同兴趣的机会，然后再由孩子慢慢发现哪个是自己真正热爱的，并由内在动力去驱使，才能自主地坚持下去。

以下是上述思考题的答案及各选项的对应解释。

你做对了吗？

A 学到身体的灵活性

解读 灵活性是模糊的说法，不是具体的。

B 学到身体的平衡与控制

解读 平衡以及自主控制，是很具体的协调能力。

C 学到对抗与保护

解读 能够学到对抗与保护，那是第二层的。

D 学到忍耐与毅力

解读 长期坚持也是可以的，但不是首选。

平衡有肢体层面的，比如单脚站立可以保持多长时间，在很窄的一条小路上站稳、走直；也有脑力层面的，弹钢琴也是一种平衡，数学中几何方面的知识也要求平衡感，比如对称的图形处理能力。武术活动中，涉及静态平衡、动态平衡、无受力平衡以及受力平衡等多种平衡感的形成，这些平衡感的形成也会出现在舞蹈方面的活动中。请看下一节。

39. 练舞蹈能够培养什么

很多父母认为，家里有男孩就学武术，有女孩就学跳舞，这似乎是天经地义的，尤其是很多女孩到了小学三、四年级都喜欢跳舞，正好可以报个舞蹈兴趣班。那你有没有思考过以下问题呢？

思考题 练习识别孩子的需求

在想象孩子以专业的动作、优美的舞姿翩翩起舞之前，父母有必要深入思考一下，孩子练习跳舞，到底培养了什么？

A 培养韵律与节奏感

B 拉伸筋骨与肌肉

C 培养意志力与顽强的性格

D 培养审美观与艺术修养

实际上，舞蹈兴趣班是收效最差的一种兴趣培养了，不是因为跳舞本身不好，而是因为现在舞蹈班的理念和培训方法往往强调机械重复一个动作的专业性，并且很多练习对于 9 岁以前的孩子来说并不适合，可能激发骨骼的超前发育，导致骨骼提早停止生长。身体的发育自有其规律，刺激出来的加速发育反而会干扰自然状态下本应该达到的发育水平。

孩子喜欢跳舞，应该顺应和尊重孩子的意愿，但需要想清楚目前主流培训机构的教学方式对孩子身体的潜在影响。

培养韵律和节奏感可以通过音乐、击鼓等听觉刺激实现；意志力与顽强的性格可以通过爬山等消耗耐力的慢性运动来强化；审美观及艺术修养可以通过音乐课、美术课来熏陶，而不是靠每天进行同样的重复性动作来实现。

以下是上述思考题的答案及各选项的对应解释。

你做对了吗？

A 培养韵律与节奏感

解读　能够学到一些，不过不是最有效的内容。

B 拉伸筋骨与肌肉

解读　这是跳舞对孩子最大的影响和刺激。

C 培养意志力与顽强的性格

解读　不一定能够培养性格。

D 培养审美观与艺术修养

解读　对孩子来说还言之过早。

现在的教育潮流是：不管选择哪个兴趣方向，最好都能参加相应的认证、考级、比赛，获得几张证书，才算有看得见的结果，没有白学。我提到的各种兴趣班，大都有相应的考级或比赛，就连做手工也有折纸大赛之类的。往往是孩子上了兴趣班还没多久，老师就动员报名比赛、考级，似乎没有这样的认证就不够专业，就不叫培养兴趣。这是一个严重的误区。**兴趣源于投入带给自己的快乐，意味着愿意持续付出并实现心中的一个目标。兴趣不是表演给他人看的，更不是由他人来评定等级的。**

除了课外兴趣班之外，奥数班、奥数比赛也一直很热门。父母们将提升成绩说成是培养兴趣强加在孩子身上，也就不奇怪为什么孩子学完奥数就彻底厌恶数学了。这个“智商税”的代价太大了，请看下一节。

40. 奥数的潮流，跟还是不跟

父母送孩子去兴趣班，往往怀揣着期待，却不太了解孩子在各种兴趣班里到底应该学什么，而各种兴趣班的老师也不太清楚兴趣班教学的核心本质是培养孩子的哪些方面。兴趣班老师多数是为自己的目的，也就是为工作和收入服务的，因此很多兴趣班的老师无法认识到孩子是核心，孩子在各种活动中感受到快乐、挑战和趣味，并且能够在这种积极正向的情绪中自主思考、汲取知识才是兴趣班的价值所在。

奥数班是小学三年级以后很多父母心中的纠结。报吧，感觉孩子并不是特别有兴趣，有的孩子连教学大纲内要求的数学还没学好，学奥数肯定更吃力；不报吧，又不甘心失去有可能争取上好学校的机会，因为很多地区的初中在自主招生时都要求奥数成绩。

纠结报不报班的最终结果往往会演变成想方设法说服孩子去上奥数班，嘴上说这样做是为孩子争取更好的条件，更有把握进入好学校，因为好学校的师资力量更强大，但心里想的其实是好学校升学率高，更有机会考上一个好大学，有更好的未来。但问题是，奥数等于好学校，等于好未来，这个等式真的成立吗？父母所认为的好未来是孩子想要的吗？如果父母给的鞋不合孩子的脚，如果父母给指的是康庄大道，孩子却喜欢崎岖小路，如果父母给安排的生活违背了孩子的意愿，那父母眼中的好学校和好未来还有什么意义呢？我们暂且放下这个疑问，来思考以下问题。

思考题 练习识别孩子的需求

不为好学校，不为父母自认为的好未来，只看奥数这件事本身的意义，孩子到底能够从中学到什么呢？

A 借此考入好的中学

B 全面促进所有科目的成绩

C 培养对数学知识的兴趣

D 建立对事物规律的深入认识

奥数指的是国际数学奥林匹克竞赛，它与课内数学的本质区别是：课内数学学习强调基础知识的掌握以及普遍规律的运用。比如提供几道例题，老师通过讲解一种普遍的解题方法，辅以类似习题，让学生们掌握规律，学会运用这种解题方法。而奥数是研究普遍规律的深入用法以及普遍规律的非普遍用法，不仅要知道规律是什么，还要深究找到这个规律的过程和思路，这是对一个问题的多个步骤进行逐一拆解、对多个环节进行逐一推敲、不断较真的过程，借此形成能深入发掘事物规律的思维方式。

了解了这个区别也就不难理解，为什么有的孩子喜欢研究奥数题，一道题能琢磨两个星期，而有的孩子一听奥数就直皱眉。**只有真正喜欢数学、愿意琢磨、愿意不厌其烦地思考的孩子，才适合学习奥数。喜欢是奥数入门的首要条件，喜欢能驱动孩子持续钻研。**怎么识别好的奥数老师呢？有以下两个标准。

- 第一，这位老师能否调动和维护孩子在学习奥数过程中持续的快乐感，短暂的兴趣比较容易产生，但维护持续的快乐感很不容易。
- 第二，这位老师能否培养孩子进一步深造所需要的品质，比如从一下能解出题的即刻快乐慢慢延长为需要经过好几天的琢磨才能想明白，让孩子能够为了明天的快乐付出今天的努力，并逐渐形成习惯和自我控制的意识。

奥数对多数人而言更多的是“数”，即数学规律背后的深入思考，而不是“奥”，即奥林匹克数学竞赛。因而奥数兴趣班不一定适合每一个孩子，就如同奥运会对大众来说更多的是体育精神，但并不是每一个人都适合从事竞技体育。

对于奥数班，如果孩子没有兴趣，或者父母感觉老师的教育理念没有调动孩子的积极性，而是严厉教学、题海战术、只求成绩，甚至还打压孩子的热情，那么不跟风报名才是明智的选择。

很多父母不知道的是，奥数思维在家中也能点滴培养。最重要的前提是孩子要有快乐的情绪，快乐才能主动投入、注意力更集中。不断变化的事物对孩子来说就是好玩的、有吸引力的，比如色子，每次都有不同的数字，灵活多变，孩子爱玩。相比之下，奥数反倒不太好玩，总是做深奥的、让人感觉枯燥的题目，都是规律、术语、等式、符号，不鲜活也没有颜色和图形的变化。色子的设计也有巧妙的规律，6 个面的数字不是随便印上去的，而是相对两面的数字之和总是 7。如果孩子不断观察色子，自己发现了规律，那该有多快乐。

以下是上述思考题的答案及各选项的具体解释。

你做对了吗？

A 借此考入好的中学

解读 这通常是成年人的目的。

B 全面促进所有科目的成绩

解读 数学是基础学科，但不会在早期就有这个效果。

C 培养对数学知识的兴趣

解读 知识内容都不是孩子天生有兴趣的。

D 建立对事物规律的深入认识

解读 这才是奥数对孩子真正的好处。

小学、初中以及高中的数学课几乎都是数学的表层，更多的是运算的练习、公式的使用、形式的变化、图形的关系等，会涉及事物之间的协同变化过程，比如追及问题、三角函数问题，也仍然停留在已知知识的简单运用上。这些都是数学的表层，也可以说是“假数学”。奥数题目，多数都是从数学深入的规律入手并展开的，需要的是深入的思考，甚至是完全没有例子可以参考和模仿的全新思维模式，这体现的就是“真数学”。其“真”体现在大脑对规律的认识上，体现在综合解决问题的思考模式上，体现在运用规律、推演步骤、前后协调的环节中。这个活动与画画、弹琴、跳舞、练武术、做手工、下围棋类似，都能够带来大脑的大量活动，随之也能带来超级的满足感。这就是兴趣对人精神层面的影响。遗憾的是，很多孩子的兴趣并没有得到充分的激发和科学的保护，表现出的就是不想去兴趣班的状态。这又是为什么呢？请看下一节。

41. 为什么孩子不愿意上兴趣班

当下每个家庭都愿意为孩子创造尽可能好的成长环境和教育条件，父母自己小时候没有机会培养的兴趣就希望孩子有机会接触；孩子一说对什么有兴趣，父母马上花钱报名；看到别人家孩子上了各种兴趣班，父母不希望自己的孩子“掉队”，于是也会跟风去报一些兴趣班。

奇怪的是，很多事情孩子本来好像很感兴趣、情绪高涨，但每次只要一报了名开始正规“上课”，孩子的兴趣好像就不高了，一说出门上课就磨磨蹭蹭提不起劲头，甚至还表示不想再去了、不喜欢了，这并不是偶然情况，而是对大多数兴趣班的反应都是如此；也不是个别孩子的特殊现象，而是很多孩子的普遍情况。那么让我们一起来思考以下问题。

思考题 练习识别孩子的需求

父母有没有试图思考过，孩子说不想再去兴趣班了、不想再学了，这究竟是什么原因呢？（多选）

A 不喜欢重复的动作

B 不喜欢老师的表现

C 不喜欢同学的表现

D 确实没有这个方向的兴趣了

E 本来孩子对这项活动就没有真正的兴趣

F 孩子不适应兴趣班教的技法以及严格的规范

G 兴趣班没有认识、熟悉的小朋友

几乎所有兴趣班都以“专业性”作为优势进行宣传，老师也都强调专业化的训练，比如画画都从写生、素描、静物开始；学钢琴都从练习手指功能、指法、模听模唱简单旋律并大量重复练习开始；学游泳都是从打水、换气开始，却没有刻意呵护、激发孩子内心的热情、动力。

兴趣班对专业性的严格要求、反复纠错、重复训练的传统教学模式，其实是将孩子对一个事情的兴趣彻底熄灭的模式。孩子参加两三次兴趣班，就不想再去了，是因为老师貌似在专业领域进行过学习，有一定的经验，却并不一定掌握了科学的教学方式和儿童心理学原理。现在多数兴趣班所采用的教学方式都是20世纪的老套路。随着对儿童认知过程的研究以及脑科学的最新发现，我们已经找到了更好的方式培育孩子的兴趣，而不是让他们从小就开始接受成年人的专业模式和套路。

针对12岁以下的孩子，培养任何兴趣的第一个要诀就是顺着孩子做自己想做的事情，顺应孩子自己的动作行为。这些行为都是自发的，是随着大脑的发育逐渐发展出来的，这些技能是不能被打击的，也不能提前扭转，要求孩子掌握技法或者采用规范的方式。

维护孩子兴趣的第二个要诀就是要让孩子喜欢老师，那么老师就要了解让孩子喜欢的一些基本做法。比如通过动作能够把孩子逗乐的本事，唱歌或做游戏等吸引孩子的方式，让孩子通过专注、快乐的活动渐渐喜欢上老师，而不是将老师视为权威和严肃的代名词。

第三个要诀就是陪同孩子，为孩子提供示范的机会，而不是只通过语言指导孩子。孩子看到示范，会主动观察、思考、询问，渐渐开始模仿。等孩子主动提问时，再通过回答渐渐讲出一些关键的要领和思路。

以上三个要诀都来自实战，那些受到孩子喜欢的老师往往都具备这些特质。

兴趣培养重在参与，在于通过形式多样、过程不一的好玩的活动调动所有感官的共同参与。兴趣就是儿童的大脑觉得这件事自己能够掌握，并且确实能够通过控制自己的手，输出自己想要的样子，这个时候孩子会更加有兴趣，会不断变换方式，输出不同的样子。

在兴趣得到保护和维持的情况下，孩子就愿意为一个活动投入更多的时间。孩子在这类活动中习得的技能，以及大脑对这项技能形成的认识自然也就更加广泛，从而使孩子更乐于积极参与这一活动，形成良性循环。

下面是对孩子不愿意去上兴趣班的可能原因的具体解释。你找到正确答案了吗？

你做对了吗？

A **不喜欢重复的动作**

解读　老师的严格往往浇灭了孩子的兴趣。

B 不喜欢老师的表现

解读　从听不懂，到不愿意做重复动作，再到不喜欢老师。

C 不喜欢同学的表现

解读　也有这个原因，但不多，孩子还没有脑力受到同学的影响。

D 确实没有这个方向的兴趣了

解读　本质上讲，兴趣都是被正规教学方法毁灭的。

E 本来孩子对这项活动就没有真正的兴趣

解读　实际上，孩子最初出现与某项活动相关的行为，是自发的行为，确实不是真正的兴趣。

F **孩子不适应兴趣班教的技法以及严格的规范**

解读　这是常见情况，兴趣班应该培养孩子进一步自发的意愿和想法，而不是技法和技巧。

G 兴趣班没有认识、熟悉的小朋友

解读　一些低龄的孩子还没有结交好朋友的意识。

兴趣源自儿童大脑中多个不同区域初次协同工作所带来的神经通路感受。大脑中的不同区域一起贯通完成一项任务所带来的神经电流之间的顺畅感受，是一种愉悦的痕迹，下一次还想有这个感受，就愿意再做那个动作，再做那件事，进而产生兴趣。神经通路形成的过程很脆弱，痕迹也是模糊的，很容易被破坏，比如当重复的动作不再是自发的，而是以讨好大人为动机时，大脑的兴奋感就会消失，也就不再是兴趣了。尤其是当老师、父母不断纠正孩子的行为，不断把孩子取得的成绩与其他同学进行比较，不断对孩子有更大的期待时，孩子对要做的事情就越来越被动，敷衍了事的状态就出现了，这种态度多表现在磨蹭上。

身边的妈妈这样做

自发的兴趣才是最大的动力

——冯晶晶（化名），家有 14 岁女孩

孩子学画画已经挺长时间了，每个周末都去课外班上课。选择学画画最初是我们和她商量后决定的，当时她也没有提出异议，后来就这样一直坚持着，既没有特别热爱或痴迷，也没有强烈地抗拒。那个画画班所在的大楼里全都是各类培训机构，一到周末，孩子们各进各的教室，父母们在外面等待。因为已经很熟悉了，后来每次上课我们就没再跟着一直送到教室门口，而是在楼下看她进去，等快下课时再来接她。

有一次，我们接孩子到得太早了，就上了楼。没想到在教室外观察了半天都没有发现孩子的身影，我急得赶紧找美术老师询问，谁知老师说她已经连续好几周没来上课了，还以为我们都知道，然后建议我们去楼下的国际象棋教室看看她是不是在那里。

我们去国际象棋班找，孩子还真的在那里。还没等我们弄清怎么回事，国际象棋班的老师就拉着我们说她非常有潜力，自己主动来旁听，进步飞速。孩子也表示想继续研究国际象棋，在说自己很有兴趣时神采飞扬、目光闪亮，这种状态在她画画时好像从来没有流露过。

我和孩子爸爸都不会下国际象棋，对于她想放弃画画而学习国际象棋的打算，我俩都有点儿不知所措。下棋远比画画占时间，她的语文成绩不太好，我们原打算给她报一个语文补习班，如果学国际象棋，不仅要停了画画班，而且连语文班很可能都没有时间上了。

正在纠结之际，正好有机会参加孙老师的线下讲座，我向孙老师当面咨询了我们的困惑，孙老师给了我们几条重点建议：第一，要给孩子自主选择的机会，顺应她的选择和意愿，不要将我们的兴趣和意愿强加在孩子身上；第二，兴趣可以改变，只有不断尝试才知道自己真正喜欢什么，有兴趣才愿意投入，有兴趣才能不辞辛苦地主动坚持，而不是为了坚持而坚持；第三，着重发掘和培养孩子感兴趣的、擅长的项目，而不是关注并试图弥补她不擅长、不喜欢的项目，要求各方面平均发展。自己感兴趣的和擅长的优势项目将为孩子带来无与伦比的自信和自我掌控感，这种状态对于提升不擅长的项目也有促进作用。不擅长的项目可以融进优势项目中一起开展；第四，我们参与到孩子的兴趣中，是对她最大的支持。

孙老师给我们的具体做法和指导是：我们要和孩子一起从零开始学习下棋，不求水平精通，至少能跟她玩起来；在下棋时，每走一步之前我都要说出一个成语，而且一盘棋之内所说的成语不能重复。

我对这样的具体做法感到一头雾水，但孙老师说唯有亲身实践才能看到效果，理解其中的意义，于是我决定拿出行动。

因为是零起步，还得观察孩子怎么下，试着模仿她甚至向她请教，没有了那种平常给她讲应用题时居高临下的姿态，也不再认为讲一遍她就应该明白，精力只够顾着自己的棋，顾不上给她纠错、出招儿、唠叨，于是每天下棋这种在我看来既占时间又费脑子的事情，却成了孩子最喜欢、最期盼的家庭活动。在互动过程中，我不断观察，发现她对国际象棋真的有热情，自己经常琢磨得废寝忘食，而且这方面的优势也越来越凸显。

每走一步前都要说成语，我以为可以张口就来，但在实践中发现我自以为是了，于是我把语文教学大纲中所列的成语汇总了一下，一段时间集中用一批成语，过一段时间再换一批新的，这样终于能做到每下一步棋都说出一个成语了。孙老师说这是我自己的动作，而不是要求孩子这样做，但没过多久，孩子竟开始主动模仿，也边下棋边说起成语来。

更没想到的是，自从每天下棋说成语之后，孩子对语文的兴趣也渐渐提升了，经常念叨文章中的用词，琢磨词语和句子的意思，自己主动花在语文学习上的时间增加了，没上补习班，语文成绩还进步了，下棋时所用的成语也能越来越贴合当时的棋局、招数、心情。

更加神奇的是，这种成语加下棋的组合，本来只是一种趣味家庭活动，却慢慢变成了孩子的习惯性“套路”，两相融合得天衣无缝、游刃有余。在参加国际象棋比赛时，她也这样自言自语、振振有词，虽然声音不大却把对手给唬住了，不知道这是什么架势、什么套路，一下子慌了手脚，她连连胜出。后来裁判规定不许出声，她便不再念出声音，但每步棋之前嘴里还是有默念的动作。这已经不单单是形式上的做法，而是一种精神面貌上的改变：神情专注，全然沉浸，享受过程，信心饱满。这种强有力的整体状态支持她一路过关斩将，最后竟入选了上海市青少年专业队。

其实不管是否入选专业队，孩子都很享受下国际象棋这件事，因为那是她内心真实的兴趣和热情的表达。现在回看当年孙老师的那些建议和具体做法才意识到其中的深意。

智力发展水平影响一生，还影响下一代。父母如果不懂儿童智力发展的规律，就会把在学校习得的那一套方式转移到家庭里来教孩子，这不是起跑得早，而是在用错误的方式起跑，尽管背后的动机是好的，但结果却事与愿违。

这一章的问题环环相扣，彼此相关。不仅身体如此，与大脑基础操作功能有关的智力发展也是如此，我们一起来看看下一章的内容，关乎大脑智力发展的“软件”。

06

第 6 章

大脑软件：
什么是对孩子最好的学前启蒙

孩子出生，就好像一台电脑的硬件组装完成，可以出厂了，但只有硬件没有软件，电脑是无法运行的。孩子大脑智力发展的过程，就像给电脑安装各种软件一样。

新电脑买回来的头两天会安装大量软件，常用的软件 80% 以上都会安装到位，而孩子大脑的智力软件安装过程也有这个规律：在 0 ～ 3 岁期间，孩子的大脑将完成绝大部分发育。0 ～ 3 岁大脑的增重量占成年前大脑总增重量的 83%，3 岁至成年的大脑增重量只占总增重量的 17%。也就是说，0 ～ 3 岁是大脑发育的高峰期，也是安装智力软件的关键期。

大脑的生理功能是所有行为、心理、精神活动的基础。但在如此重要的黄金期，父母们往往因为不了解儿童早期发展的规律，不是期望过高、用力过猛，就是只管喂养不管其他，等到孩子的外部行为表现出了问题，很多父母仍然意识不到这其实是孩子大脑的软件出了问题。

本章从父母们经常问到的 10 个外在行为表现出发，探究孩子外在行为背后的大脑软件问题。

电脑程序的安装从光盘导入，或者出厂时就安装好了，开机就是程序自动解压的过程。儿童的大脑也有解压安装这一过程，但更多的是后天通过听觉、视觉和触觉的发育，以及感应的过程渐渐安装上的，作为父母需要懂得一些儿童大脑信息输入、加工并形成大量程序，即思维的过程。

42. 为什么孩子的耳朵装不进去知识

现在各种影音设备和软件层出不穷：早教机、复读机、国学机、手机故事 App 等，音频资源也处于爆炸性增长期，孩子从一出生就会听到各种音频，其中最受喜爱的就是故事类音频了，孩子一听就完全被故事吸引住，不愿意停下。很多父母觉得这是好事，认为孩子爱学习、精力集中，也觉得这是个让自己轻松省事的好办法，于是也愿意让孩子多听这些故事类音频。但是你有没有思考过如下问题呢？

思考题 练习识别孩子的需求

在持续、大量听故事的过程中，孩子大脑获取信息的机制会出现以下四种倾向，其中哪种倾向会对孩子的成长造成消极影响？

A 依赖听觉为主获取信息

B 侧重倾听故事性强的信息

C 积极认字并自主获取信息

D 向大人索取更多的故事听

自己认字看故事肯定比听故事要慢，而且困难较多，当孩子听故事上瘾后，就更依赖听故事，不再有动力去认字了。当看图画就能够懂得大概意思时，孩子就不再有动力学习认字、了解精确的意思了。大脑乐得休息，大脑皮层刻录了轻松模式的痕迹以后也就更容易避难就易、避重就轻。

听故事以及看图画不需要视线聚集，因此目光飘忽不定、无法专心是看绘本带来的普遍现象，上学后会表现为注意力不集中。听故事形成的惯性就是听的时候视觉还可以看其他事物，不能确保大脑聚焦于单一信息输入源，渐渐地，大脑思维松散，上学后常见的问题就是一心二用，眼前的题目以及文字总是被听力干扰，大脑不能形成集中的思考焦点。

科技给人类的很多体力劳动带来了便利，这种便利也扩散到了脑力劳动方面。比如在过去都是用收音机播放故事，也就是 30 分钟，一天的故事时间就结束了，孩子在其他的时间可以聚焦在认字的模式上吸收信息。现在可以一天 24 小时随意听故事，可以有海量的绘本充斥孩子的生活，但这严重破坏了孩子的智力发展，学数学不专注，学语文不理解，也就是正常的结果了。

以下是上述思考题的答案及各选项的对应解释。

你做对了吗？

A 依赖听觉为主获取信息

解读 大脑作用机制的渐变性原理。

B 侧重倾听故事性强的信息

解读 这一点也会对大脑产生抑制作用。

C 积极认字并自主获取信息

解读 很难出现这种情况。

D 向大人索取更多的故事听

解读 这个表现是中立的。

许多父母出于好心，在孩子很小的时候就陪伴孩子阅读绘本，结果事与愿违，孩子在 4 岁左右表现出来的行为就是只想听爸妈讲故事，形成了依靠单一听觉通路接收信息的习惯，并严重依赖这个通路，拒绝认字或者偏好看图。

不认字、依赖听觉输入、容易信任会写字的人，这会导致孩子对自主学习产生惰性。对孩子输入绘本的错误方式，导致了很多孩子出现这类情况。这个时候，挽救已经太迟了，要耗费至少 3 ～ 5 年的时间来矫正，重塑孩子对文字的认识。很多父母为了取得立竿见影的效果，强制给孩子灌输《三字经》之类的国学经典，更不符合儿童认知事物的规律。且看下一节。

43. 为什么不能让孩子背诵《三字经》

除了长时间播放故事之外，父母们用早教机经常播放的另一类内容就是国学经典，比如《三字经》《弟子规》之类，希望孩子能从小就接受传统文化的熏陶。也有父母抱着更加功利的想法，那就是希望孩子在多听之后能更容易地背下这些内容，以便在以后的学习、表达和写作中引经据典、出口成章，显得博学、有文化，并且能够提高成绩、取得高分。

于是父母们整日循环播放那些连自己都没读过，念不通也不理解意思的内容。有时孩子偶然间接上一两句，父母就激动坏了，觉得努力没有白费，孩子竟然会背了，于是更加起劲儿地播放这些内容，甚至要求孩子每天坚持听。重视传统文化的意愿可以理解，但是应该采用哪种方法把传统文化输送给孩子却值得探讨。一起来看看下面这道思考题。

思考题 练习识别孩子的需求

这种机械化、强制性的背诵危害很多，其中最主要的危害是以下哪项呢？

A 过早启动了大脑的记忆区域

B 孩子没有辨别能力，顺带吸收了不少糟粕

C 大脑放弃尝试理解，并形成自动屏蔽

D 说话引经据典，却没有实际意义

人是依靠大脑与其他生物区别开的，大脑是一个人生存的重要器官：进行思考、解决问题、改善生活、实现目标都离不开它。从孩子一出生，大脑就忙着习惯周边丰富多彩的变化，但如果这些变化主要来自《三字经》这种枯燥无味、晦涩抽象、孩子无法理解内涵的东西，大脑也就渐渐习惯了这种没有意义的内容。这样的做法带来的危害是提前激活了孩子的记忆脑区，抑制了理解力的发展。就算有时孩子能习惯性地复述出只言片语，也完全不知道这背后的实际意思，也不能准确地理解周围的现实世界，遭遇现实问题时才发现这完全是两回事，而大脑已经失去尝试理解的动力，并对这些内容进行了屏蔽，进入了疲劳状态。

即便传统文化中存在知识性的内容，对孩子来说也无法理解，它们往往过于抽象，与孩子的自我目的性不相关，无法结合眼前的生活，也就没有现实意义，孩子的大脑会将这一切归为无用内容，不能调动自己的内在响应机制，更谈不上什么信息加工或逻辑思考了，不仅浪费时间，而且可能导致大脑固化。长期陷入其中，孩子的大脑便失去了尝试、判断和决定的功能。这才是用不恰当的方式引入传统文化给孩子大脑发育带来的最严重的危害。

以下是上述思考题的答案及各选项的对应解释。

你做对了吗?

A 过早启动了大脑的记忆区域

解读 这是对大脑智力能力的摧毁。

B 孩子没有辨别能力，顺带吸收了不少糟粕

解读 这是对孩子人生观念的负面影响。

C 大脑放弃尝试理解，并形成自动屏蔽

解读 这是对大脑造成的终身伤害。

D 说话引经据典，却没有实际意义

解读 这一条有时具备蒙蔽性。

孩子的大脑需要丰富的刺激和变化，很多父母给孩子买了大量玩具和绘本，想方设法制造新的刺激，却发现在听故事方面，孩子喜欢重复。同样的故事，讲三五遍绝对不够，有时一两个月内间断着重复很多次，孩子都仍然爱听。这是怎么回事呢？请看下一节。

44. 为什么孩子喜欢听重复的故事

很多家庭都有睡前亲子阅读的环节，这是一个非常好的习惯。在柔和的灯光下，孩子依偎在父母身边，听父母讲书中的故事，这时父母的神态和蔼、声音轻柔、情绪平稳，基本上不会在这个时候态度严厉地冲孩子大声嚷嚷。孩子感觉安全、放松、舒适，因此这是孩子每天特别期盼的时刻。

父母们发现孩子爱听故事，于是开始了不断买书、囤书的循环，总想尽量为孩子多读一些书。可是很多父母也遭遇过孩子似乎不太热衷于听新故事的情况，反而只偏爱其中几本书，喜欢听重复的故事。有些父母能够顺应孩子的这种表现，连续很多天反复讲同样一个故事。时间长了，有时刚讲完一段，孩子就能把后一段内容讲出来，有时还能纠正大人讲错的地方，但照样还是希望父母讲同样的故事。对此，你思考过下面的问题吗？

思考题　练习识别孩子的需求

孩子喜欢听重复的故事，这背后的原因是什么呢？

A 重复的故事能增加心理安全感

B 重复的故事有机会扩展想象力

C 人们都喜欢自己熟悉的事情

D 陌生的故事都是不知道的情节

孩子的行为背后都有各自的需求，在大脑发育阶段，孩子的行为往往与大脑发育的需要有关，有时孩子知道自己要什么，却说不出原因，比如喜欢一遍遍重复听故事，或者盯住地上的蚂蚁看一两个小时不厌倦。

其实大人也有类似的体验，同一部电影或同一本书，看第二次、第三次甚至第四次时，每次的感受都会不同。第一次看可能被情节吸引，总想知道“然后呢，再然后呢，结果如何”；第二次看，则会看到上一次没有留意到的丰富细节，这是因为已经了解了情节，不必再被情节发展牵涉过多精力，大脑的认知资源可以更多地用于观察细节；第三次看，可能会对人物关系、心理活动以及行为动机等有更深的理解；如果看第四次，就可以对作品进行更深入、更系统、更广泛的评价。这就是基于熟悉感而产生的一次又一次认知的提升过程，对孩子来说也是一样。

首先，听过多遍的故事已经充分熟悉了，大脑就有了充足的资源去关注故事细节、人物的事件和语言、想象场景等。可爱、生动的角色，草地、树林、小河、天空等场景，这些都不是眼前的实物，每一次听故事，孩子都会在大脑中构建一次人物形象和画面，如此反复，是培养孩子的大脑对看不见的形象形成抽象认知能力的重要活动。

其次，孩子的认知能力有限，全新的故事在大脑中往往只能留下支离破碎的印象，每听一次就多拼凑起来一点，碎片的关联性也就增加一点。对一个故事了如指掌，有利于孩子形成对事物整体、全面的看法，并建立从头至尾的“长关联”能力。

此外，听故事的过程就是信息刺激大脑，通过大脑中的电流在神经回路中传递和关联的过程。因为熟悉，因为这样的通路已经反复铺垫了很多次，所以脑电流通过时稳定、顺畅，孩子感觉开心，又因为对故事内容有预期、有把控，没有不确定的内容或过强的刺激，所以孩子的大脑感到放松，心里感觉安全。

睡前伴读时，父母的状态一般也是平稳的，这也是增进亲情和安全感的过程，能强化孩子的情感体验，将这种稳定的情绪融入故事中。再配以柔和的灯光，全面营造了良好的入睡氛围，孩子的大脑和身体自然会进入安睡状态。

基于这样的原理，具体做法也就不难掌握了，请看以下三点。

- 第一，父母不仅不需要担心重复，还要确保有足够的重复，而不要一天一个新故事，每天不重样地讲。同一个故事完全可以讲上二三十天，只要孩子仍然要求，就应该继续重复。
- 第二，父母伴读时语速放慢，声音柔和，表情和语调要随着故事而起伏变化，和孩子有目光交流。
- 第三，基于已经充分熟悉的内容，通过“小修改”的方式引入少量变化，增添新的内容，比如增加角色、迁移场景、增加障碍环节等。这时孩子很可能会纠正：“妈妈，你讲得不对，不是这样的，应该是……”这说明孩子很敏锐地发现了变化，这时要认可孩子的发现，承认自己和以前讲得不同，然后继续往下讲，适时再引入一次和刚才同样的“小修改”。这是基于孩子大脑中已有的联结，边巩固边进行少量延伸，一点一点扩展边缘，让联结稳固、深化、拓宽。长此以往，大脑的发育就体现在扎实的智力而不是小聪明上了。

以下是上述思考题的答案及各选项的对应解释。

你做对了吗？

A 重复的故事能增加心理安全感

解读 重复的故事确实能够安抚情感与心理。

B 重复的故事有机会扩展想象力

解读 有这种情况存在，但不是主要原因。

C 人们都喜欢自己熟悉的事情

解读 这是比较重要的原因，熟悉的事情是人们本能偏爱的。

D 陌生的故事都是不知道的情节

解读 这也是一种解释，相比陌生的内容来说，人都更喜欢熟悉的内容。

大部分孩子在听故事时全神贯注、津津有味，注意力比较集中，甚至听不见家人说话，但是为什么做其他事情就会三心二意甚至走神儿呢？请看下一节。

45. 为什么孩子注意力不集中

注意力不集中已经成为家庭教育讨论中最常见的一个问题了，根据父母们提到的孩子的日常表现，大致可以归为以下几类。

第一类：容易分心。

“孩子在家里看书或学习时，一有点儿什么动静立刻就被影响、凑过去看，比如洗衣机振动、烧水壶开了、大人的手机响了、隔壁邻居开门关门等，都会吸引他的注意力，他好像根本就没有集中精力看书。或者有时候貌似在看书学习，但实际上是在发愣或走神儿，眼神没有聚焦。”

“孩子的老师反映，她在学校听讲时特别容易走神儿，因为教室在一楼，能看到操场，别的班上体育课或者外面稍微有点儿动静，她就开始看窗外。老师发现这个问题以后，专门把她的座位安排在教室靠墙的一侧，远离窗户，但就算是这样，她也特别容易受到干扰。”

第二类：自控力差。

“我儿子好像总是不能耐心专注地听别人把话说完就直接插嘴，老师也说他在上课时特别喜欢接话、插话。不仅话多，身体的小动作也非常多，就是不能安静稳当地坐着，一会儿踢凳子，一会儿晃桌子，一会儿又捅一捅前面的同学。”

第三类：做事磨蹭，拖拖拉拉。

“孩子写作业时总是一会儿捏捏笔帽，一会儿抠抠橡皮，他的橡皮都不是用完的，而是被手和笔尖弄碎的。再不然就是一会儿要削铅笔，一会儿要去喝水，一会儿去上厕所，一会儿又说想吃零食，写十几分钟作业就来来回回折腾好多次。不写作业也不见他渴，一写作业就总说渴了想喝水。几行字的作业，一笔一画写得极慢，像蜗牛走路，好像是故意慢慢写，拖时间。”

那么让我们先来看看下面这道思考题。

思考题 练习识别孩子的需求

导致孩子注意力不集中的因素有很多，以下四条是其中一部分原因，其中最普遍的原因是什么呢？

A 从小没有针对注意力进行过训练

B 孩子吃太多零食，影响了大脑的注意力

C 大人要求孩子做的事情不是孩子感兴趣的

D 老人带孩子的过程中，总是有电视伴音

父母不太了解糖果对大脑发育的危害，平时吃零食的习惯会破坏注意力。老人带孩子时旁边一直开着电视机，允许声、光的不间断变化扰乱孩子渐渐成形的神经元簇，也是对注意力的破坏，但也不足以立刻就显现出来。其实多数情况下，孩子注意力不集中的这个“标签”都是大人错误的结论。

注意力有主动注意和被动注意之分。被动注意也叫无意注意，是自然发生的，没有目的性。孩子在婴儿时期以被动注意为主，这种注意力的产生与外界信息的刺激强度有关，比如声音、图像、动作、人脸等，刺激的强度越大，越容易引起被动注意。随着不断成长，孩子也会越来越多地出现主动注意。但被动注意会始终存在，被周围的变化和声音干扰或吸引，这是正常现象。

主动注意是自觉自发、带有目的的注意行为，为了实现这个目的，需要自己付出一定的努力。比如孩子主动做手工、玩汽车、挖沙子、读绘本、搭积木时，大多非常专注，为了达到要“玩好”的目的，孩子需要付出努力排除干扰，这也就是为什么有时候孩子正玩得特别尽兴时，喊他吃饭、睡觉，他好像完全没有听见似的。不是孩子故意装听不见，而是他专注于自己正在玩的事情，屏蔽了干扰，真的没有听见。

如果孩子在感兴趣、主动想做的事情上也不能全身心地投入其中，而是东张西望，一点儿小的动静都能够形成干扰，这样的表现才是注意力不集中。而多数父母抱怨的情况则是孩子在被大人安排、要求甚至强迫去做的事情上表现出的注意力不集中，比如写作业、练琴、学习认字、做口算题、听课等。这些不是孩子自发自愿和感兴趣的事情，孩子没有对这些事情产生内在的目的性，也就不会主动地努力调用自己的注意力，约束自己排除干扰了。

试想一下，父母们自己身上也会经常上演类似的情况：工作中经常遇到各种开会、培训，对那些完全不感兴趣但被要求必须参加的会议，自己能做到集中精力、全神贯注吗？好一点儿的情况能控制住自己的表情和身体，装一装样子，但思绪早就飞到九霄云外了；懒得配合的时候，连样子都不想装，百无聊赖转笔的、不耐烦地抖腿的、低头偷偷玩手机的、在笔记本上画小人儿的，当然还有睡觉的。对于与自己无关或者自己完全不感兴趣的事情想要集中注意力有多难，自己的体验就是最好的例子。

说实话，很多时候大人还没有孩子做得好，却反过来给孩子的注意力下结论。对于注意力不集中的评价，孩子听得多了，也就慢慢放任自己了，反正也不是自己喜欢的事情，索性就边玩边做好了。这样又进一步剥夺了做自己感兴趣的事情的时间，就更加体会不到注意力集中时的大脑感受了。长此以往，注意力就再也集中不起来了。以下是关于注意力不集中的各种可能原因的对应解释。你找到正确答案了吗？

你做对了吗？

A 从小没有针对注意力进行过训练

解读　这是一个原因，不过多数孩子的注意力都是正常水平。

B 孩子吃太多零食，影响了大脑的注意力

解读　这是从根本物质上影响注意力的生物生理基础。

C 大人要求孩子做的事情不是孩子感兴趣的

解读 这个情况是常见的，实际上孩子自己玩喜欢的东西时，可以专注一小时以上。

D 老人带孩子的过程中，总是有电视伴音

解读 这也是一个习惯养成的过程，被声、光刺激分散了大脑神经元的联结密度和强度。

对于注意力不集中，多数父母不仅没有意识到要借助孩子感兴趣的事情观察注意力的情况并促进主动注意的发展，还会给孩子贴标签。不仅评价孩子注意力不集中，还说孩子“多动”，像猴儿一样上蹿下跳，就是不能老实坐着，还认为多动与注意力不集中之间似乎有因果关系。那么孩子为什么会“多动”呢？请看下一节。

46. 为什么孩子多动

父母们认为孩子“多动”往往是通过行为表现来判断的：肢体动作过多；大动作、小动作不停；好像身上扎了刺，不能安稳；手总是不能闲着，不管能不能碰都要上手去摸一下、捅一下、捏一下、推一下，甚至带有破坏性动作。尤其是男孩，在 5 ～ 7 岁这个阶段，类似于动作过多、太淘气、太闹腾这样的情况比较明显，所谓“七八岁，狗都嫌”。有时老师也会向父母反映孩子在学校的情况，比如上课不能长时间坐着，注意力分散，听讲也跟不上，总是走神儿等。请思考以下问题。

思考题 练习识别孩子的需求

孩子多动的现象背后，本质原因是什么呢？（多选）

A 多动是注意力不集中的结果

B 多动是身体不舒服的表现

C 多动是小脑发育不健全的结果

D 多动是触觉感知阶段的表现

E 课堂内容缺乏足够的吸引力

F 大脑部分区域发育未完成

G 情感状态没有得到正常发育

想要理解多动的现象，要从其背后的大脑发育规律入手。

首先，触摸是大脑感知外部信息的通道和方式。人在成长的过程中，都是先有视觉，进而大脑配合发育视觉，然后视觉感受到物体从远到近，大脑就有了触摸的感受，进而通过神经中枢传导，指挥对应的手臂、手掌、手指按照视觉的方向去触摸那个物体，通过触摸返回一种感觉，这种感觉刻录到大脑海马体、脑干、前额叶皮层等不同位置，与原有的认知产生联结，形成对一个事物的新认知。

触摸能够强化视觉对物体的认知，接着大脑就会不断指挥类似的多种联动行为，触觉就渐渐成了配合视觉的一个重要的探索周围的工具，并通过联动认知物体、形状和颜色。如果这时能够配合听觉，就能够在大脑中印刻得更深。比如这是红色、这是球、这是树叶等。

在 9 岁以前，触觉都是男孩认知事物的主要方式，剥夺了这一方式，要求孩子坐好不能动，那么孩子认知事物的感觉系统就被阻隔了，只能通过剩下的视觉和听觉系统获取认知，大脑不习惯，也就需要不断调试，于是就驱动肢体产生各种动作。如果大人再进一步严格限制孩子的动作，孩子的另外两个感觉系统索性就关闭了，反而根本学不到任何东西。

其次，大脑处在发育中，部分区域还没有发育完善。5 ～ 7 岁这三年是注意缺陷多动障碍也就是人们俗称的“多动症”高发的年龄。在这个年龄区间被视为多动症的儿童里，有 75% 的孩子症状会在 10 岁前后消失，其实是因为他们的大脑对应区域发育完成了。只有 25% 的孩子症状会持续，多数是加重的，而这种情况中有一半以上是由于先前的错误应对导致的。最终会有部分儿童固化为终身多动症，约占总人口比例的 0.7%。

注意缺陷多动障碍的大脑成因是被脑科学确认的，具体是大脑中的哪个部位仍然没有研究定论。目前可归因为营养不均衡、0 ～ 3 岁活动量不足、身体发育的调整或患病导致的睡眠不足等。睡眠不足严重影响大脑的正常发育速度及质量。

以下是上述思考题的答案及各选项对应的具体解释。

你做对了吗？

A 多动是注意力不集中的结果

解读 多动与注意力没有因果关系。

B 多动是身体不舒服的表现

解读 身体不舒服有可能导致多动，应该是暂时的。

C 多动是小脑发育不健全的结果

解读 小脑发育有阶段性，与多动没有关系。

D 多动是触觉感知阶段的表现

解读 孩子多动是仍然在触觉感应发展阶段的表现。

E 课堂内容缺乏足够的吸引力

解读 这个归因有人为的主观倾向。

F 大脑部分区域发育未完成

解读 这是物质层面客观存在的原因。

G 情感状态没有得到正常发育

解读 情感没有正常发育的本质还是大脑发育问题。

人体有一个规律，那就是当出现异常状态时，实际上那些导致异常的原因都是存在了很久的。那么消除这类异常也不会在短期内见效，只能找到真正的原因并消除，同时等待生理发育的配合。那么，如果孩子真有类似问题又该怎么办呢？请思考以下问题。

思考题 练习识别孩子的需求

对确实患有注意缺陷多动障碍的孩子，父母应该怎么办呢？

A 应该采取惩罚措施，如罚站等

B 应该耐心说服教育，给孩子改变的机会

C 应该去看医生，采取科学的矫正步骤

D 不要强调，随着年龄增长就会好的

父母们往往认为注意缺陷多动障碍是态度问题，好像孩子故意不配合父母，故意惹恼老师。实际上，孩子的行为表现有生理方面的客观原因以及心理因素的影响。当你看到孩子的一些行为有悖自己的认知时，第一件事就是严禁自己将这些行为归类为态度问题，同时要想办法寻找现象背后的生理及心理原因。

正确的应对方式应该是带孩子去看医生。由脑神经方面的专业医生对孩子的大脑发育进行全面的评估，并从饮食、锻炼、睡眠这些实际生活的细节入手来进行改善，调整学习活动以适应孩子当下的特点。比如检查过敏原，减少会引起孩子过敏的食物、改善饮食中的营养配比、增加蛋白质并降低碳水化合物的摄入、减少人工合成类食品的摄入比例等。再比如减少久坐时间、增加身体活动量、让孩子在活动的过程中学习。同时，与孩子有密切关系的大人要调整与孩子交流的方式和内容，也要减少为消除这个症状而让孩子产生的压力感，避免给孩子贴标签、下结论、威胁孩子等。这才是改善注意缺陷多动障碍的科学做法。

以下是上述思考题的答案及各选项的具体解释。

你做对了吗？

A 应该采取惩罚措施，如罚站等

解读 这是错误的方法，会加重类似的情况。

B 应该耐心说服教育，给孩子改变的机会

解读 这是无效的方法，没有对症。

C 应该去看医生，采取科学的矫正步骤

解读 这是正确的方法，要启动科学矫正程序。

D 不要强调，随着年龄增长就会好的

解读 任由发展，也要以明确原因为前提。

人的注意力类似于人的走路能力，尽管是与生俱来的，却需要后天不断地训练，有的父母可能会比较疑惑，孩子的注意力可以通过训练得到提升吗？请看下一节。

47. 如何提升孩子的注意力

父母都希望孩子的注意力可以通过训练得到提升，而市面上也的确存在专门培训注意力的机构，至于是不是真的有效，很少有人会去深究。注意力确实可以通过训练得到提升，但绝对不是机构的那些做法，而是在家庭生活中、从婴儿期就开始逐渐开展的。所有的训练都需要知道其背后的原理，基于原理采取做法，才能达到真正的目的。

注意力有 6 层表现，分别是警觉、聚焦、选择性关注、注意力收放、并行与两用、注意力时长。那么请思考以下问题。

思考题 练习识别孩子的需求

你认为孩子与生俱来的注意力体现在以下哪一方面？

A 警觉的样子

B 专注于眼前手里的事情

C 能够排除干扰，专注于一件事

D 能够在完成一个任务的时候，关注另外一个任务

注意力是与生俱来的能力，但如果不经过训练，就会停留在最基础的程度上。比如，人人都会说话，但未必人人都能唱好歌。经过自我练习会有一定的进步，但如果有专业训练，进步会更加明显，也会更加迅速。

在注意力的不同表现方面，人天生就具备反应能力，即警觉，尤其是听到很大的声音或者光线暗下来时，大脑都会进入警觉的状态，这个状态是人类祖先在自然环境中求生时传下来的法宝，刻录在人类的基因中。

如果孩子生下来后，这个天生的警觉不被激活，也就会渐渐弱化。警觉是所有注意力的基础核心，一旦大脑的脑干、海马体区域失去警觉层，那么后期的专注力、抗干扰能力都难以稳定地形成，从而造成注意力缺失、注意力不足等问题。这些问题不仅影响孩子求学阶段的学习，也将影响日后的工作。没有专注力就很难形成理解力，也无法胜任复杂的任务。

以下是上述思考题的答案及各选项的具体解释。

你做对了吗？

A 警觉的样子

解读 这是最基础的，与生俱来，后期的注意力技能训练都基于此。

B 专注于眼前手里的事情

解读 这也是与生俱来的，由兴趣驱动，但容易转移。

C 能够排除干扰，专注于一件事

解读 这个技能需要训练，源自大脑神经元激活区域之间的联结强度。

D 能够在完成一个任务的时候，关注另外一个任务

解读 需要经过后天训练，能够有足够的瞬时记忆缓存区，才可以具备这种技能。

理解了警觉，父母们也就能借助这个能力有针对性地采取办法了。人的很多能力都遵循用进废退的规律，注意力也是如此。警觉是注意力最基础的部分，激活就要创造机会让孩子产生警觉，比如周围光线变暗，这时让孩子紧张一会儿，到处找大人，你能够明显感到孩子的目光在四处寻找，可以等待一分钟，在孩子哭出来之前做出反应。也就是说，在孩子出现警觉的表现后，维持一小会儿大人再出现。

孩子的原生技能总会有表现出来的时候，一旦表现出来就要进行反馈，不是通过激励，而是要对技能所导致的结果给予反馈。比如紧张的感觉，就要真有紧张的状态。如果立刻缓解了，让孩子找到了依靠，那么孩子的大脑就会进行调整，认为紧张的表现是不必要的。这个结论一旦形成，下次遭遇紧张的感觉，孩子还是会反应一下，再次得到安慰后，大脑再次确认紧张没有必要，就会逐渐删除这个反应模块。

这个基础注意力模块被删除后，后续需要的聚焦、选择性关注等注意力表现就都失去了根基，变成表层的、缺乏生物基础的肾上腺素作用区域，而缺乏血清素的加速泵，于是大脑出现懈怠，注意力变得缓慢、分散。

在这样的过程中，使用奖励、大人示范或者讲解纠正的方法都不合适。奖励是对技能的毁灭，这类脑部变化难以通过外部行为准确形象地示范出来，纠正其实是一种负面刺激的作用，不适用于 15 岁以下的孩子，就算是成年人也不爱听纠正的话语。

一种注意力行为表现出来后，要让大脑能够通过关注得到预期的内容，继而固化这一行为，这样的技能训练才能让表现出来的行为得到真正的巩固，让行为符合预期效果。孩子会有开心的微笑，那是脑电流快速贯通大脑较大区域的结果。

下面来谈谈注意力的第二层表现形式，聚焦。它是指对眼前任务聚精会神、目光凝聚，能注意到目光所凝视范围内的细小变化，能关注到事情细微的变化过程，同时进行处理。请思考以下问题。

思考题 练习识别孩子的需求

以下哪个选项的内容能够让人产生聚焦注意力的表现呢？

A 颜色鲜艳的物件

B 发声的物件

C 只能明白部分的事物

D 闪亮的事物

聚焦作为注意力的一种表现形式，是基于警觉之后的。聚焦的关键前提是能够看明白事物的一部分，在这部分的基础上关注另外一部分的变化。如果所有内容都完全看不明白，大脑就会自动忽视，并将注意力转移。

盯住一个发声的物件，这是警觉的表现，不是聚焦注意力的表现，是预防性的，没有思考动作，而聚焦则是思考的外在表现。

聚焦不仅能够让人看到事物之间的变化关系，还能够同时注意到细节的变化，这些变化都能够驻留在脑海中，在明白的部分越来越多的时候，理解得也就越来越透彻。基于这个原理，一下子给孩子太多全新的词或知识，不仅不能让孩子的大脑配合加工，反而会让大脑形成排斥反应，并建立条件反射，以后再看到就会回避，从而破坏了聚焦这种注意力形式。

以下是上述思考题的答案及各选项的对应解释。

你做对了吗？

A 颜色鲜艳的物件

解读 颜色鲜艳的物件有一定的注意力聚焦作用。

B 发声的物件

解读 发声物件可以吸引注意力，但不能维持注意力。

C 只能明白部分的事物

解读 有一部分是能够明白的，然后才会去专注不明白的部分，这就是聚焦。

D 闪亮的事物

解读 闪亮的事物能够吸引孩子的注意力，但不是聚焦形式。

注意力从警觉开始出现，发展到聚焦的形式，下一步就是选择性关注。选择性关注用通俗的例子来阐释，就是能够身处闹市却聚精会神地阅读手里的图书。这意味着注意力能够被大脑控制，排除其他大脑认为无关的信号，只聚焦在大脑关注的信息上。那么请思考以下问题。

思考题　练习识别孩子的需求

大脑优选的关注次序，以下哪个是第一位的？

A 饥饿时，对与吃有关的信息的关注

B 好奇时，对事情进展的关注

C 上课时，对老师讲课内容的关注

D 走丢时，寻找妈妈的关注程度

在闹市中找一个台阶坐下来，捧起一本书，然后开始阅读。闹市的嘈杂与你无关，你能够屏蔽这些干扰，这是选择性关注的一个最初级的表现；再进一步，就是身处家中，周围都是你的亲人，他们交谈的话题与你有关，不过并没有邀请你参与讨论，你是否还能够专心阅读自己手里的图书？这是选择性关注的第二层难度；更进一步，你近期面临三个类似的项目要完成，时间不够，这时你选择把自己的注意力放到其中一个项目上，而完全不顾另外两个项目的压力，这是更高一级的选择性关注。

很多人能够过第一关，并引以为豪，觉得自己的注意力相当集中，而不知道后面还有两个层级的难度，一个是干扰源开始与自己有关系了，另一个直接就是自己的事情，这才是对大脑注意力选择的真正挑战。

求学期间的学生，多数都会陷入第三种对注意力要求的状态中，却没有人提供注意力训练的方案，也没有机会得到恰当的指导。注意力是一种技能，是可以通过具体的步骤，按照计划进行培养的，任何年龄的人通过培养都能够实现注意力的提升。但前提是关注自己的注意力，并且关注自我提升的可能性。

以下是上述思考题的答案及各选项的对应解释。

你做对了吗？

A 饥饿时，对与吃有关的信息的关注

解读 这是最本能的关注，不是选择来的，是天生的。

B **好奇时，对事情进展的关注**

解读 这是选择来的，是第一位的。

C 上课时，对老师讲课内容的关注

解读 这是被动过程，自己不能掌握进程。

D 走丢时，寻找妈妈的关注程度

解读 这也是被迫行为，是紧急情况，不是主动选择的。

注意力的第四层表现就是收放。当你聚精会神地思考一个重要问题时被家人打断了，必须立刻脱离眼前的思考，应付另外一件事，但 10 分钟后回来，还能够续接上原来的思考主题，这就是注意力的收放。请思考以下问题。

思考题 练习识别孩子的需求

注意力的收放能力需要一个重要的前提，是以下哪一项呢？

A 对原有思考内容的理解力

B 短暂的瞬时记忆能力

C 顽强的渴望以及意志力

D 与家人之间的良好关系

注意力收放是多个任务并行过程中的一项重要应对技能。如果不具备这项技能，就将在任务进入、任务下潜、任务复原过程中的第一个环节耗费时间，有时则很难回到最初被打断的位置。

注意力收放需要的是瞬时记忆能力，就是能够维持一段时间的记忆，并能够将内容复述出来的能力。瞬时记忆能力有三个指标。

- 第一个是记忆维持的时长，时长在 24 小时以内，越长越好，超过 24 小时就不是瞬时记忆，而是长时记忆了，两者对应的大脑功能区不同。
- 第二个是记忆内容的量，按照团块来计算，常人可以接纳 3 ～ 6 个团块的信息量，维持约 3 小时。经过瞬时记忆训练的人，可以接纳 6 ～ 10

个团块，维持约 6 小时。

- 第三个是抗干扰元的数量，比如中断一个任务后，被 5 件新事情占用了大脑后，回到初始任务时，进入第一阶段的时长更长还是更短。

以下是上述思考题的答案及各选项的对应解释。

你做对了吗？

A 对原有思考内容的理解力

解读 理解力不够应付这种局面，尤其是新的思考。

B 短暂的瞬时记忆能力

解读 注意力在这个阶段需要以记忆力为前提。

C 顽强的渴望以及意志力

解读 意志力对注意力的帮助不大。

D 与家人之间的良好关系

解读 与家人的良好关系，恰恰会干扰收放注意力。

注意力从警觉、聚焦、选择性关注再到收放，更进一步就是并行与两用。能够同时关注两个任务，完成其中一个任务，其间间断性地推动另外一个任务不断发展，这就是并行与两用。那么，请思考以下问题。

思考题 练习识别孩子的需求

这个水平上的注意力，两个任务之间本质上具有什么关系？

A 两个任务要有一定的关联

B 两个任务不要有任何关联

C 两个任务一个是输入性质，一个是输出性质

D 两个任务中，一个是对另外一个的伴奏

听音乐的时候，有人可以写出精彩的小说。身体摇摆着，恰好可以接收听到的内容并理解透彻，这就是大脑中的彼此呼应。身体的摇摆、音乐的刺激都能激发大脑一个区域产生生物电流，这个电流通过刺激、扩大，流转于另外一个知觉系统当下关注的事情，这个事情就得到了最大化的激发。

如果不能理解并行与两用的注意力层级，就会认为那是一心二用、不认真或者注意力分散，如果试图干预另外一个动作，要求将注意力全部放到一个任

务上，其实就缩小了注意力的空间，也就得不到并行的练习，渐渐地，并行与两用的能力就消失了。

有计划地激发并行与两用的长期效果是可能出现三用或者多通道思考，培养出综合型人才，这种人可以打破学科的边界，更容易有所建树。爱因斯坦如此，牛顿如此，达·芬奇也是这样，从事艺术活动的同时，不乏理性逻辑思维，并留下传世杰作。

以下是上述思考题的答案及各选项的对应解释。

你做对了吗？

A 两个任务要有一定的关联

解读 听音乐的同时可以做好数学题，两个任务没有关联。

B 两个任务不要有任何关联

解读 完全没有关联是可能的，还可以更进一步。

C 两个任务一个是输入性质，一个是输出性质

解读 多数情况下也有这个特点，还可以再进一步。

D 两个任务中，一个是对另外一个的伴奏

解读 多数情况下是这种关系。

注意力的所有分支和环节都是技能，都是可以通过刻意培养得到提高的，当然这也包括注意力的最后一个形式，即注意力时长。比如可以聚焦在弹琴这件事情上超过3个小时，对12岁的孩子来说就相当优秀了。连续3个小时坐在棋盘前专注下棋，这样的孩子，智力水平也已经是同龄人中的前15%了。那么请思考以下问题。

思考题 练习识别孩子的需求

注意力时长表现良好的核心本质是什么呢？

A 意志力水平较高

B 兴趣转变为了热情

C 有好的老师辅导

D 天生的基因好

注意力持续时长是考查注意力水平的一个重要指标。仅仅凭借兴趣是不能维持超水平的注意力的，人凭借兴趣聚焦于一件事情，只有在聚焦的过程中体会到了好处，才会持续下去。这个好处不是我们平常说的外在利益方面的好处，而是内在的大脑回路层面的好处，是由多巴胺、肾上腺素、血清素的集合，从而产生大脑兴奋所带来的，进一步的聚焦又强化了这件事情，继而促使我们投入更多的精力，带动更多的脑区响应，产生更加广泛的刺激和联结，这就变成了我们常说的热情。

兴趣转化为热情后，长期的关注和聚焦都是自然而然的，同时单次的聚焦时长也会变得越来越长。因此训练注意力时长的核心就是推动兴趣向热情转化。对孩子而言，想要把兴趣转化为热情，离不开以下三个关键点。

- 第一，找到孩子在自然状态下愿意做的事情。
- 第二，找到让自己感到快乐的源头。
- 第三，提供条件满足大脑兴奋需求，渐渐超越一般水平。

以上步骤都是巩固兴趣的方式，借此可以有效建立任何人对一件事情的热情，注意力水平也会随之得到提高。无论艺术、体育还是科技，有成就的人都有超乎寻常的注意力水平，根源就是所从事的事情能够给大脑带来快乐，这就是生物学基础。

以下是上述思考题的答案及各选项对应的解释。

你做对了吗？

A 意志力水平较高

解读　意志力源自对事情的热情。

B 兴趣转变为了热情

解读　热情是兴趣的延伸，是使之不怕坎坷的原因。

C 有好的老师辅导

解读　好的老师仅仅是“术”，而不是“道”方面的。

D 天生的基因好

解读　天生的好基因也可以被后天破坏掉。

注意力有 6 层表现，分别是警觉、聚焦、选择性关注、注意力收放、并行与两用、注意力时长。很多父母从学校老师那里听到的“注意力”这个词，多数都是有关自己家孩子课堂纪律涣散、完成作业过程缓慢、目光不能长时间集中于某处等，这些都是外在的表现情况。注意力是从兴趣开始的，离不开对儿童自主行为的培养，打好注意力基础才会有良好的记忆力，那么记忆力应该怎么培养呢？请看下一节。

48. 如何科学培养孩子的记忆力

记忆是人类心智活动的一种，代表着一个人对过去活动、感受、经验的印象累积。记忆力包含 7 种形式：背诵篇章、见解、印象、场景、智力模式、动态技能、认知技能。

背诵篇章是记忆力的一种形式，脱口而出长篇的古诗文就是这种记忆力的一种表现。那么请思考以下问题。

思考题 练习识别孩子的需求

背诵篇章有以下四个特点，其中哪一个才是这种记忆力形式最核心的关键部分？

A 背诵内容的长度要足够

B 背诵内容的含义要明确

C 背诵内容的韵律多样性

D 要有很多不长的背诵内容

《三字经》《弟子规》等都是短节奏的内容，起伏单一，不能有效被大脑识别，尽管多次重复后，大脑能够复述出来，但这种复述是机械性重复，没有调用听觉感知区域，也没有触觉及视觉区域的协同，是完全孤立的，将来很容易忘记。

与《三字经》相比，《岳阳楼记》就是符合要求的经典。语句有长有短，音调有高有低，内容中的情绪有扬有抑。孩子在诵读过程中，大脑中的海马体能够触动听觉，同时个别内容又能够听懂，触发大脑的动态区域，随着诵读次数的增加，产生越来越多的理解，动态区域便得以生长，进而促成有效的记忆。

记忆体最重要的就是活性，基于理解力协同听觉系统形成的记忆都具备活性元素，从而形成活性记忆区域。当孩子处于父母期待的巨大压力下时，记忆体容易僵化；为了完成大人布置的任务而不断机械重复，也是造成大脑僵化的一个原因。

以下是上述思考题的答案及各选项的对应解释。

你做对了吗？

A 背诵内容的长度要足够

解读　这是一个特点，复述出来至少达到 3 分钟以上。

B 背诵内容的含义要明确

解读　含义的作用是孩子 9 岁以后才渐渐显现出来的。

C 背诵内容的韵律多样性

解读　大脑刺激阶段，韵律多样性是关键。

D 要有很多不长的背诵内容

解读　脑干和海马体的发育需要的是韵律多样并具有一定长度的内容。

见解是人类智慧大脑中占据记忆最多的内容。比如看到水了，便能预测水流去的地方一定是越来越低的，这就属于见解。见解最初是从视觉等感官体验过渡而来的，比如香蕉特别好吃，就属于体验后的一种见解，储存在大脑里便于下一次自动调用。请思考以下问题。

思考题　练习识别孩子的需求

见解占据了记忆区域后，对人的主要影响是以下哪项？

A 认知易固化，接受新知识困难

B 见多识广，知识面宽，容易交友

C 学习知识难以形成完整的系统认知

D 擅长使用记忆力，而理解力不足

在中国传统文化中，尤其是私塾教育里，有大量灌输见解性内容的模式，而传统的科举制度又是一套强化、固化、僵化的见解模式。歧视、偏见往往源自见解。每一条见解都有自己产生的前提条件和社会环境，生活水平和方式都对见解的形成有影响。孩子在成长过程中被灌输了大量的见解后，就会失去对眼前情况做出判断的敏感性，也没有了判断的能力及方法，容易成为从众的一员。

见解的另外一个弊端就是空洞和抽象。比如尊老爱幼就是一个成形的见解，孩子从小就被灌输，却缺乏具体行为层面上的要求，尊老变成了养老，带上责任义务，成了负担，将来这种尊敬还是发自内心的吗？

类似这种见解已经脱离了原始的环境，仍然被灌输的情况比比皆是。大多数人也懒得思考，被“洗脑”也就接受了。失去了思维的灵活性，大脑也就没有了灵活的空间，不再去理解一个事物，而是记住、听话、照办。

以下是上述思考题的答案及各选项的对应解释。

你做对了吗？

A 认知易固化，接受新知识困难

解读 这种情况初中就会出现。认识是灵活的，不该存入记忆体。

B 见多识广，知识面宽，容易交友

解读 难以达到这个效果，反而表现为僵化和格格不入。

C 学习知识难以形成完整的系统认知

解读 这是成年后的多数情况，主要原因是理解力没有发育完成。

D 擅长使用记忆力，而理解力不足

解读 占据记忆力后，海马体空间缩小。

说完了见解，接下来说说印象记忆。我们常听人说“没有印象了”，印象是大脑的一种记忆形式，主要存储在大脑右半球中，通常是对一个视觉画面的整体记忆。比如花朵、建筑物或者某个场景。儿童很少有对老师站在讲台上讲课这个画面的记忆，如果有，多数也是联结了听觉、视觉、触觉一起形成的。一个画面如果不涉及其他感觉，通常不会保留很久，“脸盲”就是弱印象的一种表现。那么请思考以下问题。

思考题 练习识别孩子的需求

有一些人具备很强的印象能力，对见到的画面能够回想出很多细节，这种人的特点是以下哪项？

A 智力水平发展较好

B 学习成绩比较优秀

C 逻辑水平发展较弱

D 文科表现比较好

印象在大脑中形成的是固定的画面，一旦固定就不再修改，下一次能够用来核对，确实能够发挥识别的作用。一旦有了这个体验，大脑就会自动进行这类活动，固化的区域渐渐就多了起来，再见到画面时，就会在大量的静态区域中寻找比对。没有这种活动意识的大脑就会自动去分解画面，并提炼出画面的特点，而不是记住特定的画面，进而认识到画面的一种类型，促进分类和比较意识。

通常，对画面记忆良好的孩子不会形成分类、比较、归类、综合的思维模式。这些思维特点都是逻辑思维的基本元素，也是逻辑思维的核心基础层。大脑是喜欢走捷径的设备，一旦形成一个路径，下一次就会偏好走同样的路径，也就难以扭转了。等孩子长到 9 岁左右，两条路径渐渐凸显为一条，也就大体决定了他成年以后认知事物和使用大脑的基本方式。

文科、理科的偏好是由大脑左侧占优势还是右侧占优势决定的，这是后天形成的，不是先天的。培养综合型人才的次序是先激发左脑模式，15 岁后再激发右脑模式。如果右脑被提前激发，那孩子的逻辑能力将很难达到平均水平。

以下是上述思考题的答案及各选项的对应解释。

你做对了吗？

A 智力水平发展较好

解读　这两者之间没有必然的相关性。

B 学习成绩比较优秀

解读　高中以后会明显下滑，容易形成记忆力学习惯性。

C 逻辑水平发展较弱

解读　这不仅是多年教师工作的经验，也是长期科学研究的结论。

D 文科表现比较好

解读　文科表现在僵硬地运用上，而不是灵活地解决问题上。

说完了印象记忆，接下来说说场景记忆。场景记忆是连续画面，不是电影中的连续画面，而是自己参与其中的连续画面。身在其中有所触动，来自视觉、听觉的触动引发大脑原有的片段联结和叠加，从而在事情过去后还能够记起。那么请思考以下问题。

思考题 练习识别孩子的需求

场景留在大脑中的内容，对智力有帮助的方面主要是以下哪项？

A 场景中突出的不同感受

B 关注事情发展的前后次序

C 激活大脑中曾经有的内容

D 事情中孩子自己的作用

场景记忆元素已经渐渐过渡到左脑了，尤其是连续变化的场景，有时间上的前后次序，事情的前后变化中必有孩子能够感受到的因果。孩子能够说出一些自己的解释，给出因为和所以，这种情况就是场景记忆的作用了。

这也是为什么看单图说话的训练不如看三图说话的训练，三张图呈现了事情的变化，而一张图是静态的，孩子看着图说话容易激发印象记忆。三张图呈现后，大脑不选择对图形进行记忆，转为对次序进行反应。次序激发了大脑活动，这是智力发展的前提。满足前提以后，孩子对知识内容、能力发展、活动次序都更容易掌握，也更容易理解。

不同的教育活动对大脑的发展刺激是不同的，抑制了一部分，激发了一部分，有些部分不能优先被激发，有些部分的活跃是短期的，对大脑以后的功能没有实质作用。

以下是上述思考题的答案及各选项的对应解释。

你做对了吗？

A 场景中突出的不同感受

解读 确实有人还是对感受有反应，大脑发育滞留了。

B 关注事情发展的前后次序

解读 对大脑来说，从印象到场景是前后次序的用途。

C 激活大脑中曾经有的内容

解读 大脑中的已存内容随时都有被激活和调取的部分，这是常态工作。

D 事情中孩子自己的作用

解读 自己的作用不是场景片段的特点，属于智力认知特点。

接下来说说智力模式。如果一个人喜欢或讨厌某种事物，下一次碰到时立刻就会表现出来，这就是智力模式的记忆，涉及对事物的认识，类似事物的区别以及每一次这类事物出现时的反应速度。如果要拿出行动来回应讨厌的事物，随之就能记住一系列的应对流程，这都是大脑自己刻录好的路径。请思考以下问题。

思考题 练习识别孩子的需求

以下哪类记忆内容是最需要智力模式这种记忆形式的呢？

A 语文课文中的词汇

B 数学运算的规则和步骤

C 英语里的表达次序

D 音乐中的指法和乐谱

儿童对某种事物表现出厌恶、嫌弃、讨厌的感觉越早，说明这个孩子的大脑皮层就越丰富，能够在喜恶之间形成区别，快速地判断并采取相应的应对模式，需要躲避就会躲避，需要保护自己就会做出防御动作。这些大脑活动铺垫了容易接受的规则、步骤和环节，相应的活动比如数学的运算也就更容易理解。

当孩子在成年人面前表现出明显的喜恶时，不要教孩子掩饰，不要批评孩子，只有让他尽情抒发这种细微的感觉，才能够进一步深化大脑对区别的识别能力，以及对事情发展过程中次序的敏感性，也为上学后需要面对的大量规则做好了铺垫。

如果孩子从来没有表达过鲜明的情感喜恶，大人要找机会示范。表露喜恶是智力的一种较高表现，可以广泛使用到知识的学习、鉴别、区分以及操作的过程中，这些正是学生阶段需要的基础思维活动。

以下是上述思考题的答案及各选项的对应解释。

你做对了吗？

A 语文课文中的词汇

解读 这类记忆元素对词汇影响不大。

B 数学运算的规则和步骤

解读 有明显喜恶的孩子掌握规则快。

C 英语里的表达次序

解读 对次序有一定的作用。

D 音乐中的指法和乐谱

解读 这个技能还要求一定的触感。

下面要说的是动态技能。从滑滑梯、荡秋千、爬行等开始，大脑脑干部位就逐渐形成了相应动作套路的痕迹，大脑通过调节平衡、匹配身体重量形成神经回路，并确保下一次遇到类似情况时可以重复出现完美的动作。请思考以下问题。

思考题 练习识别孩子的需求

这类活动中积累出来的动态技能主要对哪种元素的记忆模式有积极的作用？

A 智力模式

B 场景模式

C 印象模式

D 见解模式

在多样的运动中，小脑需要不断调节身体平衡、重心变化和行动方向，这些协调动作涉及植物神经、主动神经系统的指挥、反馈以及状态的信号处理，同时需要加工来自视觉和听觉的信息，并协调全身用来控制体表温度等。这是一个大脑多元素参与的过程，也是大脑最活跃的时候，大脑皮层在这个过程中得到的活动和养料最多，得到的延伸、深化以及扩展联结也最多。

3 岁前被家人过度照顾的孩子，6 岁左右就能看出智力发展迟缓了，再不增加运动量会进一步延缓心理发展，到了 9 岁，不运动就将延缓精神发展。人的健康关乎身体、智力、心理和精神，由长辈隔代带的孩子，应格外注意保证孩子的运动量。

以下是上述思考题的答案及各选项的对应解释。

你做对了吗？

A 智力模式

解读　尤其对通过听觉吸收信息阶段的智力模式有帮助。

B 场景模式

解读　身在其中的活动，难以形成场景前后的认识。

C 印象模式

解读　如果形成印象，就有可能出现排斥或者痴迷的行为。

D 见解模式

解读　动态技能是消除了见解的，是源自活动中自我形成认知的过程。

最后要说的是认知技能。简单的认知技能表现为识别能力，比如看到水果能够认出来；看到多人合影的相片，能够找出妈妈爸爸；进一步将“苹果”这两个字与苹果实物联系起来；再进一步见到消防车或救护车可以知道这是某个特殊场景需要使用的。认知技能是一种多因素、多样性的认知表现。那么请思考以下问题。

思考题　练习识别孩子的需求

认知技能是从哪里来的呢？

A 幼儿园、学校老师教的

B 父母基因遗传而来的

C 参与多样的活动形成的

D 与小朋友玩的过程中掌握的

多样的活动不仅是室外的，还应该有室内的；不仅是安静的，还应该有动态的。大人一生将遇到的各种活动，都应该让孩子在 10 岁以前体验到。体验的过程不是大人对孩子的教育过程，而是孩子自己学习的过程，所有经历过的活动都会变成孩子自己的认知，并运用在自己以后的生活中。

活动对孩子最重要的影响就是目的性，自己想实现的愿望都在活动中，孩子就会脑力全开，吸收所有看到的、听到的、接触到的，这是一个主动的过程，也是认知技能最优良的状态。这时大脑会尝试解读这些过程中的信息，将它们刻录到神经系统中，这也是最自然的一种学习方式，不是记忆而是理解，再遇到类似场景，可以直接用上之前体验过的方法、动作以及行为。

教室里培养出来的不是灵活而有能力的人，而仅仅是知识的存储器，是做题的机器而已。机器的生存意义是被别人使用，而灵活能动的人具备自主性。认知技能是记忆的 7 种形式中最重要的一个，也是评价一个人智力水平最有效的方式。

以下是上述思考题的答案及各选项对应的具体解释。

你做对了吗？

A 幼儿园、学校老师教的

解读 系统教育中的知识模式都不是符合大脑自然发展规律的方式。

B 父母基因遗传而来的

解读 基因遗传得到的仅仅是空白的硬盘和 CPU，没有装软件。

C 参与多样的活动形成的

解读 多样活动，才是认知的丰富源泉。

D 与小朋友玩的过程中掌握的

解读 玩的过程中涉及的认知过于浅显和单一。

记忆力有长效功能、短效功能以及动作类别功能、情感类别功能、场景类别功能，不同的功能映射的是不同的大脑区域，不同的大脑区域负责完成不同的记忆功能。这绝不是通过单一短节奏内容的记忆就可以实现的，孩子不是被运用的工具，从孩子说的话里经常听到“因为……所以……”这样的句式，就可以知道，孩子的大脑是在试图加工自己接收到的信息。为什么会这样呢？请看下一节。

49. 为什么孩子喜欢说“因为……所以……”

孩子在开口说话后，都会出现一个话多的时期，非常爱说，说起来没完没了，有种说法叫“小话痨”，就是形容这个阶段的孩子。在 3 岁左右，孩子会开始喜欢说“因为……所以……”这样的句式，而且比其他的句式用得都要多。你思考过如下问题吗？

思考题 练习识别孩子的需求

孩子喜欢说“因为……所以……”，这背后的原因是什么呢？

A 听大人说的多了，模仿来的

B 开始明白因果关系了

C 自主性觉醒的初期表现

D 真正明白了这个句子的意思

这是一个重要的自主性觉醒信号，说明孩子尝试依靠自己有限的认知来解释事物之间的关系了。孩子已经理解了“因为”“所以”的字面意思，但是对这个句式的理解并不完全正确，会用这个句式是因为明白它可以用于解释关系。

如果观察几个孩子之间的交流，就能够听到同龄的孩子之间也不是都会用这个句式。父母需要留意孩子开始使用这个句式的阶段，不要纠正孩子的说话内容，而是重复孩子说的话，并稍微改变其中的内容。比如孩子说：“因为太阳从东边出来，所以才从西边回家。”父母就可以这样说：“因为太阳从东边出来，地球从西向东旋转，所以太阳只能从西边回家。”

“因为……所以……”的句式能够推动孩子的左脑发育，并对事物之间的关系产生兴趣。这是智力启蒙过程中重要的第一阶段。父母通过重复孩子的句式，同时稍做修改，可以巩固孩子的解释意图，并进一步激发他发现事物之间关系的兴趣。

以下是上述思考题的答案及各选项的对应解释。

你做对了吗？

A 听大人说的多了，模仿来的

解读 有模仿的可能性，但如果不理解这个句式的意思，仅仅模仿不会出现那么多次。

B 开始明白因果关系了

解读 说的次数非常多，很多逻辑都是牵强的，因此不是明白了因果关系。

C 自主性觉醒的初期表现

解读 尝试解释事情，自我意识显示了出来。

D 真正明白了这个句子的意思

解读 实际上孩子说的并不具备因果解释的关系。

“因为……所以……”句式在成年人世界中有其特定的逻辑意义，是对事情的一个解释，其中包含有成因以及结果之间的联系。对孩子来说，这是一种觉醒，那就是自主尝试对事情建立一个联系，通常来说，总是一起出现的事情，就一定有关系。

大脑觉醒的过程激活了一些之前还在萌芽状态的大脑区域，孩子从而表现出一些之前没有的行为，说出以前不会说的话，与此类似，写镜像字也是大脑皮层多种边缘神经元被激活的一种表现。请看下一节。

50. 为什么孩子会写镜像字

有些孩子在学习英语、拼音、数字的过程中，会出现把 b 写成 d，把 p 写成 q，把 3 或者 4 反着写等现象，在教育领域这叫作“镜像字”，就是如同镜子里看到的字一样，左右对称换了一个位置。有的父母一看见孩子写镜像字，就马上纠正。纠正几次还没改时，就开始数落孩子“说了多少次了，怎么还写成这样”，导致孩子一拿笔就紧张，甚至犹豫半天不敢写，到底是b还是d呢？脑子里完全糊涂了，有时貌似写对了，但其实是碰巧，过两天又写成镜像字了。其实不是每个孩子都写镜像字，但大约有 5% 的孩子一直到 9 岁左右还会写镜像字。究竟是为什么呢？请思考以下问题。

思考题 练习识别孩子的需求

孩子写镜像字背后的原因是什么呢？

A 孩子用来显示自己的独特性

B 孩子的视觉识别不能交叉映射到手上

C 孩子视力发育落后，不能看清字

D 孩子左右脑发育不协调，不能区分左右

写镜像字是孩子的左右脑在对信息的加工过程中出现偏差导致的，这在儿童大脑发育过程中非常常见，属于正常现象。信息输入大脑的过程，是眼睛将看到的字在大脑中成像；信息输出的过程，是大脑再指挥手将字写出来。这其中至少有三个重要的环节，任何一个环节出现偏差，写出来的字就变成镜像字了。不过随着孩子的大脑逐渐发育成熟，一些环节的偏差将会得到修复，写镜像字的情况也就随之消失了。

通常情况下，不需要对孩子写镜像字的表现进行矫正，12 岁一过会自动转变为正常次序。如果确实想实施矫正，应该从平时生活中的次序入手，而不是只关注写字。比如刷牙动作、吃饭动作、穿衣动作的次序等，次序正确了，输出笔迹的次序也会被孩子意识到，慢慢也就能写对了。

以下是上述思考题的答案及各选项的对应解释。

你做对了吗？

A 孩子用来显示自己的独特性

解读　孩子还不具备这种意识。

B 孩子的视觉识别不能交叉映射到手上

解读　这是比较常见的一种原因。

C 孩子视力发育落后，不能看清字

解读　出现这类情况的孩子大多没有视力问题。

D 孩子左右脑发育不协调，不能区分左右

解读　有这个可能性，但只是少数情况。

关于这个问题，重要的是理解儿童镜像字的大脑运行机制和原理。很多父母认为不用太在意镜像字问题，过了这个阶段自然就好了，这是有道理的。如果父母太在意，总是提醒孩子“又写反了，怎么还是错”，同时带着嫌弃、厌烦的表情，孩子心中就会落下痕迹，小心翼翼不敢落笔，反而会延长写镜像字的时间，强化镜像字的书写行为。

镜像字是源于大脑边缘系统的神经元觉醒过程中，由于这些神经元簇与中枢神经系统距离较远，不能有效指挥中枢神经系统，也就不能让手受到正确的支配而造成的，随着发育的完善，联结形成后，孩子也就不再写镜像字了。目前普遍认同镜像字书写与儿童的饮食、睡眠、活动等有关，写镜像字的儿童平衡方面的能力普遍薄弱。懂得这个现象的大脑机制，父母就应该轻松面对，不把阶段性问题当成永恒的疾病让自己陷入焦虑。父母的焦虑会导致孩子的紧张，很多父母说孩子没有耐心，却不知道这是由于大人在面对孩子没有满足自己的期待时，流露出的情绪和表现造成的。那该如何解决呢？请看下一节。

51. 孩子没有耐心怎么办

磨蹭和没有耐心，是父母普遍反映在辅导孩子作业时经常会遇到的问题。没有耐心的孩子大多是这样的：写作业急急忙忙的，写字速度快，字体不是结构不紧凑就是东倒西歪、笔画全连在一起，要不就是错字、丢字、忘记标点符号，还有算术等式符号遗漏、小数点位置不对，一道题好几问只做了其中一问等情况。

老师反映有些学生在学校做小测验或考试时也是火急火燎、慌慌张张的，有时做着做着突然被一道题卡住了，一下子想不出来、做不下去时就特别着急，写两笔擦掉又写，因为急躁的情绪，甚至会把试卷擦破。

不光是学习，这些孩子在玩一些需要耐心的项目时也很急躁，比如搭积木、拼图，稍有不如意就着急、蹿火、索性不做，甚至在发泄情绪时把已经拼好了的积木全推倒。你有没有遇到过这样的孩子呢？请思考以下问题。

思考题 练习识别孩子的需求

很多父母将这种情况归类为没有耐心，那么遇到孩子没有耐心的情况，大人应该怎么办？

A 耐心解释，好好对孩子说，可以重来

B 提高音量，下命令要求重新做

C 停下来不做了，让孩子玩一会儿别的

D 平静下来后，讲道理，陪孩子一起慢慢再做一次

孩子表现出的行为急躁，遇到挫折或不如意的环节就生气、哭泣、行为失

控等，会被成年人当作没有耐心的表现。这种能够看到的外在行为是孩子内心情绪的一种体现，儿童的心理状态还没有发育出双重性，即如同大人一般控制住内心的某种感觉而表现出另一种感觉，这种双重性要到 15 岁以后才能具备。

所以孩子表现出来的样子其实都是心情状态，是对自己的不满，而不是对目标事物的不满，也不是对眼前陪伴自己的人不满。大人应该允许孩子这种仅仅是对自己不满的状态。

缓解这种状态最好的方法就是翻篇儿，通过转移注意力的方式调整孩子内心的情绪，而不是非要抓住眼前不放，试图说服孩子，让孩子继续配合把没有完成的事情做完，这将进一步引发孩子从对自己的不满到对眼前事物的不满，再进一步就是对陪伴的人不满。

在这种情况下，如果父母采用翻篇儿的做法，常见结果是孩子的大脑会对当时自己的表现不满，同时进一步回想刚才自己是哪一步没弄对，等渐渐有了眉目后，会主动要求重来，再遇到类似的挫折时，孩子就会调整自己的行为，从而有所进步。如果孩子再次出现急躁的行为，那就再翻篇儿吧！这样的做法是科学的、符合儿童心理发展规律的。

以下是上述思考题的答案及各选项的对应解释。

你做对了吗？

A 耐心解释，好好对孩子说，可以重来

解读 成年人的模式无法解决孩子的问题。

B 提高音量，下命令要求重新做

解读 对孩子使用心理暴力，问题是得不到解决的，只会隐藏起来。

C 停下来不做了，让孩子玩一会儿别的

解读 这是比较妥当的方法，让孩子冷静下来。

D 平静下来后，讲道理，陪孩子一起慢慢再做一次

解读 这仍然是成年人的模式，以为孩子急躁是态度问题。

基于对自己的内心需求是否满足预期的判断而带来的一种稳定情绪称为“耐心”。比如，孩子心里觉得自己要吃冰激凌，妈妈答应的可能性很高，那

么，如果妈妈说："好的，完成这个作业，就可以吃。"这时孩子是有耐心的。如果孩子预期自己这个要求被满足的可能性很低，就会不配合，并要求立刻得到满足，不然就什么都不做。从这个心理状态去评估孩子的耐心，就知道孩子的耐心是父母培育起来的，你是否让孩子对你有信心，尤其是涉及孩子自己的心愿时，孩子认为合理的部分，你是否会答应和落实，如果答案是肯定的，这时孩子的耐心就有基石了，也就愿意去满足父母提出的要求，并坚信自己的配合可以换来父母对自己要求的配合。

那么父母们需要反思的是：自己能够允许孩子来决定他的时间的使用方式吗？能够让孩子想玩的愿望得到满足吗？如果自己对孩子的愿望都没有耐心，孩子又怎么能够从自己这里获得形成耐心所需的信任呢？

----- 身边的妈妈这样做 -----

日常对话是孩子思维的养分

——钱柠，家有 7 岁女孩

我的女儿今年 7 岁，上小学一年级。在孩子的教育方面，我真没少花心思，但直到跟随孙老师学习之后我才意识到，自己此前花的很多功夫不仅没有用在点儿上，甚至还把力气使偏了。

这种"偏"的结果，以孩子外在言行的方式表现了出来，但更深的影响很可能是内在的、思维层面的。比如，孩子当时说话晚，2 岁 2 个月时还只会两三个字地往外蹦，不能连着说一句话，而且发音不准，"我看看"她会说成"我探探"，"吃"她会说成"七"，"姥姥"会说成"咬咬"，为此我专门纠正她，每次她说到类似的发音时，我都会让她跟着我一次次重复，但没想到一两周后，本来正处在特别有欲望开口说话时期的她，却突然变得不愿意张口了。

取而代之的是女儿总用怯生生的眼光偷偷瞟着我，我觉得是我纠正她的发音让她有压力，让她不敢说话了。不再纠正她之后，过了一段时间她的话才慢慢地又多了起来。

同类的事情在女儿 6 岁时也发生过，那时我们给她报了朗诵班，老师要求先记住古诗，然后抑扬顿挫地背诵出来，还要求父母和孩子一起写小文章，背下来后声情并茂地“演”出来。她背得很快很好，总能得到朗诵课老师的表扬，但小学一年级的老师私下里跟我反映女儿上课回答问题虽然非常积极主动，但说的时候却“哼哼哈哈”怎么也说不清楚，建议我多观察她在生活中自由表达的情况。

我留意了一下，发现还真是这样。虽然背古诗和短文很流利，但让她讲一讲我们已经一起阅读过两三次的小故事，她的话就很磕巴，而且都是短句，几乎没有完整的长句。“就是就是”“然后然后”“嗯嗯”这样的口语词很多，“这个”“那个”这样的代词也很多。

后来学习了孙老师的课程我才明白，在孩子学说话阶段，父母与孩子对话不仅要放慢语速，还要蹲下来和孩子的视线齐平，让孩子能看到自己的嘴部动作，而不是直接纠正孩子的发音。孩子的语言表达能力是思维的反映，而不是用学舌式的记忆和背诵就能提高的。

大人们在生活中与孩子进行的看似普通的对话内容，对孩子的思维和语言表达能力有重要的影响，而以前我总是盯着孩子的问题，却没有发现问题的原因出在自己身上：自己一贯说话很快，不管是孩子在牙牙学语的阶段，还是现在进入小学以后，自己很少放慢语速和孩子说话。孩子有时会出现跟不上我语速的时候，眼神会突然怔一下，但没等细想就被我快速向前的话语给带跑了；有时她听我说到一半就开始走神儿了，估计是没跟上，也就不想再听了。但我从来没有想过要改变自己的语速，容她想一想、理解一下，还是一如既往地说话像连珠炮。

另外，我在表达中使用代词和口语词极多，很难用话语把脑中想的事情确切、具体、完整地说出来，除了代词和口语词之外，真正传递信息的话语极少。比如：“孩儿她爸，你帮我把这个拿那边儿去。”而且我还发现自己有时会把“因为……所以……”当成一种填补说话空白、让说出来的内容显得没有中断的口语词来使用，于是孩子说出来的句子毫无逻辑也就不奇怪了。

意识到这个问题以后，我开始尝试说话放慢语速，少说代词，少把

“因为……所以……”当口语词用。我给自己定了计划，每天刻意说出三句不含代词的话，一句仔细想好了明确因果关系的话，如果没有明确的因果关系，就避免使用这样的句式。这“3+1”句话，都要放慢速度说。

由于目标简单，我往往在和孩子一起吃早饭时就能够达成。比如，以前我会说：“宁宁，这个你吃吗？给你盛一点儿这个。”现在我会说：“小奶锅里有醪糟汤圆，你吃吗？我给你盛在大一点儿的面碗里，凉得快。”

目标不难达成，于是容易坚持。这样坚持了一个多月后，我发现自己已经远远高于“3+1”的目标了，说话的确切性、具体性以及传递信息的完整性都提高了很多，代词使用得越来越少了。坚持思考，让自己的思维和语言表达真的得到了提升。

从自己做起，改善话语中的“养分”之后，我发现孩子说话的内容性和条理性竟然也有了进步，思维更清晰通畅了，口语词用得也少了。我终于理解了为什么说父母与孩子的日常对话是孩子思维种子的土壤。我才刚刚迈上落实的道路，相信继续实践，继续思考，一定还会有更多的收获。

儿童大脑发育的不同阶段，需要安装不同的软件，有时要装操作系统，有时要装应用程序，这些都会形成儿童大脑的智力组件。但智力组件的安装过程中，是风平浪静地正常安装，还是暴风骤雨般的暴力强制呢？且看下一章内容，儿童智力发展过程中所经历的那些“火警状态”吧。

07

第7章

智力火警：你知道机械重复会损伤孩子的大脑吗

智力是大脑的一种能力，具体体现在能够在一定时间内完成需要调用记忆力、理解力和认知能力完成的任务，而且下一次还可以完成。学校给学生布置的很多任务都涉及智力活动，比如语文、数学的知识理解和独自运用的能力。即使是体育课，也需要学生的大脑通过控制自己的身体来按次序完成看到的动作。完成动作所需要的手脚协调能力以及身体平衡能力都是大脑控制的结果。大脑的这些表现，就是智力表现。这个表现可以作用在传统的数学、语文等科目中，也可以作用在体育、音乐、舞蹈和绘画这些项目上。

目前很多父母都将对孩子的关注集中在智力发展上，而智力发展更多的任务还是聚焦在学校的课堂活动以及各种考试活动中。做题、背课文等都只是通过重复来巩固智力中的一部分能力，通过本章内容的逐一介绍，父母才能够有针对性地科学提升孩子的智力发展水平。

本章这 10 个问题，从儿童面对验算活动的态度开始，渐渐深入到了解女孩多数不喜欢数学及男孩多数不喜欢语文的原因，尤其是基于大脑发育过程的原因。理解了本质，才能做出有针对性的动作。

52. 为什么孩子不喜欢验算自己做过的题

现在的父母普遍比上一代父母更关心孩子的教育，不仅督促孩子写作业还要检查作业，每次考完试也要仔细研究孩子的试卷。当父母们经常发现，有些错题其实孩子完全可以自己检查出来，就开始不断地提醒和询问孩子：“作业写完检查了吗？每道题都查了吗？检查出错误了吗？”这时孩子会非常不耐烦，甚至有些气鼓鼓地回答：“检查了！”但父母还是不放心，又帮孩子再检查一遍，往往还能发现错误，于是孩子免不了被唠叨或批评：“明明跟你说了很多遍，怎么还是不好好检查！”那么你有没有思考过以下问题？

思考题　练习识别孩子的需求

为什么孩子就是不喜欢验算和检查已经做过的题目呢？

A 实际上，单调重复性的工作任何人都不喜欢

B 孩子自己有把握都做对，自然不想检查

C 孩子本来就不喜欢做题，做完就算完成任务，当然不想再看

D 孩子还有其他那么多作业要做，当然不想检查了

孩子不喜欢检查、不爱验算，不应单纯理解为态度问题，而要从大脑功能的角度找原因。

喜新厌旧是人类大脑天生的偏好，正是这种偏好使得人类推动自己的生活往更便利的方向发展。对孩子来说，当作业的题目被大脑处理过一次后，这些信息就变成了旧的内容，大脑喜新厌旧的规律决定了孩子一旦做完题目就不愿意回看、不愿意检查的本能。大人都不愿意做机械重复性的动作，更何况是大脑正处于高速发育阶段的孩子呢。反复批评、强迫孩子必须验算，等于扭曲了大脑初始运转的方式，孩子的身心该有多么不适和反感，可想而知。

除了大脑的默认设置，孩子的生活状态也影响着大脑的运转。现在的孩子课业负担很重，除了学校的作业，还有父母或者课外机构布置的任务，每天的日程都是满满的，几乎没有自主安排时间的自由，身心处于高负荷运转、疲于应付的状态，大脑没有多余的资源用来细致查看。就好像人在饿极了的时候，只能狼吞虎咽，顾不得细嚼慢咽了。

验算、核实是成年人世界的严谨方式，是思维的习惯，但不是一蹴而就的，也不是通过反复说教、施加压力能够培养的，需要借助具体的做法。这里为父母们提供三条可以落实的动作。

- 第一条，利用“趋利避害”的感受让孩子产生主动验算的意愿。只有让孩子切身体会到验算带来的好处，或是没有验算造成的后果，才会萌生“以后是否要验算一下”的想法，这个想法不是被灌输、被强调来的，而是自己得出来的。比如自己花钱买东西，没有把找回的零钱拿全或者没有把东西拿全，受到了损失，吸取教训后便知道了以后要核对清楚再离开。应该把体验这些生活经历的机会、从错误中学习的机会还给孩子。只有孩子自己意识到验算的重要性，才会产生行动。
- 第二条，为孩子示范全新的验算方法，而不是机械重复地再来一次。这对父母是一项挑战，需要开动脑筋想出灵活多变的方法，尤其是数学题，往往不止一种解法，每次都试图找到第二种甚至更多的解法，孩子慢慢就掌握了变换解题方法来进行检查，既不枯燥，也更容易发现错误。
- 第三条，在生活中示范检查核对的做法，让这种思维习惯渗入生活的点滴。比如锁门前先确认带了钥匙、出门后确认门锁牢了、出门旅行打包行李后要核对清单、填写各种单据时进行二次核对等。孩子慢慢了解到哪些事情需要检查，用什么样的检查方式，跟自己的愿望相关的重要事情更要检查，这相当于在孩子的大脑里播撒了检查习惯的种子，日后会发芽成长为一种能力。

以下是上述思考题的答案及各选项的对应解释。

你做对了吗？

A 实际上，单调重复性的工作任何人都不喜欢

解读 对孩子来说，做题和考试都是单调重复的无聊工作。

B 孩子自己有把握都做对，自然不想检查

解读 也有这种情况，不过不多。

C 孩子本来就不喜欢做题，做完就算完成任务，当然不想再看

解读　这也是一种可能性，但不是常态。

D 孩子还有其他那么多作业要做，当然不想检查了

解读　这应该算是辩解了，不能当作理由。

孩子不喜欢验算，也很不喜欢背课文，但恰恰语文课经常会留背课文的作业，还要求父母监督考核。父母看着孩子一脸不情愿、百般磨蹭的样子心里就着急，再看到孩子背了好多遍都记不住就更加来气了，心想自己都快背下来了，孩子怎么就是记不住呢！那么孩子为什么不喜欢背课文呢？请看下一节。

53. 为什么孩子不喜欢背课文

孩子不喜欢背课文几乎是一种共性问题，可留意一下学校布置的作业就会发现，背诵类的作业几乎每天都有，比例还不低，比如背诗词、熟读新课文、背诵旧课文、背单词、背英语对话等，就连数学作业有时也要背，孩子的记作业本上赫然写着：背口诀、背公式。孩子本来就不喜欢写作业，更不喜欢作业中需要背诵的项目，好多父母反映，一问孩子作业写完了吗，还差什么，就发现每次留到最后的都是背诵类的作业。那么我们一起来思考下面的问题。

思考题　练习识别孩子的需求

孩子为什么不喜欢背课文呢？

A 不喜欢要背诵的内容

B 不喜欢背诵的重复动作

C 不了解背诵的实际目的

D 不喜欢被强迫背诵

12 岁以下的儿童还不具备足够的抽象认知，头脑中对知识、社会、人际关系等方面的认识都是零散的、孤立的，没有将它们充分、深入地联结起来。背诵时大脑的工作机制是强制串联各种信息，通过重复口述来完成机械的记忆。

儿童不喜欢背诵主要是不喜欢重复的动作，这跟不喜欢验算和检查作业是同样的原理。为了强化信息联结路径，其实可以不必机械重复，而是采用活动的方式，对孩子来说也就是玩的方式。

比如将一篇课文复印下来，将文中的句子从句号的地方整句整句地裁剪下来，就得到了十几张没有次序的纸条，让孩子将这些没有次序的纸条按自己的想法拼接起来，然后朗读一遍拼成的段落。父母可以和孩子同时做，用同样的模式，拼出来的句子顺序有可能相同，也有可能不同，不管拼成什么样都朗读一遍。

这个过程不再是单纯的机械重复，而是需要琢磨句子的意思，体验不同次序和不同衔接方式带来的句意承接变化，也可能感受到只有一种次序最容易理解，最通顺。在 15 分钟的多次拼接后，亲身参与其中的孩子便能够讲出整篇内容，不仅熟悉了文章，还带有自己的深入理解。这是符合儿童认知规律的做法。同样是 15 分钟，用来死记硬背和在游戏中自主掌握，对孩子的情绪、思维、学习能力和学习效果都具有完全不同的意义。

这就带给了父母们一个启发，**所有的课堂教学活动以及家庭教育活动，核心都应该在活动的设计上，既要有必要的知识，又要激发儿童大脑主动参与的积极性。**

以下是上述思考题的答案及各选项对应的具体解释。

你做对了吗？

A 不喜欢要背诵的内容

解读 实际上孩子对内容都不太了解，谈不上喜欢还是不喜欢。

B 不喜欢背诵的重复动作

解读 不喜欢重复动作是儿童大脑的特性，成年人也是如此，儿童格外突出。

C 不了解背诵的实际目的

解读 确实不了解内容，不过孩子对自己被要求做的很多事情都不了解目的。

D 不喜欢被强迫背诵

解读 确实不喜欢被强迫，但归根结底还是不喜欢背诵本身。

背课文是作业内容中的一项，总的说来，所有作业孩子都不喜欢。一说写作业，不是找各种借口拖延，就是写到一半就找理由做别的去了。这就引出了下一节，为什么孩子写作业时爱磨蹭呢？

54. 为什么孩子写作业爱磨蹭

几乎没有父母觉得自己家的孩子写起作业来是既主动又高效的，相反，只要一说到写作业，所有父母都能滔滔不绝地举出很多孩子拖延的例子：

> “孩子刚上一年级时，有些不太适应写作业的状态，握笔姿势、写字姿势都很别扭，写字速度也很慢，而且不喜欢写作业，写几笔就走神儿，叫他一声就继续写，但没一会儿不是走神儿就是发呆，特别磨蹭。”
>
> “我家孩子不存在不适应写作业的问题，都已经三年级了，能明白写作业是自己的事情，每天都要写作业，但仍然是慢如蜗牛，有时磨蹭了好半天，作业本还没拿出来。一说写作业，就说要先削铅笔，虽然笔盒里有好多支削好的铅笔，但他偏要找出一支需要削的。削铅笔经常把铅笔屑弄一桌子，然后说要收拾干净。收拾桌子的过程中，抹了一手黑，又说要去洗手。再次坐到书桌前酝酿写作业，缓慢地拉开书包拿出本子，又说想喝水。刚喝完水又说肚子不舒服想大便。终于第三次坐在书桌前准备写作业，又说能不能先看一会儿课外书，然后再写。总之，经常是从说要写作业开始，一个小时都过去了还没写出一个字来。”

孩子不喜欢写作业其实是因为很多作业内容都是一种枯燥重复的体力劳动，比如做习题、抄写生字单词、背诵课文等。那么不妨来思考以下问题。

思考题　练习识别孩子的需求

这种行为对大脑的作用主要是以下哪一项呢？

A 强化对特定内容的记忆

B 巩固学习的效果

C 形成良好的学习习惯

D 固化大脑活动的模式

大脑是一个活性机体，神经元既可以组成很大的一簇，也可以孤立存在；这一次可以这样组合，下一次也可以那样组合。不同的组合有不同的功效，表现在言语和行为上，或用于解决问题，或用于获得快乐。

大量做题是一种简单机械的体力劳动，大脑指挥身体部件操作，一旦熟练后，就不再需要动用大脑了，只会留下一部分脑资源来应对，其他大部分脑资源都会转移用到其他有可能产生快乐的事情上，或者休息、保存了起来，等这个枯燥的任务完成后，再调出使用。

这种行为和意识表现多数是符合老师对管理一个班级那么多同学的期待的。大量机械地做题，不用讲解、不用啰唆，老师也就省心了。老师没有动机和义务培养孩子的智力，工作效率高，学生考试成绩优良，就足够了。

以下是上述思考题的答案及各选项的对应解释。

你做对了吗？

A 强化对特定内容的记忆

解读 起不到这个作用，反而忘记得更快。

B 巩固学习的效果

解读 达不到巩固的作用，唯一巩固的是老师的权威。

C 形成良好的学习习惯

解读 这种学习习惯并不算良好。

D 固化大脑活动的模式

解读 最大的危害就是固化了大脑活动形式。

很多孩子其实心里非常明白，放学回家后自己的任务就是写作业，但总想拖延，能玩就先玩，实在不行了也先选最容易的作业做，而把最不喜欢的、最难的作业留在最后。请思考以下问题。

思考题 练习识别孩子的需求

对于孩子的磨蹭拖延，下面四种办法是一些父母采取过的，其中哪一个对孩子伤害较小？

A 教育孩子要靠毅力完成

B 协助孩子做难做的作业

C 要求孩子先做难做的作业

D 告知孩子不必都做

毅力、意志和作业的重要性对孩子来说都是抽象的概念，父母多次重复一个孩子不理解的事情，或者对现实没有什么具体指导意义的内容，会被孩子当作啰唆、唠叨，渐渐想要避开这个人或者这类场合。实在无法避开时，一遇到父母的说教，孩子的大脑就会马上进入抵制状态，开始屏蔽信息。但屏蔽的功能是需要耗费大脑精力的，需要生成一条通路把听到的东西引导到处理垃圾的大脑区域。这个环节耗费的精力越多，可供孩子处理眼前任务的精力就越少。屏蔽父母的说教还不是最终结果，孩子会对说教生成"信息垃圾源"，也就是对父母本身产生抗拒，亲子关系中的裂痕便也应运而生。

从科学的角度看，确实没有必要把所有作业一口气都做完。如同成年人的工作一样，可以分阶段去完成。**人生的核心目的是生活，是体会生命。具备基本的生存能力，具有优秀的品质，比急于一时完成所有任务的人生更为丰富。**

以下是上述思考题的答案及各选项对应的具体解释。

你做对了吗？

A 教育孩子要靠毅力完成

解读 伤害的是孩子对父母的感情。

B 协助孩子做难做的作业

解读 伤害的是孩子的独立意识。

C 要求孩子先做难做的作业

解读 伤害的是孩子的自由意志。

D 告知孩子不必都做

解读 这是对孩子的保护。

不正确的应对方法对孩子的负面影响非常深远，那父母到底应该怎么办呢？作为父母总会遇到"怎么办"这类问题，这时候可以尝试思考以下三个关键步骤，借此梳理思路。

- 第一步，思考眼前的事情起因是什么。
- 第二步，思考我要达到什么目的。
- 第三步，思考我有什么选项。

孩子写作业磨蹭的起因有如下三种可能。

- 第一种，孩子觉得，眼前的作业不是自己喜欢的，而是不得不做的。
- 第二种，孩子觉得，原本这个时候自己应该做另外一件事的。
- 第三种，孩子觉得，这个任务比较难，实际上自己不太会，又不记得老师教过或者以前自己做过类似的任务。

作为父母希望孩子不耽误时间、提高写作业的效率要达到的目的是什么呢？也有如下三种可能。

- 第一种，要让孩子学会自己的任务自己完成。
- 第二种，要让孩子学会坚持的良好品格。
- 第三种，要让孩子学会珍惜时间，抓紧学习，改变命运。

但事实却是，只要父母抱有以上三个目的其中之一，任何做法都无法达到以上目的，因为这样的目的对孩子来说太遥远、太抽象了，缺乏具体的落实步骤。

写作业是学习活动的环节之一，它的核心目的是检查学生对所学内容的掌握程度、巩固已经掌握的内容、深化理解。父母在辅导孩子时需要聚焦于这样的目的来展开做法。具体有如下三种做法。

- 第一种，发现孩子明显在磨蹭时，询问他的感受，比如是不是觉得累了，建议他休息一会儿。
- 第二种，允许孩子不完成作业。对孩子说做不完没事儿，可以不做。
- 第三种，陪伴孩子一起写作业。

几乎所有科目的学校作业，主要用途都是为了提高考试分数。也就是说作业是用来重复知识内容、加强对知识的理解和记忆的，是老师用来检查学生是否记住、是否会用、是否用对的途径，与学习真正需要的理解力、思考能力、解决问题的能力没有任何关系。大量的作业会让孩子的大脑形成懈怠，长期如此，大脑就不会有注意力高度集中的模式了。一批又一批的学生因此成了庸庸碌碌的体力劳动者。

我的父母在我很小的时候就给我定下了非常明确的要求，回家后只有两个小时的写作业时间，做不完就不做了，可以玩，可以发呆，可以做自己喜欢的事情，相应地，这样的后果也要自己承担。我对我的孩子也是如此要求。人的精力有限，所有老师都通过布置大量作业来突出自己科目的重要性，结果导致学生分不清轻重缓急，大脑陷入低频运行模式，不兴奋，不开心，负担沉重。

父母们静下来想想就会发现，孩子不写作业的后果都与学习无关，你的出发点都是自己的面子。为了面子，牺牲的是孩子的健康、智力、快乐和幸福。

而陪伴孩子一起写作业，指的不是一个人对另一个人的指导、辅导、帮助或答疑。陪伴就是自己做自己的事情，两个人在一起，从心理上建立一种安全感，是一种平等状态下的独立意识。当其中一方需要协助的时候，可以征求另一方的同意。比如孩子写作业的时候，父母可以写工作日记等，让孩子感受到父母也有自己要去完成的事。

原则上，父母不该参与孩子的作业。如果作业难度较高，父母可以做孩子的作业。如果孩子愿意模仿则应该允许，这仍然是保持各自独立状态下的一种合作。通过陪伴的形式，确立的是各自独立决定自己行为的意识。

预设写作业的时长是可以通过长期培养形成的良好习惯，一旦建立起来，就可以巩固很久。若不用预设时长的方式，改为奖励方式，承诺孩子作业完成后可以玩，便转移了孩子写作业的目的，同时为作业的低劣质量提供了完美的诱因。粗心大意、阅读跳跃、丢三落四都是这种预期心态所带来的行为。

孩子上学后，会遇到很多不顺心、不喜欢却又不得不服从的事情，比如上课时需要按照老师的节奏学习，参加集体活动时需要少数服从多数，完成作业时需要应对抄写、背诵等枯燥的任务，但还有些不顺心是由父母造成的，那远比应对学校的挑战要难多了。每次考完试给父母看试卷就是这种不顺心的体现。请看下一节，为什么孩子不想让父母看自己的试卷？

55. 为什么孩子不想让父母看自己的试卷

父母自认为全程参与孩子的学习过程就是关心孩子学业，包括一考完试就问孩子考得怎么样，还要求看孩子的试卷，而且经常是拿到试卷刚看一眼，还没等看完就开始拉长了脸。面对每次都重复上演的这个过程，孩子真是敢怒不敢言，或者其实连怒都不敢怒，只会心生厌倦、反感，同时又备感无奈、无助。为什么呢？请思考以下问题。

思考题 练习识别孩子的需求

孩子为什么不想让父母看自己的试卷呢？

A 因为有错题，不想让父母知道

B 因为之前看了都没有好结果

C 因为有老师的评语，不是很好

D 因为有很多不会做的题目

孩子的感受是不加遮掩的，觉得不高兴的时候，就是不高兴。但如果一件事情让孩子接连几次都出现不高兴的感受，他就会发现这其中的规律，比如每次妈妈看了自己的作业或试卷后，都会让自己有不高兴的感受，这时这种感受就与妈妈检查作业或要求看试卷的行为绑定在一起了。不想让自己感到不高兴，就不让妈妈看到作业或试卷。这就是孩子最简单的思维方式，也是一种发现和运用规律的方式。

如果妈妈看到作业本上正确的题日和错误的题目时，不是每次都先盯着错误的题目与孩子交谈，而是看过就看过了，面对孩子时表情不变，也不流露出情绪，而是心里知道孩子哪些方面掌握了、哪些方面还不会，做到心中有数就可以了。然后等过几天找一个周末，在一张白纸上写出孩子的错题或者与错题类似的更为简化的题目，邀请孩子看看自己的做法，和孩子一起开动脑筋，尝试再变换一下解题方式或方法。这样的做法就避免了让孩子将自己的不高兴与妈妈看作业或看试卷的行为直接联系起来。不指责、不批评、不埋怨，而是最大限度地维护孩子的情绪。

以下是上述思考题的答案及各选项的具体解释。

你做对了吗？

A 因为有错题，不想让父母知道

解读 并非核心原因，因为也有正确的题目，但依然不想让父母看。

B 因为之前看了都没有好结果

解读 过去的体验留下了深刻的烙印，学会了防范和预测。

C 因为有老师的评语，不是很好

解读 不是核心原因，并非每位老师都会在试卷上写评语。

D 因为有很多不会做的题目

解读 让孩子预判形势的不是题目的难易，而是父母的态度。

孩子的试卷往往都有错题，当孩子预测到父母看后会不满，心里就开始忐忑不安，于是乎做起了心理准备：是应该厚着脸皮蒙混过关，还是默默地看向地面不作声，或者先找好一个可以盯着看回避父母责问的角落，然后大脑放空，两耳不闻……不妨来思考下面这个问题。

思考题 练习识别孩子的需求

如果父母真能读懂孩子的这些心理活动，那么再看到孩子的试卷时应该说什么呢？

A 考得不好，没事，以后努力

B 考得不错，你自己还满意吗

C 没有考好，你已经挺难过的了，我就不说什么了

D 真像我当年小的时候，不过比我的分高

当孩子预期父母大概会有的反应真的变成现实，孩子对父母的期待也会越来越弱，心理和情感上也就越来越远了。父母不去试图理解孩子的处境，而一味要求孩子表现优异，根本的目的还是让自己脸上有光。

考试成绩是一个已经发生的事情，父母的不满不会对成绩产生任何影响，仅仅会影响孩子的感受，而这个感受对下一次成绩的改善并无正面意义。那么，父母们在这种认知基础上再去评估自己的反应，应该如何呢？

另外，孩子自己对这样的成绩有什么感受呢？孩子是第一个知道自己成绩的人，也应该有自己的心情，父母可以先尝试了解孩子的感受，再考虑自己的

想法，父母对孩子来说更多的是帮助的角色，而不是索取和要求的压力源。

找到一句缓解孩子心情的话并不难，就看你是否能真正理解改善考试成绩与你对试卷的反应没有必然的逻辑关系。时刻提醒自己做一个智慧的父母，而不是一个被情绪控制的低等动物。

以下是上述思考题的答案及各选项的对应解释。

你做对了吗？

A 考得不好，没事，以后努力

解读 不痛不痒，不过比指责、埋怨、训斥好多了。

B 考得不错，你自己还满意吗

解读 开始关注孩子的感受，而不是随意发泄自己的情绪。

C 没有考好，你已经挺难过的了，我就不说什么了

解读 有同理心，能够从孩子的视角考虑问题。

D 真像我当年小的时候，不过比我的分高

解读 温和的激励，比训斥更有意义。

因为不愿意让父母看试卷，就会出现忘记带回来、找不到了、不记得放在哪里了这些情况，这都是孩子在试图保护自己免受接下来可能会发生的悲惨遭遇而想出来的说法。那么请思考以下问题。

思考题 练习识别孩子的需求

当孩子说没有把试卷带回来的时候，父母应该如何应对呢？

A 告知孩子我能够找到，并开始翻孩子的书包

B 严厉警告现在就去找回来，不然不能吃饭

C 告知孩子下次别再忘记了，然后换个话题

D 给孩子好吃的作为交换，让孩子拿出试卷

让孩子知道父母相信自己说的话，孩子内心会渐渐萌生后悔的念头。任何人在成长中都会明白一个道理，那就是不能说假话，或者不能通过自己的算计行为来让自己避免一个预期可能的糟糕结果。而且，父母查看一下试卷不是异常的事情，而是平常的事情。孩子了解到父母相信自己后，反而会建立起对自己的信心。如果可能，父母应该进一步告知孩子：“其实你的成绩好坏都不会

让我们失控，更不会对你发火，我们只是想看看你是否需要帮助而已。”说完之后，这件事就过去了。

孩子出现不带试卷回家的行为实际上是对父母的一个警示信号，说明孩子开始惧怕父母，甚至开始被逼无奈而设法来防止对自己不利的事情发生。从孩子的视角来说，这都是正确的，保护自己不被伤害是人的本能，无论是身体的伤害，还是心灵的伤害都应该努力避开。父母看到这类现象，就要渐渐减少自己对孩子的压力，让孩子从心理上放松。

父母要认识到，儿孙自有儿孙福，大人只能尽到孩子可接受程度以内的努力，而不能过度。过度的努力不仅会毁掉之前的成果，还会造成孩子内心的对抗，往往得不偿失。过度的努力不是对孩子好，长远看其实是害了孩子，学习成绩不仅不会有好转，精神和心理都被压抑，长大后也建立不了良好的生活心态，一生尽毁。

以下是上述思考题的答案及各选项的对应解释。

你做对了吗？

A 告知孩子我能够找到，并开始翻孩子的书包

解读 这个行为只会让孩子愤怒。

B 严厉警告现在就去找回来，不然不能吃饭

解读 引发孩子的内心抵抗，激发孩子进一步的厌恶。

C 告知孩子下次别再忘记了，然后换个话题

解读 孩子想不到父母会平常处理，反而内心忐忑，接受自我惩罚。

D 给孩子好吃的作为交换，让孩子拿出试卷

解读 这是利诱，对孩子的长远成长没有好处。

自信的孩子面对考试结果是对客观事实的认同，无论自己是不是满意，都接受这是一个已经发生了的事实。但是当孩子开始考虑到父母因此而有的情绪变化，甚至影响到对自己的情感时，由于自己内心的困惑不解就会出现掩盖的行为，这是一种对自我心理保护的表现。

这也意味着在孩子心中已经形成了一个认识：父母最在意的是考试成绩，

而并非自己。考试分数不高，父母对我就没有爱了；分数很高，他们才愉快，却根本不考虑我是不是愉快。孩子心里非常清楚让父母看试卷会引发他们的哪些行为，除了心中的情绪波动以外，就是找到试卷上的错题，并尝试通过改错来教育孩子。有多少父母觉得这些题自己都会做，就想都不想地开始给孩子讲错题，却完全不知道孩子心中最反感父母做的一件事就是给他们讲题呢？请看下一节。

56. 为什么孩子听不懂父母讲解题目

家有小学生，父母辅导学习的压力巨大，主要压力都集中在协助孩子讲解不会做的习题以及改正作业和试卷中的错题上。这种讲题的过程，类似为不断长大的松树修剪枝杈的过程，多数情况下，不管对父母还是对孩子来说都是非常不愉快的过程，也容易留下极不愉快的回忆。

父母的烦心、苦恼和气愤是觉得孩子根本没用心、没过脑子，或者觉得孩子的表现和自己内心的高预期有巨大落差；要不就是感觉太费劲儿、太累心，简直是在对牛弹琴，请看下面这些父母的描述：

“每次给孩子讲题前我都会深吸一口气，暗暗提醒自己不能激动、不能发火，但每次讲题时一看到他满脸茫然的表情我就着急，已经掰开揉碎了讲了好多遍，怎么就是不明白呢？我心里明白不能批评他，但真的怀疑他是不是太笨了。”

“孩子上四年级了，数学的应用题和语文的阅读理解题做起来非常吃力，不是完全下不了笔、根本不会做，就是虽然做了但基本全是错的。每次辅导作业、给他讲题时，他总说明白了、听懂了，但题目稍微一变就又不会了。还特别不谦虚，不让说，不让提醒，说他一句，他恨不得还嘴十句，冲我们大发脾气，甚至还乱扔东西，搞得我们也极为恼火。明明是他自己不会做、做错了，还嘴硬。这样的情况几乎天天上演，我们和孩子很有心理负担，所以都是在压抑的状态下硬着头皮对话。”

父母们都觉得辅导作业、讲解题目没有多难，不就是小学阶段的习题嘛，自己是大学毕业，甚至还是硕士、博士，这些事应该不在话下，但在实际操作中，几乎所有人都觉得这是每天晚上必须面对的一大难题。没有人教过父母们如何辅导作业、讲解习题，也没有人告诉过他们使用的方式方法不对，因此与孩子之间关系紧张是必然的。那么请思考以下问题。

思考题 练习识别孩子的需求

在这类辅导过程中，父母最应该懂得的是什么？

A 题目的错误之处

B 孩子的知识薄弱处

C 孩子的心理情绪状态

D 小学课程的系统内容

帮助孩子纠正错题的重要环节是孩子的情绪，而不是涉及错题的具体原因。从儿童认知发展阶段来看，孩子的智力表现最先受到情感的支配。当处在兴奋状态时，孩子的大脑思维活跃，脑神经元联结速度快，覆盖区域广泛；情绪低落的时候，孩子大脑里的一切都不运转，就连平时绝对熟练的内容，也会表现得一塌糊涂。

多数父母并不理解这个要点，辅导孩子的时候，总是先让孩子意识到自己错了，但谁喜欢出错呢？更何况还有人专门盯着自己出错的地方，于是心理上已经处于消极防范的状态了。在这种状态下，精力很难集中在知识方面，尤其是对知识的灵活运用上。

理解了情绪对学习的影响，父母首先要做的就是顺应孩子的情绪，不要引发孩子心理上的抵触，而是让孩子顺心。比如表示非常理解孩子，不管是谁做错了题目都会难受，充分展现协调一致的立场，只有父母站在孩子的一边，理解孩子的状态，说出来的话孩子才更容易听进去。然后，再与孩子一起研究讨论，他当时解题的思路是什么、为什么那么想，让孩子充分表达自己的想法。最后父母再说说自己的理解和思路，不是教导，也不是教授，而就是和孩子探讨和交流自己的想法。以下是上述思考题的答案及各选项的对应解释。

你做对了吗？

A 题目的错误之处

解读 对成年人来说很多错误是明显的。

B 孩子的知识薄弱处

解读 这对父母来说是有挑战性的。

C 孩子的心理情绪状态

解读 这是辅导孩子的父母最需要懂得的。

D 小学课程的系统内容

解读 这个内容并不是主要挑战。

可是，有时候父母们即便懂得了这些道理，实际操作过程中也还是会遇到问题。不妨来看看下面这道思考题。

思考题 练习识别孩子的需求

顺应了孩子的情绪，也通过平等交流的方式讲解了题目，但讲了好多遍，孩子还是听不懂，这时父母应该怎么办呢？

A 放慢速度，多讲几遍

B 采用图形化方法示范

C 停止，不讲了，做游戏

D 外聘家教来讲

实际上，当父母尝试讲解一次而孩子不懂时，就不应该继续了，而是要搁置。搁置的目的是缓解孩子的内心焦虑。

父母尝试讲解一定是期待孩子能够听懂，这一点孩子心中非常明白，于是第一遍会努力听，尝试理解。但如果没能理解，那孩子对自己是失望的，这是一种心理打击。这种打击会引发焦虑情绪，这时孩子反而不能集中注意力继续听父母讲解。偏偏有的父母觉得第一种方法不行，换一种方法再讲一遍，对孩子而言却听到了更多不同的词，刚才还记得的几个不懂的词好像又没有了，新来了另外一批。这就是父母辅导孩子错题、难题时，孩子的心理活动。

正确的做法是休息一会儿，和孩子玩一会儿，建立情感联系，继而尝试在游戏中引入题目。所有数学题目都可以在游戏中体现出来，这需要父母自己动脑去分解数学题，将其融入游戏，如果不会做，那就不要尝试自己给孩子讲题。

儿童的健康成长不只有身体健康，还包括心理健康、智力健康以及精神健康，这几个方面是并行发展的。多数情况下，智力发展要到 9 岁以后才慢慢形成，而情感的发育则建立了心理的基础。为了智力发展而打压、牺牲心理健康，而且推动智力发展的方式还是错误的，这非常不可取。

以下是上述思考题的答案及各选项的具体解释。

你做对了吗？

A 放慢速度，多讲几遍

解读 这时孩子已经不再使用智力了。

B 采用图形化方法示范

解读 任何变通都不能让孩子脱离已形成的紧张状态。

C 停止，不讲了，做游戏

解读 缓解已经造成的心理紧张情绪最重要。

D 外聘家教来讲

解读 至少能够缓解眼前的情况。

生活中的很多家庭矛盾都源于父母给孩子讲题。父母没有学过儿童心理学，也没有学过教育学，完全不懂如何教育孩子，尽管父母自认为了解题目的做法，但在话题的引入、找到儿童大脑中导致错误出现的障碍点、并用其他方式引导儿童自己开窍儿上却并不得要领，因而往往会发生孩子听了说教，表面上好像明白了，这次做对了，但下次还是做错的情况。请看下一节。

57. 为什么上一次做对的题目，下一次还会错

很多父母都发现孩子做作业时，经常一看题就动笔，飞快地把题做完了，有种完成任务后得到解脱的状态，完全不愿意检查。父母凑过来一看发现有错，于是提示孩子再看一遍。孩子恍然大悟地说："哦，我记错公式了。""哦，题目弄混了。""这句话我刚才没看见。"于是马上动笔，迅速改正，把题目写对了。这种情况时有发生，有时完全是同一道题，或者只是数字和情景改变了一下，间隔一段时间后，孩子还是会做错，而且出错的状态一模一样。这是怎么回事呢？请思考以下问题。

思考题 练习识别孩子的需求

这种情况反映的是哪一种儿童学习状态呢？

A 已经形成记忆学习模式

B 没有完全理解题目核心

C 不够用心，认真程度不够

D 科目不喜欢，没有兴趣投入

孩子一看题就动笔，仿佛进入了自动驾驶状态，却根本没有仔细读题、把握要点、转化为自我理解后再解题的过程，孩子的上述行为都说明他没有使用理解力研究眼下的题目，而是调用了记忆力试图直接套用旧有的模式。

还有一些孩子熟练掌握了加法运算，比如知道 4 加 5 等于 9，却对“4 加上几可以得到 9”这种题目无从下手。老师及父母往往认为这是孩子还没有掌握这类题型，多做题、多练习就好了，把本质上相通的事情，又当成一种新的、需要学会的“题型”。而事实上真正原因是孩子之前不求甚解地、过多地强化了加法计算。在不理解量的多少和量的变化的情况下，就直接让孩子不断练习加法算式题，于是孩子的脑海里就形成了只有单一形式、单一方向的固化思维，好像加法就是数学的全部，什么都用加法来套。

出现这种情况往往说明孩子没有理解数字背后对应的是数量的本质，也没有理解加法和减法其实就是清点数量过程中的双向变化。思维单一又依靠记忆，于是题目稍一变化就不明白了，马上会说“这题老师没教过”或者“这个题型以前没有见过”。

依靠记忆力学数学，好像可以很快学会，是因为在小学低年级阶段使用记忆力应付绰绰有余。到了四、五年级以及初中阶段，这类孩子的数学成绩就会断崖式地下降，因为要学、要记的太多了，记忆力没有办法应付了，而理解力的根基又没有铺垫好，于是完全学不明白，甚至不知道从哪里补起。

反而是那些在小学阶段数学反应速度并不快、看似不灵光、考试分数只有七八十分的孩子，因为没有使用记忆力学习，基础知识更牢靠，到了小学高年级，很多内容一通百通，就更加不需要记忆力，能够依靠理解力轻松深入地学习。

以下是上述思考题的答案及各选项对应的具体解释。

你做对了吗？

A 已经形成记忆学习模式

解读 知识点多，进度快，启用记忆力是首选。

B 没有完全理解题目核心

解读 已经不是这一层面的事儿了，而是没有理解的意识。

C 不够用心，认真程度不够

解读 将思维方法归结为用心不用心存在一定的误区。

D 科目不喜欢，没有兴趣投入

解读 不少老师对孩子进行这种情况的判断。

儿童的大脑有两种基础工作模式，一种是使用瞬时记忆力，记住听到和看到的内容；另一种就是通过将听到和看到的若干事物进行加工重组，形成一种新的关系。前一种就是记忆力模式，后一种是理解力模式。这两种模式对应的是大脑的不同区域，记忆力模式调动了大脑皮层散落的神经元簇，理解力模式调动的是单一神经元簇的深层部分。

记忆力模式需要大脑生物电流快速联结多个位置，可以让孩子实现短期记忆，并能够复述出来，但间隔一两天后，当这个生物电流通过时留下的痕迹消失了，多个神经元簇失去了联系，也就无法回忆出当时记住的内容了。

理解力模式调用了单一神经元簇的深层部分，要求脑电流集中在一个点上深入盘旋，当时留下的痕迹比较浅，但会多次回到这簇神经元上来加深，一旦进行 3 ～ 5 次深入后，大脑也就理解透彻了，以后不再需要脑电流，而是直接调用深层的神经元内部加工，就可以把已掌握的内容表述出来。

根据这样的大脑工作原理，就需要给孩子一定的时间，多延续几次，多延续一段时间，直到他彻底明白而不只是记住，也就形成了终身的认知体系。结合这个原理，我们来说说为什么不适合给孩子大量看绘本。请看下一节。

58. 为什么不适合给孩子大量看绘本

绘本于 17 世纪诞生于欧洲，真正大范围流行是在 20 世纪 30 年代从美国开始，之后大约 60 年代在日本普及，70 年代传到中国台湾地区。2005 年左右，绘本开始横扫中国大陆地区的儿童图书市场，很多出版社都争相出版形形色色的绘本。很多父母最初抱着尝试的心态给孩子买了几本后，发现孩子不仅很喜欢看甚至还很痴迷，不断想看得更多。爱看书是好事儿，这让父母们非常欣慰，于是不断地囤积。有的父母以孩子读过大量绘本为豪，还到处炫耀，这种攀比之心不在少数，加上出版社和销售渠道的营销，大家争相购买，有的家庭拥有的绘本数量都快赶上一个小型阅览室了。给孩子看绘本确实有不少好处，那你有没有思考过如下问题？

思考题 练习识别孩子的需求

你认为大多数父母是被以下哪个理由驱动，给孩子购买大量绘本的呢？

A 比喜欢手机、平板电脑、电视要好

B 比乱动东西、跑跳摔伤的行为要好

C 比父母陪伴讲故事要好

D 比认字、数数要简单，当然好

从父母的角度来说，绘本的最大好处是解放了时间。给孩子一本绘本，孩子就可以很安静地坐在那里自己看了，而且大人们都认为这是培养爱看书习惯的好办法，还能让孩子远离电脑、手机等电子屏幕。但正是这种立竿见影、一举多得的短期效果掩盖了它另一方面的巨大弊端，这种弊端往往要等好几年后，孩子进入学龄期时才会明显表现出来，比如孩子总想省事儿不愿意看文字、一看文字就很不耐烦、不想读长的段落、一读书就经常漏字等。

这时父母们最先想到的是给孩子报辅导班来提高，很少有人会意识到，这是在 5 岁之前，大脑高速发育阶段过量阅读绘本导致的。孩子能够通过图画看懂意思后，就不愿意费劲儿阅读文字了。人有惰性，孩子也会进入自己的舒适区域后就不愿意出来，需要认字的时候就会抗拒、不愿接受，大脑习惯了图形的模式，就愿意用简单的图形来解决问题，于是很多孩子就这样错过了认字的最佳窗口期。

绘本的内容确实有一定的营养，是家庭教育中可以借助的一种素材，而且图片生动、制作精良，这些都是吸引父母购买的亮点。权衡绘本的利弊，关键在于度的把握，完全不读或者过量阅读是两种极端，而目前普遍存在的问题不是阅读不够，而是绘本看得过多以及阅读方法不当。正确的“绘本打开方式”，可以从以下三点做起。

- 第一点，精选少量绘本，带孩子反复阅读，加深理解和神经联结。这一点也可以从前文的“为什么孩子喜欢听重复的故事”一节中得到启发。
- 第二点，加入指读文字的动作。重点不是刻意教孩子认字，而是通过手指引导孩子的目光关注文字，调动眼睛随文字移动，再伴随朗读的声音，孩子除了接收图片上的视觉刺激之外，还将收获文字和声音相匹配的熟悉感。
- 第三点，不同年龄阅读绘本应有不同的侧重点。

1 岁注重感觉。立体的或带有不同质地表面的图书，非常适合孩子触摸。由触觉先发，再配合听觉和视觉，将手摸到的与听到、看到的内容对应，形成三种感觉的综合关联。

2 岁注重认知。认，指的是辨别；知，指的是知道人物或事件的关系。伴读绘本时，精选的少量绘本就像孩子喝的奶，需要父母有意识地配上辅食才能更利于营养吸收、智力发展。比如将绘本中的图形、角色、事件等拍下来，制作成连线游戏的模板让孩子对应，或制作成小卡片，孩子抽中哪一张卡片，父母就讲围绕这个卡片细节展开的内容。这些灵活拆解内容、促进深入理解的活动能让伴读更有价值。同时，封面上和内容中字体较大的文字，父母都可以一边用手指引导，一边慢速念给孩子听，不用要求孩子认识，不需要强调，更不能考核，从最开始就加入这样的动作，孩子自己会意识到，这些是文字，文字有含义，文字可以被读懂，从而对文字有一种亲近感。

3 岁强调体验。除了理解书中内容的因果关系、前后次序，还要引导孩子建立自己的偏好，比如特别喜欢某个人物、某几句对话、某个动作等，并在反复阅读的过程中巩固内心的偏好。这时可以采用心理投射的方法将孩子带入这个角色，听孩子讲解他的想法，比如问孩子：“如果你是这只小老鼠，你会怎么做？”通过孩子偏爱的角色，也可以建立模仿和正向行为的引导，比如问孩子：“小白兔非常注意个人卫生，它一直坚持刷牙，如果你是小白兔，你会选择几点去刷牙呢？”

4 岁注重参与。父母在灵活使用音调、表情、动作进行伴读时，可以适当留白，也就是讲着讲着，略停一下，孩子很愿意续接和补充，主动参与进故事中。父母仍然可以将书中内容拍下来制作成卡片，和孩子轮流，每人抽三张，用这三张卡片串起书中的一段故事。绘本里的每张图片都是一颗植根于孩子大脑的种子，不断浇灌它们，就是在为日后的智力大树培育紧密交错的根系。

5 岁注重输出。儿童的输出不是写字，而是说话。通过与父母讨论绘本中的内容，从对他人意思的认识，逐渐形成自我表达。不只是因为熟悉而重复书中的原话，还能用自己的话进行解释，这就是自己的理解、自我的表达。

不跟风大量翻阅绘本，而是通过以上提到的方式让孩子在伴读中体会不同层次的内容，从看到的、听到的，到想到的、知道的，再到自我表达、自我驱动，这才是丰富的智力、心理和精神培育。

以下是上述思考题的答案及各选项对应的具体解释。

你做对了吗？

A 比喜欢手机、平板电脑、电视要好

解读 这是父母的自我安慰。

B 比乱动东西、跑跳摔伤的行为要好

解读 这是减少父母心理负担的解释。

C 比父母陪伴讲故事要好

解读 很多父母是被这个动机驱动的，而又没有意识到自己想图省事儿。

D 比认字、数数要简单，当然好

解读 延误了孩子认字能力的建立，以及对抽象事物的理解能力。

过量阅读绘本造成孩子的大脑习惯图形模式而不喜欢看字，源于父母为了自己省事儿以及冠冕堂皇的“热爱读书的习惯”，与之类似的是到了孩子幼小衔接阶段，很多父母热衷于让孩子突击式地学习认字。慢慢掌握、一点一点理解，这多慢、多费事儿啊，那么多字，什么时候才能学会呢？相比之下，集中突击能让孩子在短期内快速提升认字量，会认字就可以自己看书、自主阅读，就不需要大人陪读、睡前伴读了，这多快多省事儿，于是市面上那些强调能在幼小衔接阶段大量认字、提升孩子自主阅读能力的培训机构生源不断。真有这样快捷、省事儿又有效的方法吗？孩子学习认字到底是在学什么？且听下一节详解。

59. 学认字学的是什么

孩子不断成长，在学习语言的过程中肯定要学习认字，这是一个循序渐进的过程。但是绝大多数父母并不了解儿童文字学习的顺序是什么，不仅无法循序渐进，还有可能南辕北辙。下面这些父母的描述反映了孩子学习文字过程中的两种主要误区，不是让智慧土壤完全闲置，就是过度耕种、拔苗助长：

“我记得之前听过一个中文系教授讲，不建议让孩子在6岁以前认字，理由之一是孩子开始认字之后，就会忽视对图形和图像的关注；理由之二是认为孩子在上小学之后有足够的时间学习认字，慢慢就掌握了。于是我们在孩子6岁前真的没有重视认字，不仅如此，但凡有文字出现的地方，我们都引导孩子看图，刻意避免引导孩子看文字，但在孩子进入小学一年级后，我发现孩子的认字量远低于班级中的大部分孩子；对生活中随处可见的文字内容视而不见，根本不会留意这些文字以及文字所传达的信息；此外他也不喜欢看带字的书，哪怕是低年级比较简单的读物，每页字数并不多而且有拼音，孩子也不愿意读；朗读课文也很费劲儿，一个字一个字地往外蹦，不会按一句话中的意思进行切分和喘息，很费劲儿地‘读字’而不是真正地朗读课文。一年级下学期开始，不管是语文试卷还是数学试卷，题目中的文字都越来越多，孩子读得很慢，而且总是读不懂，读完了也无法理解意思。回想起自己在孩子6岁以前‘阻碍’他学习认字的做法，我实在是太后悔了。”

“我女儿一直是我妈帮忙带，我妈以前是小学语文老师，但我小的时候，她特别忙，根本没有时间顾我，我觉得她内心多少有些愧疚。后来我妈退休了，便全身心扑在了第三代身上，对孩子照顾得很精细，教育方面抓得也很紧。孩子在3岁时就能背唐诗，后来我妈还买了字卡和书，每天上下午都花时间专门教孩子认字、练习写字，孩子在5岁多的时候，认字量已经超过了1 500个，写字写得也比同龄孩子工整好看，那时我还挺得意。但是后来我渐渐发现，女儿虽然认字量大，但很多字的意思却并不理解。而且她总觉得自己早都学过，已经会了，上课非常不专心，不愿意再听，觉得没意思。现在孩子已经读二年级下学期了，当年引以为豪的认字量大、写字好看的优势几乎体现不出来了，理解能力反而非常欠缺，而且似乎没有学习的兴趣和主动性。我在想，这是不是由于小时候教她大量认字、记忆文字的做法有问题导致的呢？”

以上案例引出了符合大脑发育规律的四个文字学习阶段：识字、认字、说字、写字。文字是用于表达意思的一种方式，也是人类走向文明的一个关键。一般来说，只有语言而没有文字的地区多数都是落后的。汉字的学习难度较高，应该尽早开始。儿童认知心理学提供了能力证明，视觉可以帮助孩子尽早学习认字，从婴儿出生后就应该开始接触。那么请思考以下问题。

思考题 练习识别孩子的需求

对于学习文字的四个阶段，1岁以内的孩子处于以下哪个阶段？

A 熟悉文字的样子

B 知道文字的意思和发音

C 词汇的使用

D 文字的写法与笔画顺序

识字的含义是能够知道眼前这团东西是“字”；认字是指能够知道这个字的笔画与别的字不一样，并且知道它的意思；说字是指知道这个字的发音而且能够发出对应的音；写字是指能够把字写出来，笔画正确、结构合理。

这四个环节就是学习文字的过程，都有对应的阶段。在孩子3～5岁这个阶段，应该强调的是认字，不一定需要先发音。有时孩子是先知道这个字的意思，然后才知道发音的。

知道发音后，孩子会先进行口头使用，然后才是书写表达。多数情况下，如果没有书写表达的需要，孩子也就没有动力去学。在文字学习的过程中循序渐进非常重要，一个阶段如果错过了，下一个阶段并不能弥补，只能抓紧把下一个阶段完善起来。

1 岁左右的婴儿具备强大的学习能力，唯一薄弱的就是回应能力，不能与大人进行互动，不会补充和提问，可是大人告诉孩子的话，孩子都能够吸收。吸收不是听懂，而是保存。眼睛看到的东西一律进入大脑中存储起来，说不定哪天就能够用上了。

父母们可以利用孩子这一认知特点，在家中的一面墙上贴满大字。具体方法是选择 100 个笔画数不超过 4 的独体字，每个字占用一张 A4 纸，长期贴在家里，作为视觉环境。不要刻意教孩子“你看，这个字念……”，而是在家中创造一个孩子天天浸润其中的文字环境，孩子每天有意无意地看，不知不觉都会刻录到脑海中。等孩子到了两三岁，在各种生活场景中再看到相应的字时，就能直接识别出来，这就是以脑海中已经刻录的 100 个字为基础实现的。等到孩子主动问“妈妈，这个字念什么”时，才指着这个字告诉孩子相应的读音。孩子不问就不教，孩子问哪个字就教哪个字，不多教。

另一个做法就是把家中的各种物品贴上对应名称的汉字，比如衣柜、电视、水壶等。循序渐进的方式就是配合场景，比如到冰箱去拿冷饮，孩子能够知道冰箱是一个物体，打开冰箱门的时候，把手旁边就有“冰箱”两个字，这时孩子的视觉一下子就看到了，并且结合自己眼下的目的，即拿冷饮，就认识了“冰箱”。如果冰箱门上还有“冷饮”两个字，也能够认识“冷饮”。这就是识字，这样的做法是符合大脑认知规律的家庭教育做法。

识字是如此，交谈也是如此。其实，对于生活中的规律、常识，都可以用放慢语速的方式讲给孩子，不用考虑孩子是否有反馈。孩子会直接接受，并在大脑中进行加工。孩子在还不具备表达能力的阶段时，是吸收最好的时候，能够全盘、完整地刻录下来，这也是早教的理论基础。

对文字信息视而不见是对文字产生“免疫”或者屏蔽的一种典型表现。就好比一个不懂德语的人在德国火车站，对于广播里的通知，完全没有任何听觉意识，这就是脑内屏蔽。如果孩子在 3 岁以前，也就是大脑完成了绝大部分发育的时候没有看到过大人使用文字，他的大脑没有文字的痕迹，就会对文字产生类似的脑内屏蔽，这将对孩子产生深远的影响。

对于 3 ～ 5 岁阶段的儿童，学习文字应该强调认字的能力，也就是通过细节将不同的字区分开来的能力，这是在识字基础上的提升，然后才是说字和写字。学校教育系统要求小学一年级的学生要认识 1 600 个字，其中有 800 个字要求会写。对于没有经过在家庭生活中铺垫识字和认字过程，就一下子进入写字阶段的孩子来说，通常缺乏理解字意的场景，而是通过发音匹配视觉看到的一个字，同时还要掌握书写方法，这使用的就是非目的性的记忆方式。别说对孩子，即使对成年人来说都是较大的压力，这种学习方法与大脑发育过程中的认知次序是相违背的。

学习文字需要与眼前的场景、自己的需要或行为相结合。这样的结合能促进理解，不论是学习数学还是学习语文都会更加容易。而脱离场景、情境、环境的机械学习是枯燥的，孩子的大脑会本能地排斥，表现出来的状态就是敷衍。

以下是上述思考题的答案及各选项的对应解释。

你做对了吗？

A 熟悉文字的样子

解读 提供一个环境，让孩子可以方便地看到就足够了。

B 知道文字的意思和发音

解读 发音要等发音器官与对应的大脑区域完善后才可以。

C 词汇的使用

解读 词汇的使用要等到 6 岁左右。

D 文字的写法与笔画顺序

解读 书写要等控制手的大脑区域完善后才可以。

孩子学习任何新东西，不管是阅读绘本、学习文字，还是学英语、学数学，都是大脑认知的过程。认知过程需要调用大脑的认知资源，当孩子喜欢这件事情时，就会不由自主地全神贯注，投入全部精力；当孩子不喜欢这件事情却又回避不了、不得不干时，大脑只会调用较少的资源应付了事。孩子不喜欢数学，就是这样的表现。大人们都希望孩子喜欢数学，但往往只看到了孩子喜欢和不喜欢的外在表现，却没有找到背后的原因，知道原因才能真正解决问题。那么，孩子不喜欢数学的原因是什么呢？请看下一节。

60. 为什么孩子不喜欢数学

孩子不喜欢数学，但父母们拼尽全力希望提升孩子的数学成绩，这种极度“拧巴”的状态可以说是社会现象级别的问题了。“学好数理化，走遍天下都不怕”的思想仍然深入人心，数学成绩好似乎是学业有成，甚至生活幸福的必备条件。

人们很少公开承认自己语文不好，可是普遍都会说自己的数学不太好。这种“不太好”的感觉里面，既包括了不喜欢、觉得有难度、成绩确实不理想，也有因预期定得太高，觉得自己总是无法达到的落差，不仅仅是外在成绩的表现，更是一种惭愧、无奈、无力、无望的内在感受。于是等孩子上学后，父母往往就希望孩子千万不要像自己这样，在数学上一定得实现“翻身”。下面这些描述都是父母们的真实心态：

> “我小学时数学就不好，每次做口算题都发怵，算得慢心里急，而且很紧张，一紧张脑子就好像空白了，于是总算错。每次口算习题发回来都有很多红叉子，回家还得让父母签字，一想到又会被骂，我就想把试卷藏起来。每周三次口算练习，让我觉得好像每天都处在那种压抑的感觉中。”
>
> “我妈说我小学一、二年级时数学总得 100 分，乘法口诀也背得很快，一下子就记熟了。我也记得那时老师总表扬我算得又快书写又工整，我非常得意。但是到了三年级，开始有应用题后，我一下子觉得数学特别难，只要遇到应用题就读不明白，更不会做。之后数学就一直很吃力，从五年级开始一直上数学补课班，但我的数学仍然很差。现在轮到给三年级的女儿辅导数学了，没想到她也不喜欢数学，但我真希望她的数学能拔尖，而不像我当年那样一直掉队，但我确实不知道应该怎么办。”

“孩子不喜欢数学，他说他们数学老师非常凶，要求他们考试必须把最后一道大题全部做完，每次考完试挨个儿点名批评最后一道大题空着没做的学生。但是他说最后一道题都是比较难的应用题，他经常不会做，心里很害怕。”

没有哪个孩子天生不喜欢数学，相反很多孩子在启蒙阶段都对数学有着浓厚的兴趣，愿意主动“研究”身边的数学规律。那为什么孩子会渐渐地不喜欢数学了呢？请思考以下问题。

思考题 练习识别孩子的需求

孩子不喜欢数学的本质原因是什么？

A 数学太难了，不易掌握

B 数学内容抽象，不易理解

C 数学老师严厉，没有亲和感

D 总是做不对题目，遭受打击太多

想要弄清孩子不喜欢数学的本质原因，可以从以下两个思路入手。

- 第一，回忆一下孩子最初接触数学时的样子，是一开始就不喜欢吗？从最初的好奇、感兴趣或者没有表现出明显的偏好，到明确表示不喜欢数学，一定是一个过程，父母要思考这个过程中孩子的阶段性变化，是因为受到了哪些因素的影响，还是因为经历了某些事件，孩子才逐渐变成这样的。
- 第二，关注孩子喜欢的学科，找出这一学科的特点，以及孩子投身其中时的感受及期待，是受到老师的表扬、父母的夸奖、其他同学的羡慕，还是他自己专注于此时能得到快乐。

找到了孩子不喜欢的因素以及喜欢的特点，也就有了相应的两种做法。

第一种做法是消除孩子不喜欢的事情。不喜欢多数是因为“出错太多，总不如愿，总受挫败”。

孩子在认知新事物时会出现自主模仿的行为，但如果一模仿就被批评出错了，孩子探索新事物的认知热情就会被纠错的动作给阻拦，多次出错、多次不如愿之后，孩子就不愿再尝试了。父母要想改变自己总忍不住想纠错的行为，必须转变自己的认识，不将错题与错误画等号，而将错题看作孩子成长过程中的必经阶段。一旦明确了错题只是正常的阶段，再看见孩子的错题时就不会流露出负面的态度和情绪了。另外，把改错看成发展契机，还能往前一步海阔天空。认识到孩子不喜欢总被纠错，也就能够明白"错题本"对孩子的伤害了。孩子本来就害怕被父母批评"怎么总出错"，还非要把所有的错题再抄下来汇总在一处。这就好比进入一家公司工作，从入职第一天起就被要求把自己在工作中犯过的错误都逐一记下来并且每天浏览，还号称这是为了促进员工努力工作和进步。只怕不仅没有进步，还让人心里厌烦，情绪低落，想要赶快逃离。

第二种做法是增加孩子喜欢的学科内容，把玩的形式借用在数学学习上。游戏中没有对错，一次失误并不影响最后的输赢，也不会挫伤孩子对数学的兴趣。

除了总做错、反复遭受打击之外，孩子不喜欢数学也跟老师有关系。一位好老师能影响孩子一生的命运。多数数学老师都比较理性，缺乏那种能让学生喜欢上的感性因素。这些老师的求学过程多数也都是依靠自己默默地用功学习。有数据显示，约有 38% 的数学老师都不喜欢数学，教数学不过是一种谋生的手段而已。没有符合认知规律的教学方式，不懂儿童心理学，即使能够讲出来数学知识，也不能赢得学生发自内心的认同。

以下是上述思考题的答案及各选项的对应解释。

你做对了吗？

A 数学太难了，不易掌握

解读　难是相对的，还有其他更难的事情，却不一定不喜欢。

B 数学内容抽象，不易理解

解读　不易理解的事情里也有喜欢的，比如做游戏和玩玩具。

C 数学老师严厉，没有亲和感

解读 原因之一，是心理感受的外来因素。

D **总是做不对题目，遭受打击太多**

解读 喜欢是心理学中的感受倾向，源自感觉系统的外在反馈。

孩子不喜欢数学也就算了，每个人都有自己喜欢和不喜欢的学科，不可能要求所有的孩子都喜欢数学，或者都对数学感兴趣。但是很多孩子不仅不喜欢数学，还变得害怕数学，到底是什么原因让孩子害怕数学了呢?

人们的害怕是基于之前的感受而形成的一种认识。看到一件事情，就能够预测到结果，或是被训斥、被指责，或是被羞辱、受打击。重要的是，无论自己怎么做都是同样的结果，于是一旦看到类似的征兆，就知道等待自己的是什么了，便开始害怕。害怕是对未来感到失控的一种表现，而且预知结果会对自己不利。

如果怎样做结果都是不好的，孩子就渐渐不愿意碰，不愿意多想了。但是连看都不想看的事情却又不得不应付，于是就出现了固定的心理反应方式，一边害怕，一边不得不去做让自己感到害怕的事情，大脑精力都被害怕所俘获，没有足够的资源去支持学数学所需要的思考并调用已经学到的内容了，学习的结果更加不会如意。孩子的心理变化路径是从知道自己考不好会被羞辱，到渐渐害怕，从而形成自我防御，再到破罐子破摔，最后彻底自暴自弃。

孩子不喜欢数学是普遍的，而女孩数学学不好也很普遍。那么，为什么多数女孩学不好数学呢？请看下一节。

61. 为什么多数女孩都学不好数学

在小学三年级之前，学习成绩好的大部分是女孩，考试经常能得“双百”，但进入四年级之后，女孩的成绩却逐步下降，尤其是数学，经常出现很多作业题或考试题不会做，甚至都不知道该从何思考的情况。进入中学后，女孩学起数学来就更加吃力了，到了高三，数学考试前 10 名中可能只有 2 个女孩。于是大家认为女孩不太擅长学习数学。真是这样吗？请思考以下问题。

思考题 练习识别孩子的需求

女孩学不好数学这一现象背后一定有原因，那么最主要的原因是什么呢？

A 因为女孩多数靠记忆学习

B 因为女孩学习艺术的时间多

C 因为女孩天生是以家庭为主的

D 因为女孩的生理发育倾向不同

女孩和男孩在大脑的生理结构方面确实存在不同。刚出生时，男女大脑左后枕叶脑干区的细胞颗粒大小以及细胞间隙密度都是不同的，也就是大脑微观结构的初始设定状态不同。男孩这部分神经元细胞大，排列疏松，因此男孩比女孩好动，需要大量的身体活动来促进此区域的血液循环和功能发育。女孩大脑的这个区域神经元细胞小、排列紧密，脑电流经过此区域时通畅稳定，这一部分紧邻小脑和海马体，随着发育，最初的微小不同牵连了周边区域的发育次序、发育重点以及发育贫富的区别，接着就影响了大脑发挥作用时的表现。

比如女孩善于调用记忆力，擅长做细致、孤立、静态的事情，做这些事情对她们的大脑来说是省劲儿的。人类的大脑是一个聪明的器官，大脑想要发挥作用时，只要能省劲儿绝不费劲儿。大脑的运作模式影响了学习方式，就数学来说，很多女孩都是凭借记忆力来学习的，加上她们注意力集中程度比男孩好，容易服从老师的要求，通过听老师讲解和关注例题示范来掌握套路化的做法，认真工整地完成作业，进而巩固了记忆力。虽然很多女孩一开始数学成绩良好，但这种学习方法对形成数感非常不利。数感是学习数学的根基，强调事物在动态中的关系和规律，通过理解力掌握规律，而不是死记硬背。

小学三年级后，数学术语大幅度增加，孩子的记忆力受大脑资源的限制，无法开拓出更多，而且还要应付其他学科的记忆要求，纯靠记忆力已经不够用了，又没有前期的理解力做铺垫，很多概念理解不了，于是女孩在数学学习上就越来越吃力了。

男孩的注意力不如女孩集中，又不善于记忆，很多套路性的内容并没有记住，因此写作业只能靠猜和悟，数学成绩也就很一般了。但是，猜的过程调动了主动理解力，虽然理解得不一定全面也不一定正确，但他们在之后逐步自我纠错的过程中会学到更多东西，慢慢实现融会贯通。四年级以后，数学内容更抽象、更复杂，男孩的成绩反而好了起来，就是理解力的功效。

理解了大脑的运作模式后，要想提升女孩的数学能力，就要想办法克服这种生理特点。比如在家庭中多开展动态多变的活动，通过动手参与，让她们以视觉、听觉、触觉多通道联动的方式感知数量的多少、变化、次序，不优先调动记忆力，而是由着想赢的自我目的性，在游戏中不断开动脑筋，寻找方法，加深理解。

除了善于记忆，女孩的大脑也更喜欢自己主导情景，比如玩过家家，就是自己主导一个情景，再不断重复模仿自己见到的情景。这时大脑试图形成一个稳定的电流通路，通过情景、表演、对话、模仿等行为在大脑皮层形成多条通路，可以再现体验过的情景。这一倾向对学好数学也不利，因为自主情景活跃区在右脑，所以自主情景难以激活左脑的大脑皮层。

另外，女孩更容易形成固化事物的趋势。很多父母都有一个体会，孩子在成长过程中有那么一个时期，要求父母必须坐某个位置或者必须读某本书，父母不明白，这本书都读了一年了，为什么还要读。饭桌上的位置也要固定，只能这样坐，不能那样坐。有趣的是，出现这种情况的孩子里 93% 是女孩。男孩这样的表现较少。这意味着孩子试图让视觉看到的样子与脑海中的图形相吻合，这种倾向就是固化事物，这是儿童大脑右后枕叶区域的活动，这样一来，左右枕叶就形成一体化了，也不利于数学的学习。

看到这里，女孩的父母们是否一下子没了信心，甚至干脆想要放弃了，其实根据现有对脑功能的研究，基于充分理解男孩女孩大脑发育上的差别，反倒为有针对性地采取措施提供了理论参考。这意味着只要方法得当，完全可以通过在不同阶段开展适当的活动来调整孩子大脑发育的结果。

除了大脑发育过程之外，父母对孩子的期待以及文化倾向的压力也会影响女孩的数学学习。

男女性别的差异除了体现在生理结构上，还体现在基因类别上。其中一个表现就是女孩更容易敏感地依赖喂养其长大的人，而男孩的基因中原本就有独立自主求生存的倾向。这种不同导致女孩更喜欢迎合大人的期待，而大人的期待就成为女孩用以要求自己行为的一种约束和规则。理解了这一方向，父母就不应该对孩子有基于性别的期待，一旦孩子听到父母说“女孩子都是这样的”，她可能就会觉得自己就是这样了，而对女孩最大的无形压力就是文化。

科学领域里的人才确实男性居多，这导致人们脑海中形成了女性不擅长科学，也学不好数学这类偏见，父母、老师、舆论都会有这样的导向，甚至各种主张女孩不必花时间在数学上的言论也是层出不穷。这种氛围导致孩子还没开始学习数学就已经有了这样的心理暗示，无形中增加了女孩学习数学的障碍。靠记忆力无法学好数学，以下是上述思考题的答案及各选项的具体解释。

你做对了吗？

A 因为女孩多数靠记忆学习

解读　这是绝大多数女孩表现出来的情况。

B 因为女孩学习艺术的时间多

解读　有这个可能性，女孩倾向于学习艺术类的内容。

C 因为女孩天生是以家庭为主的

解读　这个是偏见，也有数学学得很好的女孩。

D 因为女孩的生理发育倾向不同

解读　生理发育不能影响大脑发育情况。

大脑的记忆用于相对来说不变的事物，记住了以后不会变化，这种方式对于学习历史、地理中的长期结论来说是个优势。对于数学这种要求灵活性、变化性以及依靠不同规律、组合和大幅度变化的学科来说，靠记忆力学习就如同用木棍对手枪。女孩的大脑发育与男孩的大脑发育存在阶段性的不同，突出的特点也不同，导致女孩容易陷入用记忆力来学习的误区。男孩更多的是用理解力来体会，完全不用记忆力，可惜男孩的弱势是明白得慢，不是一次就能行的。从这种发育的不同去看待这一章，每一个小节都有重新思考与理解的价值。

身边的妈妈这样做

背课文，玩着就会了

——陈晓兰，家有 8 岁男孩

从一年级下学期开始，孩子语文课文就不再是几行简单的内容，而是有好几个自然段了，老师经常会留背课文的作业。最开始还比较容易，进入二年级后课文更长了，孩子开始明显抵触背课文。一边是老师的要求，一边是孩子的情绪，要是没有具体方法而只是向孩子施加压力，根本不能解决问题。这真是施展孙老师的“拼课文法”的大好时机。

课文对孩子来说比较长，很难背诵，但对大人来说，字数并不算太多，我逐字录入电脑并打印出来，和孩子一起把课文按自然段剪开，然后我问他觉得哪段最难背，他说当然是字最多最长的那段。于是我们一起数了数，那个自然段一共有 4 个句号，我们就把这 4 句话分别裁开，我和他约定两人轮流拼接这 4 句话，4 张纸条可以用手随意摆放，前后调换，按什么样的顺序拼都可以，拼完大声念一遍。

这是孩子最喜欢的游戏，一段话中的 4 个句子，前后调换一下位置，念起来让人捧腹大笑。玩过两轮后他就会说：“我知道了，看来还是原来的那种顺序最合理。”经过这样“把玩”句子，孩子很快就能背下来，而且还理解了句子之间的起承转合。

最长最难的一段背下来后，剩下的内容就好办了。我们把已经拼好的那个段落和剪下来的其他段落再打乱顺序轮流朗读，又是一番哈哈大笑的场景。玩过之后孩子又会说：“嗯，这下明白这些段落谁应该在前面，谁应该在后面了。”这样孩子不仅很快背下了全篇课文，还进一步理解了课文的整体结构。这个方法屡试不爽，帮助孩子解决了背课文的大难题。而且我发现，通过对句子、段落的拆解和深入理解，孩子在遣词造句和写作文方面也有了巨大的进步，虽然篇幅不长，但是他写得条理清楚、通顺流畅。这个通过游戏背课文和写作文的方式真是太好了！

情感方面的发育与智力方面的发展一样，男孩女孩表现大不相同，这种情感方面的不同，同样影响着儿童的成长。情感方面，男孩与女孩也是有不同的发育节奏的。下一章，从情感早熟开始讲起。

08

第 8 章

情感培育：对情感的理解，孩子与你不同

孩子听了多少遍父母说的“我爱你”“永远爱你”“一切都是为了你”，可与这些表达爱的语言相比，父母的行为不是对孩子提出严格的要求，就是要求孩子放弃想吃的、爱玩的，放弃自由的时间，来按照父母的意志去行动。难道这就是“爱”的含义吗？爱，对孩子来说到底是什么意思呢？

很多父母自己都是在这样的氛围中成长的，也是在类似的状态下形成与父母之间的情感的，他们并不知道情感的发育和发展过程，当然也就忽略了这些过程中存在的规律，而恰恰是这些规律影响着亲子间的互动方式、交谈用的语言以及随后出现的行为。无论父母对孩子的语言和行为怎么理解，只要不懂孩子的心理，所谓的理解就只能停留在表面。孩子心如明镜，会渐渐揭开那些关于“爱”“心肝”“宝贝”的本意，于是他的情感就会因此而变得冷漠、虚伪、假意迎合，这种心理情感的发展过程将带来一种什么样的人生呢？这一章的话题，每一个都是父母们常会出现的对孩子的误解以及孩子内心的真相。

情感是要培育的，不是通过说教来完成的。培育是需要时间的，不是靠安慰就可以灌输的。儿童的情感需要自己去体验，尤其是难过、苦恼的时候，不是大人轻描淡写要求孩子遗忘就可以解决的，更不是“你还年轻，早晚会过去”之类的说教可以解决的。我们就从孩子丢失心爱的东西开始说起吧。

62. 孩子心爱的东西丢了怎么办

我们在生活里都有过丢三落四的情况，在成长的过程中也总会经历丢失东西的体验，但如果丢失的是自己特别心爱的东西，心情一定很难过。

孩子也有自己特别喜欢的东西，有的像是零散的乐高积木块，孩子虽然喜欢，但通常不会对其产生偏爱，丢了也并不伤心；而如果丢失了一个作为整体的心爱物件，孩子就会情绪低落，有时甚至非常沮丧消沉。比如有一位妈妈这样描述：

> “女儿有一个泰迪小熊的毛绒玩具，是她 2 岁生日时我们送给她的，之后只要睡觉她就把小熊放在枕边，有时还会给小熊唱儿歌、哄它睡觉，女儿说这只小熊是她最喜欢的玩具。但有一次旅游时，这只小熊被落在当地的地铁上了，为此孩子一连伤心了好几天，尤其到了晚上要睡觉时，每次都会掉眼泪，任凭我们如何安慰劝说，都没有用。过了那几天，这件事的影响似乎慢慢消散了，虽然她还会时不时地说起想念那只小熊，但基本不会再为此难过了。看她如此喜欢，后来爷爷奶奶又送给她一只类似的小熊，但女儿的反应却很冷淡，有一天晚上睡前又说起还是想念以前的小熊，说着说着又眼泪汪汪了。孩子丢失了心爱的东西，我们不知道应该如何应对。”

你有没有遇到过类似的情况呢？不妨来思考以下问题。

思考题　练习识别孩子的需求

面对孩子的伤心，父母看着很心疼，于是会出于本能地说一些试图宽慰的话。那么，这个时候父母应该说什么呢？

A 没事，再给你买一个新的

B 它见不到你了，也很难过，也在找你呢

C 别难过，我们回想一下，然后找回来

D 回想一下与它在一起的美好时刻

孩子发现自己心爱的玩具丢失后，多少都会出现难过、伤心的表现。这是孩子最初学习并体验这类情感的时刻，恰好也是最佳的情感体验教育时机。**体验并处理意外事件给自己带来的心理上的伤心感受是教育所涉及的环节，而且是任何教育机构和教育模式都无法设计出来的。**

那么，就应该带孩子体会一种具体的做法，比如回顾最初接触这个物品时的细节，这个物品陪伴自己度过的日子，如一起睡觉、听故事、出门活动，还有带着这个物品一起去过的地方等。这些都是生活的具体细节，和孩子一起回顾的过程是应对这个事件的直接、可操作的方法。

这种方法的意义是当人的情感陷入一种境况时，可以通过做具体的事情来梳理清楚这份情感的具体内容，以及这份情感中蕴含的生活点滴，更清晰地“看到”和理解这份情感，而不是只停留在沮丧却又无法具体表达自己的困境中。这才是处理情感的正确方式。

通过丢失心爱玩具的事件，孩子逐渐知道自己可以通过记录与这个心爱玩具一起度过的日子的方式，深入寄托自己更多的情怀，把情怀以一种事实的形式呈现出来、凝结起来，成为一种永恒。人的情感会由此而变得更加扎实，更加具体，也更能自控，从而掌握识别情绪、表达情绪以及控制情绪的方法。以下是上述思考题的答案及各选项的具体解释。

你做对了吗？

A 没事，再给你买一个新的

解读 这种做法消除了情感的建立过程以及巩固机会。

B 它见不到你了，也很难过，也在找你呢

解读 这个思路可以，但会引发更多不好处理的问题。

C 别难过，我们回想一下，然后找回来

解读 这种安慰是空洞的，没有操作性。

D 回想一下与它在一起的美好时刻

解读 这是处理自我情感的正确方式，从现在自己可以做的事情入手。

孩子的情感和情绪都是真实状态下的自然流露，都有背后的原因和诉求，当大人们曲解了孩子的意思或应对方式不得当时，就会让孩子的行为更加扭曲，撒谎就是这方面的典型例子。

孩子撒谎的行为是大脑为了保护自己而自动形成的一种技巧，但是孩子不明白这在大人眼里就是一个严重的品德缺陷。这类情况通常都是父母最先发现，而且多数时候都是行为形成的初期。可父母一旦处理不当，就会固化孩子的自我保护行为，甚至还会促使孩子将撒谎行为变得更加巧妙和隐蔽，最后可能演变为激烈的对抗。那么孩子爱撒谎，应该怎么办呢？请继续看下一节。

63. 孩子总爱撒谎怎么办

父母总会遇到孩子说的话与事实不符的情况，请看下面这些描述：

“放学时询问孩子今天留作业了吗，孩子不假思索地回答‘没有’。但是从手机上班级群里发的信息来看，老师是留了作业的。”

“老师反映说，最近班里有几个男孩比较闹，课间在楼道和楼梯间追跑打闹，我家的孩子也参与其中，并且在学校开班会时严肃强调了不能这样做，希望父母能侧面教育一下孩子，注意公共场所的安全。结果询问孩子时，他说确实有同学课间很闹，动作很猛，但自己没有那样做。”

“我们对孩子管得很严，平常不让他打电脑游戏，零花钱也管得很紧。五年级时学习变得越来越紧张，我们给孩子报了几个补习班，学费都是从网上直接转账的，但偶然间他跟我说要收资料费，必须交现金。因为也就百十来块钱，而且这种情况并不频繁，一学期就一两次，所以我没有多想，也没再确认，就把钱给他让他带去了。后来才发现，根本没有资料费这回事，孩子拿钱买了零食，还在街边的游戏厅打了游戏。”

遇到这种情况，大人不仅会认为孩子撒谎了，甚至觉得是故意欺骗，因而非常恼怒。

孩子撒谎，确实需要大人介入，但立刻严厉询问只会提高孩子下一次的撒谎水平。也不应严肃地纠察和核实，发现隐瞒就立刻惩罚，那样只会加剧孩子内心深处的痛恨。想要真正解决问题，先要深入思考和了解，孩子选择撒谎的真正原因是什么。

前面提到的几个常见的例子，看似都是撒谎的行为，但实际上程度不同，出现的次序不同，背后的动机也不完全一样。

孩子撒谎的最初原因是他们的大脑对客观事实与自我主体之间关系的认识不一致。比如询问孩子是否留了作业的例子，孩子往往觉得作业是老师给别的小朋友而不是给自己布置的。因为孩子的大脑是把老师以及别的小朋友当作自我以外的两个客体来认识的，也就是两个客体之间发生的事情是存在的，而老师与自己是客体与自我主体，是没有关系的。**在这一时期，孩子的大脑也无法很好地区分客观事实和主观愿望，孩子说的话往往是自己心中期望的样子，而不是事实。**

孩子比较小时，大脑发育得不完备，往往没有意识到自己撒了谎，但生活中也确实存在孩子有意撒谎的情况，大多在孩子六七岁时开始出现，请思考以下问题。

思考题 练习识别孩子的需求

孩子有意撒谎，这背后的动机是什么呢？

A 避免受到责怪

B 避免受到惩罚

C 期待得到好处

D 期待父母高兴

我在前文提到过，趋利和避害是人类生存本能的两个核心动机。通过自己的表述，避免发生对自己不利的情况，这就是避害。孩子说出的这些“谎话”不符合事实，不是视觉所见，而是为了避免不利的后果有所调整后的语言内容。

人在成长过程中都是先被避害动机驱动的，等有了独立生存能力后就会逐渐将趋利作为第一动机。但如果受害时间太长、太频繁，避害就会固化为永恒的第一动机，更严重的会发展为回避社会交往活动。孩子为了避害而调整自己说话的内容情有可原，这属于生存本能。如果为了趋利而撒谎，那性质更严重。

避免受到责怪与避免受到惩罚是两种程度，责怪是精神层面的，惩罚是生理层面的。最初的避害都是源自生理层面的，当慢慢出现心理活动、有了精神需求后，孩子就会开始避免受到责怪了。这时，语言修饰与内容改变的性质就提高了。

儿童能够对一件事情说出两套内容来，其中一套能够推动事情出现的结果符合自己的预期，并能够预料另外一套将出现对自己不利的结果。这意味着儿童对事情的发展已经有了模式化反应，能够控制主动行为以得到利己效果，这是撒谎这种行为的积极意义。

父母们要尽量减少使用成年人世界的既定概念去判断孩子的行为。孩子的行为与孩子大脑认识世界的过程有密切的关系，不了解这些关系就会经常做出错误的判断，将这类表现归为有意识的行为，从而给孩子贴上爱撒谎的标签。

孩子最初并不理解这个标签，随着年龄的增长，孩子会认为这个标签是自己与生俱来的，也就更加放任了，于是撒谎的频率会越来越高、涉及的事情越来越大、对现实世界的理解越来越扭曲，也越来越倾向于按照对自己有利的方向塑造对世界的认识。尤其是平时父母管教比较严苛的家庭，很多孩子到了小学五、六年级就开始出现心计，为了避免可能遭到的打骂而选择隐瞒，瞒不住了就扭曲事实，再不行就编造事实，如果还不行就期盼着自己长大后，有能力和体力与父母进行对抗。

大人对孩子的评价和标签也会上升到个人品质层面，从撒谎到认为孩子是欺骗。这种不正确的响应方式和不断贴标签的过程，对孩子和亲子关系都是百害而无一利的。那么请思考以下问题。

思考题 练习识别孩子的需求

当父母觉察出孩子所说的话与事实不符时，应该怎么办呢？

A 立刻报警，开始正式调查

B 立刻指出，这是谎言

C 立刻拿出纸、笔，当面做记录

D 与老师交谈，寻找解决办法

妥当的处理方式是不要立刻抛出“撒谎”这个词，不要说“你居然会撒谎了”，而是要让孩子自己慢慢领悟。恰当的做法就是把孩子说的事情写在纸上，孩子一边说，父母一边做记录，用于在验证了事实后，与孩子核对。核对的目的不是证明孩子错了，以此为证据揪住孩子不放，而是让孩子知道他说过的话有人会在事后去验证，验证后是能够发现事情的真实情况的。另外，父母要告知孩子，无论事实如何，他都不会被责怪、被辱骂，更不会挨打，要让孩子有身体安全和心理安全的保障。

在这个过程中，父母最需要学习的就是不管孩子出现符合还是不符合自己预期的行为，都不立刻做出反应，因为任何反应都会帮助孩子建立响应机制，从而找到预测父母反应的规律。

比如，父母看到不满意的成绩，脸上流露出不高兴的神情，提高音量，埋怨孩子等，都会让孩子意识到只要自己成绩不好，父母就会不高兴，自己肯定也就没法高兴了。同理，马上夸奖孩子也是不对的，孩子会因此而建立投父母所好的意识。而且，多数父母没有学过夸奖和鼓励孩子的具体说法，只会笼统地用“真棒”“你能行”这类对成年人有含义，对孩子却没有具体意义的话语，这反而强化了孩子空洞的自信，一旦遭遇挫折立刻就会垮掉，对培养真正的意志力不能起到积极作用。

以下是上述两道思考题的答案及各选项的具体解释。

你做对了吗？

A 避免受到责怪

解读 趋利避害的高级表现行为，自我保护。

B 避免受到惩罚

解读 趋利避害的初级表现行为，本能保护。

C 期待得到好处

解读 通常还达不到这个程度。

D 期待父母高兴

解读 将撒谎当成一种讨好的工具了。

你做对了吗？

A 立刻报警，开始正式调查

解读 如果事情涉及更多人，是需要报警备案的。

B 立刻指出，这是谎言

解读 这是极其错误的做法，没有考虑孩子撒谎的原因。

C 立刻拿出纸、笔，当面做记录

解读 这是正确的方式，当时不做判断，只是详细记录。

D 与老师交谈，寻找解决办法

解读 与老师交谈是必要的，但不是寻求老师的解决方法。

对于孩子撒谎行为的递进过程，父母们现在能够意识到原因在自己了吗？孩子很聪明，能够找到适应自己生存的方式；而大人很顽固，也很容易自作聪明，进一步提高惩罚力度，然而这只会加剧孩子向仇视父母的方向大踏步前进，直到无法挽回。最终，苦恼的还是父母。

从背后的动机上看，孩子撒谎和偷拿家里的钱在心理层面上有很多相似的地方。如果确实理解并落实了本节提到的原理和具体做法，那么在孩子出现偷拿家里钱的行为时，相信父母们也能从这些做法中得到启发，更灵活地应对。那么具体应该怎么做呢？请看下一节。

64. 孩子偷拿家里的钱怎么办

当孩子成长到初中一、二年级，开始意识到钱的作用却又得不到钱的时候，就会偷偷挪用自己在家里找到的钱，这种行为经常被大人贴上“偷窃”的标签。那我们不妨来一起思考下面的问题。

思考题 练习识别孩子的需求

当父母发现家里的钱少了并怀疑是孩子用了的时候，应该怎么办呢？

A 询问孩子把钱用在什么地方了

B 严厉训斥，警告恐吓孩子

C 告知老师备案，在学校也要注意

D 告诉孩子以后不用自己拿，需要就说一声，爸妈会无条件给对孩子来说，单凭在家拿钱这个行为不能将其认定为偷窃，对孩子应该尽量少用成年人判断是非的词。如果孩子刻意回避父母这么做，那说明孩子心里已经设想到父母会干预，这是躲避干预的心理状态。孩子没有财物归属的概念，也不认为父母的财物不属于自己。偷窃的核心概念是偷偷将不属于自己的财物归属为自己，如果明目张胆地拿就是抢劫。

当父母猜测可能是孩子挪用了家里的钱时，可以练习采用下面的三个动作。

- 第一，应该明确了解孩子用钱的地方。
- 第二，要评估孩子这样的用钱方式是否合理。
- 第三，为孩子制订合理的收入来源计划，给孩子拥有钱的权力，让他自由支配自己的钱。第三步需要较长的时间铺垫，如果孩子已经出现了私下用钱的情况，那说明父母的财商教育晚了一步。

平时带孩子出去购物的时候，要和孩子多交谈，讲讲大人是根据什么标准来判断需要购买的物品的，花出去的钱应该得到什么样的价值反馈，包括如何判断价值，如何判断自己的需要，以及买来的东西可以用来做什么。这些都是平时带孩子出去购物、逛超市的过程中可以自然进行的财商教育内容。

以下是上述思考题的答案及各选项的对应解释。

你做对了吗？

A 询问孩子把钱用在什么地方了

解读 这是理性的，能分析出驱动孩子拿钱的真正原因。

B 严厉训斥，警告恐吓孩子

解读 这个举动只会让孩子下次拿钱更加谨慎。

C 告知老师备案，在学校也要注意

解读 这个行为会让孩子失去自尊。

D 告诉孩子以后不用自己拿，需要就说一声，爸妈会无条件给

解读 这是彻底纵容，孩子的欲望将成为无底洞。

孩子行为的背后都有其原因及合理性，如果父母在和孩子共同成长的过程中能慢慢学会拨开现象找原因，就能避免很多错误的反应和做法。

我们在童年时代都迷恋过一些特定的人物和角色，因为它们对自己有特殊的心理意义。很多孩子都痴迷于具有超能力的人物，比如超人，那这是怎么回事呢？请看下一节，为什么孩子痴迷超人？

65. 为什么孩子痴迷超人

外国的孩子从小就相信有圣诞老人，在圣诞节要与圣诞老人合影。中国的很多孩子喜欢火眼金睛、能七十二变的孙悟空，幻想着有根儿能伸能缩的金箍棒。除此以外，孩子们还偏爱奥特曼、变形金刚、钢铁侠、哈利·波特这类有超能力或神秘力量的人物，不管是几个孩子一起过家家还是自己一个人玩时，都经常沉浸在自己对超能力人物的幻想中，男孩更是如此。当孩子眼神专注、嘴里念念有词、身体来回比画时，就处于这种状态。那么请思考以下问题。

思考题 练习识别孩子的需求

孩子这样的行为背后是什么原因呢？

A 英雄幻想电影看得太多了

B 想摆脱自己的困境

C 幻想解决自己问题的办法

D 希望欠缺的部分可以得到弥补

孩子心中有幻想，这是非常常见的情况，父母需要关注孩子的幻想属于以下两种情况之中的哪一种。

第一种情况是，没有密切地结合自己的现实生活，这种幻想是正常表现。孩子到了 15 岁左右就能认识到这个世界上没有什么奇特的现象，人也没有超能力。

第二种情况是，幻想自己具备某种超能力，并能够结合自己的生活，用上这个超能力。比如能隐身或者让物体看不见，这样爸妈就不能检查自己的作业了；或者会轻功，可以在水上漂浮行走，这样就可以抄近路了等。一旦与自己结合，孩子心中就会对这类事物投入较多的热情，甚至会影响自己的学习，专注研究相关方面的内容。发现这种现象就要更多地关注孩子的心理需求了。

经常感到孤独、无助，而且总是得不到解脱的孩子，就会认真严肃地期待自己拥有超能力从而改变当下的处境。这时父母要找到孩子心中想解决的具体问题是什么，这些问题在现实生活中的源头是什么，以及孩子原本可以依赖的帮助者的作用是什么。了解了这些情况，就能够通过孩子对神秘超能力的向往解析出孩子目前的心理处境了。以下是上述思考题的答案及各选项对应的具体解释。

你做对了吗？

A 英雄幻想电影看得太多了

解读 有这个可能，到处都有英雄题材的影片。

B 想摆脱自己的困境

解读 这个原因对大一点儿的孩子来说成立。

C 幻想解决自己问题的办法

解读 这是主要原因，寻找解决问题的方法。

D 希望欠缺的部分可以得到弥补

解读 也有这个可能，不过这多数是成年人的嗜好。

很多孩子不仅相信超能力，还会对鬼神故事信以为真，表现出又害怕又想听的状态。那么，这个现象背后的原因又是什么呢？请看下一节。

66. 为什么孩子相信鬼神

给孩子讲故事时，总会遇到很久以前的事情和人物，有一些人物是神话传说里的，也有涉及鬼神的说法，虽然有时孩子会表现出害怕的神情，但还是很喜欢听这样的故事。那么请思考以下问题。

思考题 练习识别孩子的需求

在孩子的脑海中，鬼神一类的事情是被归类为以下哪种情况来处理的呢？

A 与我没有关系

B 有点儿害怕的感觉

C 刺激较深但没有具象的信息

D 不相信其存在

鬼神都不是客观上真实存在、可以看到的事物，即使在有些影视剧中能够看到它们的样子，也不是日常生活中的现实情景。这样一来，孩子对鬼神就没有了具象的理解，而是完全依赖于头脑中的想象。孩子大脑中的已存信息本来就不多，于是有关这类非具象事物的感觉和作用的认知也就只能来源于自己亲近的人了。

这些符号是一个开关，父母的表情和反应形成了打开和关上开关的结果。两者之间有联系，孩子看到这种联系，就能够在开关出现的时候做好下一次心理预期，模仿出父母的那个样子，这就形成了对鬼神的认知及其在大脑中的印刻。

孩子还不具备区分具象与非具象事物的能力，孩子对鬼神的所有感觉都来自大人，大人看到这类事物时的反应就是孩子大脑中所认为的合理反应，下一次当他遇到时也会出现这类反应。这不是理性认知，而是基于生存需要所导致的下意识模仿行为。如果父母不信，孩子通常也不信；如果父母虔诚，孩子通常也会信奉这类东西的意义，认为这些人物是存在的，尤其是那些有具体故事情节的人物，比如牙仙子、孙悟空、神笔马良等。随着年龄增长，孩子也会渐渐意识到这些不是真实的，只是自己愿意相信它是真的，这是自己心中的一种期待。

理解了这种情况，父母们就要对孩子接收到的信息有所小心，并利用孩子的这个特点。小心指的是防止错误的、恶性的鬼神故事进入孩子的脑海。当孩子对这样的内容产生沉迷甚至恐惧的情绪时，父母要设法扭转。利用是指可以讲牙仙子的故事鼓励孩子刷牙，讲小白兔的故事培养孩子勇敢，讲唐老鸭的故事培养孩子向往机智，利用好这样的故事比防范不良行为要好。

人人都有童年。童年的美好之一正在于什么都可信。成年人的悲哀就在于需要区别真诚与谎言，总是处在困惑和疑惑中。大人要维护、保护并爱护孩子的童真，因为童年转瞬即逝。

以下是上述思考题的答案及各选项的具体解释。

你做对了吗？

A 与我没有关系

解读 孩子没有这种与我有关系和没关系的意识。

B 有点儿害怕的感觉

解读 表现出害怕是模仿看到的亲人的表现。

C 刺激较深但没有具象的信息

解读 非具象的信息刻录，大人的感觉影响较深。

D 不相信其存在

解读 孩子没有客观相信和不相信的神经元。

一些成年人故意用鬼神相关的内容吓唬孩子，以此作为管教孩子的一种方式，这种做法会给儿童的心理留下阴影，且不会随着年龄的增长而消失，甚至会带来其他方面的问题。成年人要克制自己，不要随便吓唬孩子，也要警惕孩子被社会上四处泛滥的信息伤害。很多伤害会不知不觉让孩子失去阳光的一面，有时甚至会让他们滋生出轻生的念头，我们往往会从孩子嘴里听到“活着没有意思”这样的话，这又是为什么呢？请看下一节。

67. 为什么孩子说“活着没意思”

孩子认识世界、理解概念是从具象事物开始的。眼睛看见、双手触摸，加之听到大人们反复说到这个物品的名字发音，就一一对应上，有了自己的感觉，形成了自己的理解。但是对于非常抽象的情感内容，比如感情、尊重、理解、爱、死亡等，既看不见也摸不着，很难理解是什么意思，只好试着将这个词与当时说到它时所发生的事情或者父母的反应联系起来，用这样的方法来猜测这个词的含义，之后再模仿着说出这个词。

因此，孩子模仿的只是这个词的发音，没有更多的含义，而大人在说到这些词时，脑海中却有非常丰富的场景、形象、细节和情绪反应，大人对这些情感的理解和孩子在使用这些词时的理解并不一样。孩子不能真正理解死亡，当然，也不能有意识地明白活着的意思，但有些孩子时不时就会说出“活着真没意思”这样的话。那么你有没有思考过如下问题呢？

思考题 练习识别孩子的需求

孩子说出这类话反映了什么样的心理活动？

A 孩子只是随便说说，没有实际意思

B 孩子以此表达不如意的事情多过如意的事情

C 孩子以此传达不想做大人要求他做的事情

D 自我意识觉醒的信号，孩子感到生活与自己没有关系

人与动物不同，并不是吃饱、喝足、睡好就可以满足了。孩子的成长伴随着自我意识的觉醒和心理活动的萌发，能够感受到高兴以及不高兴。自己想做的事情，做了就满足、高兴；如果总是被打断、干扰、破坏，就难受、不高兴，甚至会发脾气。这就是寻求心理满足的证明。

9 ~ 15 岁期间，孩子会出现多次叛逆的情况，与父母和老师对抗。每一次对抗都会导致孩子在情感上与父母疏远。到了 18 岁左右，孩子的内心就已经渐渐成熟了，平时表现为不愿与父母交流，凡事喜欢自己做决定。

孩子经常说出“活着没意思”的话，其实表达的是心理上的不满，接着会延伸到精神上的束缚，从而产生想要离家、自我折磨、自我毁灭的想法。口头上说“活着没意思”，实际上是意识觉醒的信号，孩子感到自己是为“别人”活着，而且这个“别人”还总是对自己不满，悲惨的是自己还要靠“别人”活着。那这种活着，还有什么意思呢?

以下是上述思考题的答案及各选项对应的具体解释。

你做对了吗？

A 孩子只是随便说说，没有实际意思

解读 有时这样的话是模仿来的，但多数情况下是心理活动的表现。

B 孩子以此表达不如意的事情多过如意的事情

解读 这是孩子最初对“活着”这个词的理解，还会发生变化。

C 孩子以此传达不想做大人要求他做的事情

解读 这种感觉必须建立在有自己想做却做不成的事的情况下。

D 自我意识觉醒的信号，孩子感到生活与自己没有关系

解读 从心理学上说，这是个人意识觉醒的信号，认为自己活的不是自己想的样子。

建立良好的亲子关系已经成了一个时髦的说法，父母们也确实更加在意亲子关系的建设，希望和孩子之间有更深的感情，并且希望孩子能懂得这种感情。但其实父母所说的感情和孩子所理解的并不一定完全相同。请看下一节，对孩子来说，感情是什么呢？

68. 对孩子来说，感情是什么

父母们都想和孩子建立亲密的感情，很多父母反馈说自己每天都会拥抱孩子，会变着花样地给孩子做好吃的，给孩子买他喜欢的玩具，带孩子去公园、博物馆、游乐场、旅游景点，为孩子创造各种学习、体验和锻炼的机会，简而言之就是为孩子投入了很多时间，投入了很多精力，投入了很多金钱。但这样做就意味着孩子会对父母有感情吗？是不是训斥过孩子、对孩子大吼大叫过，孩子和父母的感情就不好了呢？请思考以下问题。

思考题 练习识别孩子的需求

对孩子来说，感情是什么呢？

A 感情就是给我买好吃的

B 感情就是能让自己笑的事情

C 感情就是陪伴，和我一起玩

D 感情就是关爱彼此的感觉

成年人的世界与儿童的世界完全不同，对词汇意思的理解也完全不同。大人所说的“感情”与孩子的理解不同，对孩子来说，感情就是陪伴，而陪伴的主要活动是指一起玩。

一起玩包括一起跑步、一起拍手、一起踩水、一起搭积木、一起骑车、一起做手工……父母要能和孩子一起玩，能够一起开心，一起实现同一个目标，一起感受失败并一起重新再来，这些才是孩子心中理解的感情。

大人口口声声说培养与孩子的感情，做法却是送孩子去各种兴趣班，把他交给老师；带孩子出去旅游，而旅途中只顾着看手机，让孩子自娱自乐；给孩子购买过多的玩具让他自己玩，却并不陪他玩。这并不是孩子想要的感情。

感情是在相互的活动中建立和培养的，有了充分的感情基础，也就能经得起冲突和吵架的考验。基于共同的活动所建立起来的稳固的亲子关系，是孩子安全感的重要源泉。

以下是上述思考题的答案及各选项的对应解释。

你做对了吗？

A 感情就是给我买好吃的

解读　这是生存基础，不是感情。

B 感情就是能让自己笑的事情

解读　这是建立感情的起始点。

C 感情就是陪伴，和我一起玩

解读　这才是孩子世界中所认识的感情。

D 感情就是关爱彼此的感觉

解读　这是成年人世界对感情的理解。

大人们回顾自己的成长历程，基本都有过挨父母打的经历，有些情景直到现在自己当了父母还能回忆起来，也许是委屈伤心，也许是气愤怨恨，也许对父母失望并暗下决心等自己有了孩子绝不打他。

可是现实中，这份决心实现起来却并不容易。在自己当了父母后，经常因为气愤或激动而动手打孩子，事后又对自己的行为悔恨不已，这是自己曾经最怨恨、最希望杜绝的行为，没想到自己却将暴力延续了下去。确实，暴力是会遗传的。有没有应对和终止的办法呢？请看下一节，对孩子来说，挨打意味着什么？

69. 对孩子来说，挨打意味着什么

说很多人小时候都挨过打，这还不够具体，于是我对自己的小学、中学和大学同学进行了调研，在被调研的 141 人中，12 岁以下挨过父母打的有 87 人（62%）。其中有 66 位男生，21 位女生，他们中的很多人都表示，至少有一两个挨打场景到现在还历历在目，惊恐、伤心、怨恨的情绪影响了自己很长时

间。但是站在父母的角度，很多人的描述都提到跟孩子动手是不得已而为之，实在没办法的情况，比如下面这两位父母所说的：

> “我也知道打孩子不对，不能动手，但有时候看到孩子一问三不知、越说越不听、故意装糊涂、不走心也不长记性的反应就非常蹿火，不动手简直没法忍耐。”
>
> “孩子平时写作业太磨蹭，今天我对他说以后回到家必须先写作业，写完了才能玩。没想到他马上甩出一句‘凭什么！’，我的火一下就上来了，觉得心跳加快脑门发紧，勉强忍住没有理他，去做晚饭了。他的作业其实并不多，如果专心做，一会儿就能做完，结果一个多小时以后，快开饭时他的作业就写了几笔，非常潦草敷衍，于是我心里的火又上来了，问他怎么没有抓紧写作业，没想到他竟然顶嘴说他的作业不用我管，气得我一抡胳膊就给了他一巴掌，他伤心得跑到另外一间屋子里哭了很久。事后我非常自责，觉得没有控制好自己。但有时又觉得，这种情况下不打根本管不住。心里太矛盾了，不知道应该怎么办。”

父母们动手打孩子，都是觉得自己有理，孩子不对，不打实在没办法了，却没有站在孩子的角度想一想挨打的真实感受。请思考以下问题。

思考题 练习识别孩子的需求

对孩子来说，挨打到底意味着什么呢？

A 身体的疼痛

B 悔恨的感受

C 要逃跑的感觉

D 再也没有安全的感觉

父母使用暴力打孩子往往是一时失控，但事后必然后悔。父母还可以后悔，并自我解释为没有控制住自己，可孩子又该如何理解和排解呢？

孩子不一定知道被打的真实原因是父母没有控制住自己，而是会理解为父母不再爱自己了。

孩子的很多错误行为都是无意识的或者是有客观原因的，但在挨打的时候由于内心恐惧，处于避害状态，这种情况下，孩子不会将挨打与自己的错误行为联系起来，更不可能明白挨打的真实原因是父母没有控制住自己。孩子内心只会强烈地认为自己不应该挨打，甚至认为父母不再爱自己了，从而失去安全感。

失去安全感的孩子通常心理上有三个发展方向，一个是更加独立，一个是更加孤僻，一个是更加反抗。多数会是更加孤僻，寻求自己内心的保护，自我压抑，更加独立以及更加反抗的情况都是少数孩子。

更糟糕的结果是，被父母暴力伤害过的孩子在自己成为父母后，更容易发生采用暴力伤害后代的情况，这种恶劣的行为是会遗传的。父母打孩子，看似只是在惩罚孩子，但实际上惩罚的是整个家族。

父母做出暴力行为，是因为当时的情况突破了自己的忍耐极限，之所以需要忍耐，大部分可以归因为父母对孩子不恰当的期待。比如希望孩子时刻顺从听话，将孩子与别的孩子比较，在众人面前顾及自己的颜面，在意别人对孩子的反馈和评价等。孩子不能达到父母期待中应有的样子，父母就觉得失望、气愤、着急、难以接受，于是想马上提醒、纠正、要求孩子。

父母这时的语气往往生硬、急切、笼统，孩子真不是故意装不明白，更多时候可能是一头雾水，或者因为父母的负面语气感到紧张而手足无措。正在琢磨、猜测、尝试，甚至因为害怕而开始回避时，父母一看孩子没有反应、不行动，就更加来气了，认为这是态度问题，认为孩子故意与自己作对，这种被情绪支配的结果就是对孩子动手。所以有问题的不是孩子，而是父母，是父母不切实际的期待导致了亲子间的暴力。

针对这个问题，具体的应对方法有如下三条。

- 第一，调整心态，接受儿孙自有儿孙福，接受孩子目前的真实状态，不要过多地要求、干预、操控孩子按照自己的意愿成长。
- 第二，建立对具体事情的合理期待，认识到孩子犯错是正常的，听不懂大人的要求或者辅导作业时需要讲解也是正常的。不要期待孩子立刻反应、立刻明白、立刻改变。孩子表现出不愿意做或者听不懂、不会做时，父母要暂时放弃尝试，翻过去这一篇儿。改天等自己和孩子都情绪平和时，再不急不躁地讨论一下这件事。

- 第三，对孩子提要求时，说话要具体，明确地给出行为做法，而不是笼统、模糊地要求孩子“听话”。

真正落实这三条具体的行为建议，父母就能让自己做到远离暴力，让打孩子这一行为在自己这一代终止。以下是上述思考题的答案及各选项的具体解释。

你做对了吗？

A 身体的疼痛

解读 最初一两次会是这个感觉。

B 悔恨的感受

解读 几乎没有这类感觉。

C 要逃跑的感觉

解读 这个感觉是稍微长大一些会有的。

D 再也没有安全的感觉

解读 这个感觉是始终会有的。

父母说话不明确，孩子无法有效响应，还要为此挨一顿打，心里的难过不言自明，而绝大多数父母都没有意识到自己表意不明，甚至会强调“说过好多遍了”“早就说过了”“就是不听话”，其中“听话”二字总被父母挂在嘴上，那么对孩子来说，听话是什么意思呢？请看下一节。

70. 对孩子来说，“听话”是什么意思

如果留意一下自己和孩子的对话就会发现，“要听话啊”这种说法，绝对是高频出现的句子：

早饭时孩子说不想吃鸡蛋了，跟孩子说：“吃了吧，听话啊！”

送孩子上学，临告别时会说：“今天要听话。”

送孩子去老人家住两天，会嘱咐孩子：“要听话。”

孩子淘气好动，在公共场合来回乱跑，会提醒孩子："别乱跑，听话啊！"

孩子不想写作业，也会念叨孩子："要听话！"

这简直是父母说教孩子时的万能金句了。那么你有没有思考过如下问题呢？

思考题 练习识别孩子的需求

对于四五岁的孩子来说，他们是怎么理解"听话"二字的意思的呢？

A 保持安静，不乱动

B 学会服从，按照听到的去做

C 不能笑，不能跑

D 在大人面前老实一点儿

"听话"，看上去只有两个字，但在孩子看来，却不能理解要听哪句话、听谁的话、听什么样的话、听多久、听到什么程度等，就算让父母自己去解释，也不一定能把自己在说出"听话"二字时所想表达的意思准确地说出来。于是孩子只能通过大人说话时的表情和情绪来推测，一般会理解为父母想让我老老实实的，不要乱说乱动。

孩子听到后会开始回想，父母在说这话之前自己到底做了什么事情，那些事情就应该算是不听话了吧。这样的推测太费劲儿、太抽象、太空洞，孩子经常搞不明白是什么意思，就会在大脑中把这样的话屏蔽掉，不接收这个信息了。

中国父母对孩子使用"听话"这个要求的频率远远高于西方父母。西方父母常见的说法是："吉姆，听我说，你现在去洗手。"这句话中有明确而具体的行为指令。孩子能够明确知道父母想让自己做什么，然后去做。中国孩子则总是在猜测和揣摩执行那些抽象、含糊的命令，执行慢了被当作态度问题，执行错了被当作愚蠢的表现。无论哪一种，到最后都是父母怒不可遏地冲自己发脾气。

想做出改变并不难，父母只要在与孩子的互动中把模糊的说教变成孩子可以理解的语言和可以落实的具体行为就好，比如："饼干渣儿掉在地上了，吃完饼干后请拿扫把扫一下。"再比如："沙发是用来坐的，想蹦的话可以在地上蹦。"这些都是明确的动作要求，而不是笼统的"听话"二字。

以下是上述思考题的答案及各选项对应的具体解释。

你做对了吗？

A 保持安静，不乱动

解读 孩子是不能做到一直安静不动的。

B 学会服从，按照听到的去做

解读 孩子不知道大人想让自己怎么做。

C 不能笑，不能跑

解读 有这个理解，但不是全部。

D 在大人面前老实一点儿

解读 多数孩子会理解为大人需要自己在他们眼前时规矩一些。

除了经常跟孩子说"听话"，父母们也总爱跟孩子说"爱你"，父母当然是发自内心地爱孩子，但父母在孩子开始说话、表达流利后，也会经常问孩子："你爱妈妈吗？爱爸爸吗？"等孩子再大一些，学校会教育孩子爱祖国、爱人民。可是孩子心中对"爱"这个字的理解真的是大人所希望的那样吗？请看下一节，对孩子来说，爱是什么意思？

71. 对孩子来说，"爱"是什么意思

很多有孩子的家庭都出现过这样的场景：

孩子说不喜欢吃虾，妈妈还是坚持往孩子碗里夹虾，孩子脸上流露出厌烦的表情并准备把虾夹出来。这时妈妈说："就几只虾，吃了吧，就算不爱吃也吃进去一些，吃虾对身体好。"孩子更加不高兴，嘴里咕哝："不想吃就是不想吃，我不吃！"没想到妈妈开始高声吼叫："怎么就是不听呢，

费了这么大劲儿专门为你做的，就是为了你好，妈妈爱你才把最好的都做给你吃，要不然谁愿意这么麻烦啊！真不识好歹！”孩子肩膀收紧低着头，含着眼泪用筷子扒拉着自己碗里的那几只虾，感觉既伤心又无奈。

孩子考试时写错了一道题，得到 97 分，拿试卷给妈妈看时，听到的第一句话是：“怎么回事，这种题都能出错，跟你说了不要那么粗心，是不是没有检查？”没等孩子回答，妈妈好像又想起了什么，马上伸手搂了搂孩子并补充说：“妈妈爱你！妈妈平时对你要求严格，都是为了你好。”

孩子牙牙学语第一次发出“ma”的声音时，全家都高兴坏了，尤其是妈妈，搂着孩子又抱又亲，不断地让孩子重复这个发音。后来孩子能听懂更多的话，和大人有更多的互动后，就开始经常被问道：“你爱妈妈吗？你爱爸爸吗？”每当孩子似懂非懂地点头，父母都会眉开眼笑，孩子看到父母笑，自己也跟着笑。之后遇到这样的问题总会点头表示“爱”，会说这个字以后，也会主动说出“爱妈妈、爱爸爸”，说得父母的心都要融化了。但是孩子所感受和理解的爱，真的和父母的理解一样吗？请思考以下问题。

思考题 练习识别孩子的需求

在一个四五岁孩子的心中，“爱”到底是什么意思呢？

A 爱就是亲切、熟悉的感觉

B 爱就是付出、奉献的心情

C 爱是大人喜欢说的，让自己高兴的话

D 爱是与生俱来的血缘关系

认为孩子不理解爱是什么意思的这种说法并不准确，因为孩子有自己对爱的理解，主要就是通过大人们说“爱”时的表情、口吻以及目光里的期待来认知的。比如父母说这个字的时候都是柔和、温暖、满足的，孩子就是这么理解爱的。当父母要求孩子也爱的时候，孩子就根据自己理解的样子来表现，比如也抱一下妈妈。

还有很多时候，父母明明违背了孩子的意愿，让他有压力、不高兴、不情愿，还口口声声说爱他，这种感觉可真奇怪、真难受啊。明明说爱孩子，可孩子感觉到的却是难受，这是爱的真正意思吗？在这样的亲子氛围下，孩子只会对爱的本质产生错误的理解，并在成年后固化这种认识，那就是所有的爱都是为了索取对自己有利的回报，这完全偏离了爱的真正意思。

爱，是看到了你的喜好、你的愿望，希望你能如愿。哪怕自己并不一定喜欢，也愿意放下自己的评价，约束自己的行为，只为了让你如愿。只要你高兴，你觉得好，我就为你高兴。

孩子不是通过语言层面的说教来感知“爱”的，而是通过具体的行为。在这里为父母们提供以下四个行为线索来思考孩子在家庭中理解爱的场合。

- 第一，父母对孩子说“爱你”时，通常是在什么场合下？
- 第二，除了对孩了说“爱你”之外，还对谁这样说过？
- 第三，通过对孩子、对别人说“爱你”，孩子能感受到的爱是什么？
- 第四，是否询问过孩子，他高不高兴、满不满意？是否经常向孩子表达，他觉得高兴，父母就为他高兴？

以上这些是父母们完全能做到的，引导孩子正确理解爱这种情感的行为示范。以下是上述思考题的答案及各选项的对应解释。

你做对了吗？

A 爱就是亲切、熟悉的感觉

解读 熟悉的感觉形成的是喜欢，亲切形成的是安全。

B 爱就是付出、奉献的心情

解读 孩子还没有对付出和奉献的认识。

C 爱是大人喜欢说的，让自己高兴的话

解读 这是孩子内心的一种认识。

D 爱是与生俱来的血缘关系

解读 孩子也不理解血缘关系是什么意思。

除了“爱”，“死”这个字也是日常生活中父母与孩子互动时无法避免的，但大人们在孩子面前都小心翼翼地避讳谈及这个字，那么在孩子心目中，“死亡”是什么意思呢？请看下一节。

72. 对孩子来说，“死亡”是什么意思

说到“死”这个字，多数大人不是回避与孩子讨论，就是用说教吓唬孩子，希望借此威慑孩子遵照自己的要求行事，做出自己期待的行为。像下面这样的对话并不少见：

“妈妈，这个瓢虫怎么不动了，它是死了吗？”

“嗯，应该是死了，再也活不过来了，再也不能跟它的爸爸妈妈在一起了，再也不能干想干的事情了。”

“哦，那死了不好。”

“当然不好了！不只不好，这还是很可怕的事情。所以叫你听话时，一定要听话。过马路要等红绿灯，如果闯红灯有可能被车撞倒，甚至撞死。自己不能单独下水游泳，要不然会淹死，不要……”

“妈妈，姥姥为什么去住院啊？她的病严重吗？会不会死啊？”

“谁让你乱说的！以后不许再这么说了！听到没有！”

大人和孩子总是聊不到一起，其中一个主要的原因就是大人的用词与孩子的理解之间有巨大的差距。那么请思考以下问题。

思考题 练习识别孩子的需求

对孩子来说，“死亡”是什么意思呢？

A 死亡就是再也不能见到了

B 死亡就是告别了，不再见了

C 死亡就是睡着了不再醒过来

D 死亡就是大人害怕的事情

孩子是从情绪反应上学习新词的，正如孩子对情感的理解就是简单的眼前陪伴，如果父母跟孩子说不能陪你玩了，他的感受会更深刻一些，但对于死亡这样遥远又抽象的事情，孩子无法理解，只能从大人们谈到这个词时的表情、口气、情绪、动作来认识死亡。死亡在大人的脑海中关联了太多的情绪、记

忆、画面、场景，但对孩子来说，“死亡”只是一个陌生的词。

孩子只是感受到大人们在讨论死亡时是害怕的、难过的、隐晦的，于是他对死亡的理解就是应该表现出同样的感觉。大人不了解这一点，反而担忧孩子承受不了，假定孩子也拥有大人对死亡的认识，而且情感脆弱，因此承受不住亲人去世这个事实。

实际上，孩子承受不住的是父母表现出来的情绪以及对未知的担忧，自己不知道发生了什么，只能猜测，于是就往自己所能设想的最差的方面想。父母慌了，孩子就没有安全感了。所以不是孩子承受不了死亡，而是孩子承受不了父母面对死亡时的情绪变化。孩子心中所想的其实是：妈妈，你现在的表情怎么变成这样了？妈妈，你这样的反应让我觉得很害怕。

孩子在 12 岁之前基本都不能理解面对死亡应该有的恰当感受，所以在谈到死亡时，父母并不需要刻意对孩子解释什么是死亡，而是要解释自己为什么会害怕，为什么会有这样的反应，让孩子理解父母情绪反应的原因，避免孩子因不理解父母的情绪反应而产生不安全的感觉。

以下是上述思考题的答案及各选项的具体解释。

你做对了吗？

A 死亡就是再也不能见到了

解读 孩子不明白“再也不能见到”是什么意思。

B 死亡就是告别了，不再见了

解读 孩子也不明白“告别”是什么意思。

C 死亡就是睡着了不再醒过来

解读 孩子理解的“睡着了不醒”，是没有睡够。

D 死亡就是大人害怕的事情

解读 这是主要的认识。

有关死亡，成年人大脑里更多的是恐惧和难受，但儿童的大脑中没有这些认识，也就没有情感方面的联结。大人没有考虑到孩子的理解现状，把自己最直接的情感毫不掩饰地展露在孩子面前，孩子只能恐惧死亡，却没有对死亡产生充分的认知。

------ 身边的妈妈这样做 ------

爱，是希望你如愿

——黎丽，家有6岁女孩

爱，是希望你如愿。放下自己的意愿而尊重你的意愿，只因为你喜欢，只因为那是你的意愿，只因为那样你快乐。

这种对爱的解释让我非常触动。想到孩子的爸爸经常对我说的那些看似很平实的话语，我从来都没有琢磨过其中的深意。比如，周末一起出去吃饭，我喜欢吃清淡的菜，孩子爸爸喜欢吃辣，孩子倒是什么都吃。有时孩子会说："爸爸，你爱吃辣，咱们去吃麻辣香锅吧。"爸爸总会说："咱们先依着妈妈，麻辣香锅可以等下一回。"即便去吃麻辣香锅，他也会后点辣的菜，总是惦记着先给我点两个清淡的。类似这样的行为十年如一日，我都完全忽视了，直到看了孙老师对"爱"的解释，我才恍然大悟：他并不喜欢吃清淡的，却会因为我爱吃而经常顺着我的口味，满足我，让我开心。这就是生活中最具体的爱的表现。

看清这一点后，我更加关注家人的心愿，决定从小事做起，即便和自己的预期不一致，但只要没有原则问题，没有人身危险，都尽量让他们如愿。

有一次孩子跟我说想吃路边的烤香肠，我下意识想说"不行"，因为不卫生，香肠里面的肉来源不明，但那天我转念一想：她的意愿是什么，怎么能让她如愿呢？

于是我跟孩子说："你是不是特别想吃，想亲自尝一尝？"孩子的眼睛亮了下，使劲儿点头说："嗯，我真的特别想尝尝。"于是我给她买了一根，在走回家的路上，孩子竟然欢天喜地一路连蹦带跳，整个下午都喜滋滋的。晚饭后，孩子凑过来，情绪很好但又有些扭捏地跟我说，其实她知道路边的香肠不卫生，但满街飘香的气味让她特别想尝尝，吃完之后觉得没有想的那么好吃。我听出了她说话的意思：我们讲的道理她知道，但是她想尝试，而尝试之后，她并不会每次总要去吃。

在这之前，每次在街边看到吃的东西，我从来没有给孩子买过，就是希望她不要乱吃街边的东西。但来来往往总有别的孩子会吃，她每次都眼巴巴地看着人家有，自己却得不到，就算我们反复解释原因，她心里也一定不好受。我根本没有体会过孩子的感受，还老是强调这是为她好、爱她才这样做的。

现在我终于明白，自己嘴上说的“爱”和孩子能感受到的“爱”是两回事。让她如愿，让她开心，才是她真正能感受到的爱。吃几次街边食品，生不了大病，养不成坏习惯，却能让孩子如愿、满足，让她知道自己的意愿能被理解、被看见，这样做的意义远大于是不是卫生、干净，而卫生问题，父母说过几次孩子心里其实也就知道了。

这份感悟让我在生活小事中做出了很多调整和改变，全家的关系也更融洽、更亲密了。

回顾这一章的各小节，父母们应该能够看到孩子的情感发育和发展过程中所隐含的规律，并注意到自己日常不尊重规律的那些常态情况，重新回顾每一节，找到正确的方式来应对孩子出现的种种情况，才是这一章最有帮助的地方。

孩子的情感开始发育后，到 15 岁左右就会定型。在一生的过程中，孩子遇到种种经历都会有不同的情感反应及应对方式，这就是性格。孩子的性格，带有父母的烙印，也在不知不觉间影响着他们的事业和生活。下一章，我们从性格入手来讨论孩子的成长。

09

第 9 章

性格培养：那些塑造了孩子性格的生活小事

人们常说“性格决定命运”，具体解释就是，想法决定做法，做法决定行动，行动形成习惯，习惯形成性格，性格决定命运。但什么是“好性格”呢？是守规矩有礼貌，还是自信勇敢不胆小，抑或是善于跟人打交道？恐怕很多父母都没有将自己关于“好性格”的空洞预期进行过细化，没有仔细思考过到底要求孩子怎么做，于是也就无法落实在教育中。

性格是一个人在与别人互动的过程中，尤其是在表达自我的意愿以及应对别人的意愿时，所展现出的稳定的态度和独特的行为方式。孩子的性格是在成长的最初阶段，通过生活点滴，在与父母的不断互动中逐渐形成的。孩子如何表达自己的意愿？父母如何回应孩子的意愿？父母是否和孩子讨论过大人们的意愿，还是凡事大包大揽，扮演全知全能型父母、总挑毛病型父母或者强权型父母？

比如，有一种冷叫“妈妈觉得你冷”，有一种作业叫“妈妈负责检查作业”，有一种考试叫“妈妈当年最擅长考试”，有一种兴趣叫“妈妈觉得你应该感兴趣”，有一种礼貌叫“让妈妈有面子就是有礼貌”。如果是这样，孩子的意愿总被忽视甚至抹杀，也就难以发展出正确的自我意识，更难以理解和正确地回应他人的意愿，还会在解决具体问题和面对人际交往时频频出现障碍，也就不容易产生积极的态度和行为，“好性格”更是无从谈起。

谈起性格总绕不开“脾气”二字，脾气好不好影响着交友，影响着未来的人际关系，当然，也就影响着一生的心理幸福指数。我们就从这里开始，先好好理解一下脾气在孩子身上的表现吧。

73. 孩子爱发脾气，是性格暴躁吗

不管是大人还是孩子，生气的样子都比较容易识别，尤其是孩子，表现得非常明显：嘴角下垂，目光回避，拒绝与人说话，面对以前喜欢的事情故意说不喜欢，更不愿意配合，程度再严重一点儿的还会发脾气。大人们通常不理解孩子发脾气时的大脑状态，往往认为这是孩子自己的愿望没有实现引发的，而且总是习惯性地给孩子贴标签，说孩子“爱发脾气”“脾气不好”等。那么请你来思考以下问题。

思考题 练习识别孩子的需求

发脾气仅仅是外在表现，在孩子大脑中出现的实际情况是以下哪种？

A 愿望没有实现

B 有人阻拦了愿望的实现

C 自己想不出怎么实现愿望

D 觉得什么愿望都不会实现了

发现孩子生气时，妈妈们经常说“别生气了，事情都过去了”，这是在试图安慰或者缓解孩子的情绪。除此以外，也有大人对孩子承认错误的，还有用满足孩子的愿望，比如给孩子买冰激凌吃等做法来换取孩子的情绪稳定。

父母们想方设法缓解孩子的生气表现，却并不一定理解孩子生气时的大脑内在机制其实是没有实现愿望，也完全想不出其他的方法来实现，也就是说大脑中没有一个相应区域能够接收并处理这个信息。**孩子生气的样子实际上是大脑在集中注意力思考，有什么办法可以让自己的愿望实现。从外在表情上看，感觉这个人好像在生气，但其实这与生气没有关系。**

这时，如果父母对孩子以暴制暴，也冲他发脾气，孩子的大脑就会由不知

道在哪儿处理信息转移到避害，因为他感受到了危害的出现。如果父母平心静气地安慰，也是一种错误的转移方式。这时的做法是需要确认孩子不会出现身体伤害，物品也不会有损失，然后等待孩子自己消解。孩子的大脑需要处理自己所感受到的没有见过、没有听过、没有体验过的感觉，这个感觉需要孩子自己在大脑中找到一个位置来安放。

任何人发脾气都有三个主要的表现阶段，分别是初期、中期和后期。儿童发脾气的初期非常短暂。这个时候，父母不要做出任何反应，冷静观察就足够了。随后，孩子发脾气的表现行为会缓解，比如音量下降或者出现行为上的配合，拉大人或者打大人，这都是孩子的大脑试图找到一个方式来处理感受到的那个感觉，此时父母应任由孩子打，不要做出表情，也不要躲闪，更不要说话，看孩子的下一步动作，等打的频率下降后，再开始询问孩子，他现在的感觉是什么。

当孩子“生气”时，大人可以提供的帮助有三个。

- 第一，确认自己理解孩子的愿望是什么。
- 第二，提出可以实现愿望的建议。
- 第三，询问孩子是否需要大人的帮助。

首先就是重复说一次孩子的愿望，并与孩子交谈，确认一下孩子的想法。然后问问孩子，他自己尝试了什么动作，在没有如愿的情况下，愿不愿意再换一种方法试一试。最后，还要了解孩子是否需要大人的帮助，示范一下，或者说出导致孩子的愿望不容易实现的主要障碍，以自言自语的形式不经意地说出一种新的做法，有可能助孩子一臂之力，实现愿望。

父母要注意不要轻易满足孩子通过发脾气来表达的诉求，而是等待孩子发脾气进入第三阶段，大脑大概找到了一种方式来安置这个感受，这时再开始建立对话的模式，给孩子提出选择题，确认孩子的意图：“你想去游乐场，不是想吃冰激凌，对吗？”这些做法以外的其他响应方式都是错误的，错误的响应方式会导致孩子渐渐失去解决问题和独立思考的能力。

以下是上述思考题的答案及各选项的对应解释。

你做对了吗？

A 愿望没有实现

解读 如果孩子被娇宠，就会是这个心思。

B 有人阻拦了愿望的实现

解读 如果知道有人阻拦，通常不是生气的感觉。

C 自己想不出怎么实现愿望

解读 自己的愿望不能实现时，自己没有办法。

D 觉得什么愿望都不会实现了

解读 如果孩子经常生气，就会发展出这个意识。

除了爱发脾气，总爱告状也是父母们经常谈到的问题。在大人们的心中，孩子爱告状不是一件好事，甚至觉得这是不是跟性格有关系，认为这是应该纠正和避免的行为，但这时又会发现，试图纠正孩子的种种做法都不太管用。那么，孩子喜欢告状是怎么回事呢？请继续看下一节。

74. 孩子喜欢告状，是多事儿吗

“老师，你看他啊！他抢我火车。”

“不是，老师，是他先抢我贴纸的！”

“老师，刚才你不在的时候，他没经过同意就去冰箱拿酸奶了。”

“老师，是她先打开冰箱看的。”

“妈妈，快来啊！弟弟把花盆碰到地上了。”

“妈妈，她吃了好多糖，一块儿又一块儿，我提醒她根本不听。”

这样的情况就是父母口中的告状，在有的孩子身上会发生得更频繁。那么你有没有思考过以下问题呢？

思考题 练习识别孩子的需求

爱告状的孩子看似是比较多事儿，但告状对孩子来说到底意味着什么呢？

A 寻求规则公平的方式

B 讨好权威的方式

C 希望获得关注的方式

D 寻求解释的方式

大人认为孩子的这种状态是爱告状或者叫爱打小报告，有着成年人世界告密的意味，有些大人不喜欢孩子的这种行为，认为孩子非常多事儿。但其实对孩子来说，这种行为背后的动机非常简单，就是寻求关注，尤其是遭到侵犯的时候，他需要获得一个关注，并不一定要帮他解决问题，也不是要找公正，只要得到关注就可以了。

因此应对这种情况，不需要用行动来处理告状的内容或者延伸出下一步的做法，而是顺应孩子现在的说法，父母可以说："嗯，我看到了。不要再抢了，下次抢的时候告诉我啊。"孩子得到了需要的关注，这个事情在他心里也就过去了。

不当的处理方式是大人介入调查："你刚才抢他的火车了？"另外一个孩子立刻否定，结果自己还需要判断他们谁说的是真的，甚至会威胁孩子："说实话，你有没有抢他的火车？"这样的话一出口，事情的重心就转移为刚才孩子说的话是真的还是假的了，对大人来说这变成了性质问题。其实，完全有可能一方孩子的动作被另一方当作"抢"，而实施动作的这一方却不认为这个动作是"抢"，而且很有可能之前其他的小朋友也对他做过这一动作，当时不知道这是抢，这次也不知道，老师过问了才渐渐开始猜测那个动作是不是抢。

孩子在大人的逼问之下，脑子进入发蒙的状态。之后，大人陷入了是非判断的思路里，纠缠不清，让孩子更加不知所措。尤其是有两个孩子的家庭，这种事情更多。**大人需要把握住局面，不要让自己陷入孩子们之间的是非判断，只要表达自己在关注就足够了。**

以下是上述思考题的答案及各选项的具体解释。

你做对了吗？

A 寻求规则公平的方式

解读 告状通常不是为了寻求公平等抽象概念。

B 讨好权威的方式

解读 实际上，孩子也没有讨好的意图。

C 希望获得关注的方式

解读 对孩子来说，获得大人的关注就有安全感。

D 寻求解释的方式

解读 孩子不是需要大人提供解释，而是需要关注。

人类与其他动物不同，人生初期不具备独自生存的能力，孩子必须获得父母或者身边大人的关注才能够获得食物和安稳的睡眠，并在大人的守护下保持适宜的体温，这是与生俱来的一种本能：出生之时，通过哭声来获得父母的关注；稍微大一点儿了，通过叫妈妈或大声呼喊获得自己需要的关注；进入幼儿园后，发现影响自己感觉好坏的人是老师，于是寻求关注的对象就变成了老师。孩子会以各种方式寻求老师的关注，比如通过观察发现老师在乎某种行为，于是看到其他小朋友有类似行为时，就积极报告来获得老师的关注。如果大人知道孩子的心思不过就是想要获取关注，那么不必对孩子说话的内容进行回答，而是给予孩子适度的反馈，孩子就满意了。从寻求关注这个思路入手，你也能够发现孩子不愿意与其他小朋友一起玩的核心根源。请看下一节。

75. 孩子不愿意跟小朋友一起玩，是不合群吗

不管是在小区、公园，还是到亲朋好友家里串门，孩子在日常生活中总能遇到其他小朋友，需要面对和其他孩子一起玩、一起交朋友的情况。父母都有一种期待，希望孩子外向合群，善于跟别的孩子交朋友，往往会试着引导孩子，可是一些父母发现孩子似乎更愿意独自玩。以下是两位妈妈的描述：

“孩子2岁半了，我发现他不知道如何与别的孩子一起玩，不知道如何交朋友，于是我总试图给他牵线搭桥，每次到小区花园遇到别的孩子时，我就跟他说：‘你看，今天又看见小朋友了，又能一起玩了，那个

小朋友是叫西西吗？另一个小朋友咱们之前没有见过，去问问她叫什么名字吧。'我希望通过不断引导，孩子能慢慢学会如何与其他孩子打交道，但尝试了很多次，发现孩子就是愿意独自玩，不会主动去认识其他小朋友，也不愿意向他们介绍自己的名字。这是因为性格内向吗？"

"我发现我女儿不太合群，在有很多孩子的场合，比如儿童乐园，她总是自己玩自己的。为此我还专门向幼儿园老师打听过她在学校的情况，老师说女儿在班里的探索区自由活动时，也是愿意自己玩，而且经常和别的小朋友抢东西，不过小班的孩子这样的情况比较普遍，她的情况并不算最突出的，但我还是担心她不会交朋友的问题，该如何培养呢？"

在育儿的过程中，父母们必须认识到，不能用大人的思维方式来解释孩子的行为。孩子出现这种行为背后的原因，往往和大人理解的不一样。那么请思考下面的问题。

思考题 练习识别孩子的需求

孩子不喜欢跟其他小朋友玩的原因是什么呢？

A 独生子女

B 老师没有示范认识小朋友的方法

C 孩子还没有形成自我意识

D 孩子性格孤僻，比较内向

孩子不与其他小朋友玩是非常正常的现象，不能用"不合群"一言概之。可能是孩子自己内心不情愿，也可能是孩子正在建立对新环境的熟悉感，正在试着搞明白老师以及周围的人是怎么回事，也可能是孩子还没有形成自我意识。

儿童成长过程中，对待其他的小朋友有以下三个主要发展阶段。

- 第一阶段，从自我意识到他人意识。
- 第二阶段，从他人意识中区分自我意愿。
- 第三阶段，从自我意愿中形成对他人的认识。

这三个阶段中，自我意识的觉醒非常关键。自我意识能够决定人与外界交流的主动性，认识到自我，才有可能去认识他人，他人是他人的自我。没有自我意识，也就不能观察外界，不能独立地认识到自己不过是他人眼里的别人，而只有自己是自己的。自我意识没有觉醒的孩子，会本能地认为全世界都是自己的，见到自己喜欢的玩具直接就拿，不管这个玩具是在别的小朋友手里，还是在别人的桌子上。

有两种常见的情况会导致孩子自我意识觉醒缓慢，第一种是生理发育缓慢，通常伴有大脑发育滞后的情况；第二种就是父母过度保护，替孩子做各种决定。比如提醒孩子去洗手间，强制孩子穿指定的衣服等，完全没有机会让孩子意识到自己的事情、自己的决定会影响自己的感受，渐渐地，孩子没有了自我的感觉，也就体会不到别人的感觉，当然也就不会结识小朋友了。

培养孩子的自我意识可以从认识哪些东西是自己的、哪些东西是别人的开始，自己的东西自己有权决定如何处理，别人的东西自己无权过问。父母可以从孩子小时候起就告知孩子哪里是自己的地方、自己的床、自己的空间，这是建立自我意识最自然的入手点。

当孩子的自我意识觉醒后，会慢慢地自主学习如何跟其他孩子交往。在这个过程中，如果父母总是主导，不断鼓励孩子参与其他小朋友的游戏，不断给孩子出主意，告诉他如何说、如何做，会让孩子形成严重的心理依赖。干预孩子之间的纠纷是在遏制孩子对人际关系的感觉，而明确告知孩子不可以与谁一起玩，则携带了父母个人的价值观，会破坏孩子的个体精神并产生长时间的影响。

当父母看到孩子的行为表现时，脑海中会不由自主地采用三种比较方式对其进行判断：第一是别的孩子行为如何，第二是老师要求如何，第三是父母心目中的期待如何。这三个方式都是错误的，没有一条是从孩子的角度看问题的。

父母看到孩子的各种行为时，需要先告诉自己：那是孩子自己的事，我不能用我的经验来判断，不能用其他小朋友的方式来比较，不能用老师的视角去评价，更不要轻易给这些行为贴标签，说孩子的性格就是这样的。对于会立刻产生危险后果的情况就立刻干预，直接采取行动阻断孩子进入更加危险的处境，而不是口头说教。

以下是上述思考题的答案及各选项的对应解释。

你做对了吗?

A 独生子女

解读 这并不能解释一些独生子女也会结识其他小朋友的现象。

B 老师没有示范结识小朋友的方法

解读 这是一种解释，但即便老师示范过，多数孩子还是不会主动结识新的小朋友。

C 孩子还没有形成自我意识

解读 这是主要原因，没有自我意识，也就意识不到其他人的存在。

D 孩子性格孤僻，比较内向

解读 如果不能尽快激发孩子的自我意识和独立意识，渐渐地就真的内向了。

三四岁的孩子会接触到越来越多的同龄孩子，也会有更多的机会与家庭成员以外的成年人接触。在孩子逐渐接触社会、进行人际互动的过程中，大人们对孩子的行为需要用心观察，辨别行为背后不同的原因。比如不愿意跟小朋友玩和害怕见生人，很多父母都认为是孩子胆小或者内向，但看似相近的行为背后，原因可能完全不同。请看下一节，孩子怕见生人，是因为内向吗？

76. 孩子怕见生人，是内向吗

有孩子的家庭都出现过这样的场景：孩子看到父母与陌生人交谈时会躲到父母的身后，并看着陌生人。这种情况在孩子 2 岁前是非常正常的现象，但如果 2 岁后还是如此，甚至到了 3 岁仍然这样，就需要引起注意了。家长需要先思考以下问题。

思考题 练习识别孩子的需求

孩子怕见生人这种行为背后的核心原因是什么呢？

A 以前被陌生人吓唬过

B 父母说过要远离陌生人

C 儿童心理依附性较强

D 孩子生理发育滞后

人类出生后的前 3 年离不开大人的照料，这就决定了依恋关系的存在，但如果过度强调依恋关系，孩子则很难拥有安全感。没有吃饱的时候、觉得冷的时候、自己的需要没有得到满足的时候、发现自己依赖的人关注点不在自己身上的时候，婴儿会哭，大一点儿的孩子会拉紧大人的手，贴近和靠紧大人，以此来强化自己内心的安全感受。

0 ～ 3 岁期间，得到了足够关爱的孩子能够做到妈妈出门后不哭闹，妈妈回到家有正常的亲昵表现，之后可以恢复自己独处，聚焦于自己手里在做的事情，这就是正常的依恋关系。如果情况与此相反，孩子就处在安全感低下的心理层级上。长期得不到足够关注的孩子依附性较强，不仅表现为怕生，也会在陌生环境中表现畏缩。我在调研里发现，约 40% 的孩子直到 5 岁都有这样的情况。

以下是上述思考题的答案及各选项对应的具体解释。

你做对了吗？

A 以前被陌生人吓唬过

解读　有这个可能，不过不是普遍情况。

B 父母说过要远离陌生人

解读　原因之一，但不是主要原因。

C 儿童心理依附性较强

解读　这是核心原因。

D 孩子生理发育滞后

解读　很多生理发育正常的孩子也有这种情况。

父母要多留意孩子发呆、静默时的状态，关注孩子的眼神是向外观察和思考的，还是向内沉思的；视线是移动的，还是聚焦的；身体是静止、平衡的，还是处于活动状态下，不断调整中的。这些都是信号，有助于识别孩子内心世界的波澜起伏，并帮助其做出相应的调整。从表面来看，孩子不愿意和人打招呼与怕见生人差不多，那么这两件事背后的原因一样吗？请看下一节。

77. 孩子不愿意和人打招呼，是回避交流吗

孩子的性格都是在日常的行为互动中慢慢形成的，比如家里来客人时要打

招呼，要问好。有的孩子会大方主动地叫“叔叔阿姨好”，可是也有很多孩子不主动张口，就算大人提醒了也非常扭捏，这种情况多发生在三四岁的孩子身上。父母通常因此觉得孩子很没礼貌，自己也很没面子，有时当着外人的面就开始数落孩子“怎么这么没礼貌”，有时是赶紧解释“这孩子内向害羞”，以此打个圆场，事后再批评教育孩子。这些方式真的有用吗？我曾遇到过一位 7 岁孩子的妈妈，她这么说：

> “我儿子已经不是两三岁的小孩了，小时候见人不打招呼，提醒他也不张口。现在上小学二年级了，不仅没有改进，反倒会顶嘴了。提醒他打招呼时，他竟然毫无顾忌地脱口而出说：‘凭什么啊？’这是抵触情绪，还是有意回避与他人交流呢？”

孩子不爱与人打招呼的情况似乎是父母们格外在意的，觉得这会影响与人见面时孩子留给他人的第一印象。那么请思考以下问题。

思考题 练习识别孩子的需求

让孩子打个招呼，孩子都不会、不愿或者不做，背后的原因是什么呢？

A 叔叔阿姨是陌生人

B 不知道“叔叔阿姨”是什么意思

C 父母打招呼时没有叫“叔叔阿姨”

D 叔叔阿姨没有主动与小朋友打招呼

与人打招呼就是孩子懂礼貌的表现吗？如果礼貌教育是通过一次次的强迫学会的，孩子在长大后便会讨厌见到那些叔叔阿姨，从而开始回避陌生人。这种内心的回避行为，很多都是出于孩子并不理解做某件事的核心目的，却又被父母不断强迫和要求的缘故。让孩子与人打招呼，就是父母在以孩子不懂的一系列命令，强迫孩子落实和执行。

孩子成长的过程中，任何事情都是在耳听眼见的基础上，进而通过不断模仿习得的。如果真想让孩子学会与人打招呼，当客人进门后，大人应该张罗得大声一点儿、慢一点儿，等待孩子自己注意到家里来客人了。在与客人打招呼时要直呼其名“你好啊，张三！”，同时夸张地握手或者拥抱。继续重复这样的动作，与另一位客人再来一次“你好啊，李四！”，这种情况往往需要和客人提前沟通，请他们配合说：“你好啊，见到你可真高兴。”然后向客人示意，让对方看到自己的孩子，伸手与孩子打招呼，而不是提示孩子主动去打招呼，也说同样的话。这种场景创造了一种游戏式的互动方式，孩子会自愿自发地参与。经过一段时间，再见到家里来客人时，孩子就会自然地做出相应的动作，说出自己之前主动配合过、参与过、习惯了的话。

家庭教育不是父母命令、孩子执行，而是创造场景让孩子产生效仿的动力。直接让孩子打招呼，而孩子从来没有见到过大人之间打招呼的行为，自己当然不会做。孩子不会做也就不知所措，这时大人往往归因于孩子性格内向。次数多了，孩子就真以为自己内向、害羞了。实际上完全不是这样，只是因为缺少示范，没有学习机会而已。

以下是上述思考题的答案及各选项的对应解释。

你做对了吗？

A 叔叔阿姨是陌生人

解读　陌生人不是不打招呼的主要原因。

B 不知道“叔叔阿姨”是什么意思

解读　确实不知道是什么意思，但也不是主要原因。

C 父母打招呼时没有叫“叔叔阿姨”

解读　孩子是以模仿为优先选项的，父母打招呼说的不是“叔叔阿姨”。

D 叔叔阿姨没有主动与小朋友打招呼

解读　小朋友没有主动与被动行为区别的认识。

不打招呼是因为缺少示范，那孩子跟人说话时目光回避他人又是因为什么呢？这种情况是孩子不自信吗？请看下一节。

78. 孩子说话时目光回避他人，是不自信吗

多数情况下，孩子与大人说话时，眼睛是不看大人的，或者看着手里的东西，或者看着别处与大人说话。你有没有注意到这种情况呢？我们不妨来思考以下问题。

思考题 练习识别孩子的需求

与人说话时，孩子的目光不看说话的人，这背后的原因是什么呢？

A 胆小，害怕看大人的目光

B 不想看大人，自己专心于其他的事情

C 没有被指导过，没有这个意识

D 不喜欢与大人说话才不看的

成年人也会出现这种情况，彼此交流时不知道目光应该投向哪里，这种表现通常会被当作没有礼貌。而实际上，这是缺乏自信的表现，不敢直视对方的眼睛也就是对自己说的话没有底气。在相互交流中，目光应该看着对方的脸，不看眼睛，可以看对方的鼻子，至少要让对方知道你在倾听。人的表情与说话内容是协同的，回避对方目光说出来的话，不会被采信，也缺乏分量。

形成这样的表现，主要有两个原因。**第一个原因是在儿童时代缺少行为示范。**父母可以反思一下，自己是否通过行为举止指导过孩子与人对话时要保持目光交流。只有父母通过言传身教的自我示范，让孩子在生活中经常观察并主动地模仿，才能够形成与人说话全神贯注、看着对方的习惯。形成习惯后，孩子就会看着对方，说话用心，内容严肃，同时能够捕捉到对方听到自己说话时的反应，并渐渐学会理解他人，知道不同的话有不同的作用，也就更加在意自己说话的内容、语调、语速，也会更加注意语言的使用。

第二个原因是孩子经常被训斥，长期下来就形成了目光回避他人的习惯，这在 9 ～ 11 岁的孩子身上尤为常见。父母与孩子之间的沟通方式较多地表现为批评、指责、训斥，孩子能够感觉到父母对自己不满意。每一次与父母对话都意味着被教育、被纠错、被教导，伴随着这样的人际关系，孩子没有内心的

安全感，没有对自己的信任，也就无法用自信的目光去看别人，尤其是面对一脸严肃的父母时，自然就会回避目光。出于自卑的目光回避会导致孩子不擅长与人交流，缺乏社会性，渐渐被社会主流边缘化。

以下是上述思考题的答案及各选项对应的具体解释。

你做对了吗？

A 胆小，害怕看大人的目光

解读 对于说话交流来说，没有心理以及生理上的害怕。

B 不想看大人，自己专心于其他的事情

解读 也有不想的时候，不过不是主要原因。

C 没有被指导过，没有这个意识

解读 这是主要原因，没有这个意识。

D 不喜欢与大人说话才不看的

解读 对喜欢以及不喜欢的大人都有这个情况。

孩子的自尊心觉醒后，被赞扬时目光里会流动喜悦，被批评时目光会回避。从回避父母的目光开始，进而回避所有人的目光，回避关注也就变成了一种习惯。那么对于当众表演才艺的要求，孩子不愿意又是因为什么呢？请看下一节。

79. 孩子不愿意当众表演，是害羞吗

几乎所有的父母都提出过让孩子当众表演的要求，唱歌、背诗、读英语，或者跳舞、打拳、弹琴，甚至连从 1 数到 100 也被当作表演项目。有时是亲戚朋友主动提出想看，而更多的时候是父母先行提出，想让孩子表现一下。

除了当众表演，现在的孩子还要在微信的“朋友圈”里表演。父母举着手机热切地希望孩子再来一段，或者指挥孩子说：“对对对，就刚才那个姿势，再来一次。”“不对不对，不是那样，是这样，再来一遍啊，等我说开始你再动。”这种面向“朋友圈”的表演，更准确地说是按指令“录播”，父母多数情况下根本没有真正地倾听和观看孩子的表演，甚至并不等孩子表演完，只是自己觉得录播的素材够了，就直接打断孩子：“好了，停吧。”目光根本不看孩

子就埋头摆弄手机忙着发朋友圈去了。

对于父母的要求，有的孩子会做出表演的动作，有的孩子什么都不做，也有的孩子会索性跑开。那么你有没有思考过以下问题呢？

思考题 练习识别孩子的需求

在孩子比较小的时候，听到父母要求自己当众表演却不情愿，原因是什么呢？

A 害羞，怕表演不好

B 脱离了练习的场所

C 身边没有其他小朋友表演

D 大人没有说表演后给奖励

父母用孩子的表演来彰显自己教子有方，但对孩子来说却并不情愿。这种不情愿，在孩子 12 岁以前是因为找不到可以作为参考的同龄小朋友，看不到别人的动作和行为，场景也不同于平日练习的地方，因此就不愿意表演。孩子不能理解其中的目的性，所以不乐意，也不愿配合。到了 12 岁以后，孩子就会渐渐明白，自己的表演是在给父母争光，才会有配合的行为。孩子虽然表面上配合，但心里并不痛快，因为孩子知道自己不过就是一个给父母争面子的工具而已，这些人跟自己完全没关系，这种怨恨会渐渐积累到父母身上。

父母要求孩子表演所传递的真实信息是，孩子不是属于他自己的独立生命个体，而是父母的附属品。孩子有出息，父母就自豪；孩子没有出息，父母脸上就无光。而有出息与否都是世俗的评价方式，为了追求“有出息”而让孩子配合父母的意愿，很难培养出具备独立意识的个体。

以下是上述思考题的答案及各选项对应的具体解释。

你做对了吗？

A 害羞，怕表演不好

解读 并不是害怕，父母的鼓励也没有用处。

B 脱离了练习的场所

解读 这是一个可能性，失去了场所的感觉。

C 身边没有其他小朋友表演

解读 儿童的行为是以同龄孩子为参考的。

D 大人没有说表演后给奖励

解读 即使有的父母给了奖励，孩子还是不愿意表演。

对孩子来说，父母是参考对象，父母希望孩子做出某种行为，而孩子却从来没有在父母身上看到过这种行为，那么自然是不情不愿的。如果在家庭中孩子得到的批评和埋怨过多，要求过高，就更易形成自闭的心理状态，也就更加不愿意表演了。家庭教育与亲子关系的问题可能导致孩子的情感发育不完备，哭闹也就成了家常便饭。那么请继续看下一节，孩子玩输了就哭，是懦弱的表现吗？

80. 孩子玩输了就哭，是懦弱吗

父母们都遇到过这种情况，孩子放学时闷闷不乐，也不说话，询问过才知道是因为比赛输了。有人的地方就有竞争，有竞争就会有比较，有比较就会有输赢，每个人都希望自己能赢，大人也一样，但是大人输了不会哭，所以觉得孩子也不应该哭，一输就哭，太没骨气了，但事实上孩子输了就哭，是有其背后原因的。请思考以下问题。

思考题 练习识别孩子的需求

孩子输了就哭的背后原因是什么呢？

A 孩子自责没有充分准备

B 心理期望落空，宣泄情绪

C 感受到了不公平，所以哭

D 过度娇宠积累下来的表现

孩子在长大成人的过程中会体验到各种感觉，失落也是其中之一，但这种平常的感受现在却有很多孩子根本体会不到，因为他们身边总是有好几个大人围着转，父母和老人随时随地、无微不至地为他们提供照顾，孩子的欲求都可以得到满足，导致孩子很少有机会体验不如意、失落的感觉。

随着孩子进入幼儿园、升入小学，需要参与竞争的情况越来越多。孩子体会过赢的满足感，总希望能一直赢，一旦希望落空就会感觉失落，而这种情绪自然需要借助其他办法宣泄出来，这是正常的。不正常的是反应过度、长时间宣泄、不依不饶，甚至采取行动破坏规则，扰乱其他人的生活。

因此，**对于孩子输了就哭的行为，比较妥当的响应方式是理解孩子情绪和行为的合理性，不哄、不劝、不生气、不离开，平静地陪着孩子，让他自己哭一会儿，宣泄自己的情绪。**

避免立刻就哄孩子说算他赢了，这实际上是在传递哭可以改变输赢局面、能让对方妥协的信号。也要避免立刻给孩子讲道理，用大人的口吻告诉孩子“胜败乃兵家常事”，这时候孩子陷入情绪之中，哪能听得进去道理呢？更要避免以权威来压制孩子的情绪，威胁孩子不许哭，这是向孩子示范通过强权来解决问题。以下是上述思考题的答案及各选项对应的具体解释。

你做对了吗？

A 孩子自责没有充分准备

解读 有自责意识的孩子不会大哭。

B 心理期望落空，宣泄情绪

解读 从来没有体验过希望落空的感受。

C 感受到了不公平，所以哭

解读 如果感受到了不公平，孩子会表达或抗争。

D 过度娇宠积累下来的表现

解读 有可能，但常规表现是要赖而不是哭。

孩子没有看到过父母挫败时的样子，也就不知道如何处理类似的情绪，如何宣泄这种情感。如果父母在自己感到挫败时能够自言自语地说：“我记住了，下次不会犯这个错误，输的次数多，学到的招数就多，下一次赢的可能性就大。”那么孩子也会记住这样的处理方式，下一次会冷静地看待输赢问题。

父母在孩子面前的表现是孩子最好的范本，也是保证孩子心理健康的有机养料。实际上，我们所说的敏感、脆弱、娇气等，无非是孩子缺乏这种有机养料的培育造成的。那么请看下一节。

81. 孩子心理敏感，是脆弱吗

“敏感”是一个形容词，常用来形容生物体能够敏锐地意识到事物的微小变化，并在心里产生情感的波动。一些特殊的职业比如品酒师、调香师、调音师等，需要的正是味觉、嗅觉或听觉的高敏感度。这种对细微变化的灵敏感应也是对外界的一种主动意识。

有的孩子在阅读中通过文本的变化和心理的描写就能预测人物之间的关系，这是对文字的敏感；有些人看到一串数字就能够看出其中的规律以及数字之间的关系，其他人则不然，这是对数学的敏感。

敏感是一种生理、心理、精神上的信息接收机制。生理上的敏感比较容易识别，比如孩子对某种食物过敏，一下子就能引起父母的注意，但心理和精神上的敏感，在初期往往容易被忽视。请看下面这位妈妈的描述：

> “我家孩子脸皮儿特别薄，稍微说她一句就满脸涨红、眼眶湿润。她特别在意大人之间的谈话，有时我们聊的根本不是她，但她非觉得那是在暗指她、批评她。我们也不能当着她的面夸其他孩子，那样她会感觉我们是在说她不如人家。我不知道她的心理怎么会如此敏感。”

这样的情况并不少见，听不得批评，一听到有人给出对自己不利的评价就特别敏感、激动，马上进行辩解，这是一种精神过敏的表现。请思考以下问题。

思考题 练习识别孩子的需求

精神过敏是怎么一回事呢？

A 自我保护的表现

B 态度平和的表现

C 积极进取的表现

D 需要保护的表现

心理过敏的反应有生气、自卑、自闭，这是一个渐进的过程。精神过敏的反应有激动、亢奋、狂躁。过敏是人与生俱来的一种保护机制，无论是保护身体，还是保护心理和精神，都是生命体自己的防御机制。

比如学数学，孩子本来就认为学校里的数学题很难，做的时候连蒙带猜好不容易写上了，一旦老师判错打个红叉，自己就不愿意看了。一想到回到家父母要检查，还需要应对父母看到有错题产生的追问甚至批评，心里就更难受了。这些过程都是在给孩子强化“数学题有危险”的印象，孩子会形成心理上的过敏反应，此后一遇到数学题心里就抗拒，而抗拒时大脑的资源都用在了处理情绪而不是智力发展上，长此以往，智力的发展必然会受到明显的影响。

敏感作为一种自我保护机制，不能没有，也不能过度。适当的敏感可以保护孩子在成长发育过程中少受伤害，但不能让人获得正向收益，尤其是当自我保护成为习惯后，孩子就难以向外发展了。**当孩子陷入敏感状态时，父母该做的事情不是关注孩子，而是关注敏感的源头，控制过敏原才能够让过敏的状态得到缓解。**

基于孩子的敏感表现去寻找周围环境中可以控制的过敏原，这样做就是在改变潜在的意识，不再是自我保护心态，而是向外发展的表现。如果孩子的过敏原是父母，父母就要考虑控制自己，因为父母占据了孩子生活中的很大比重，父母的行为不仅影响孩子的生活质量，也影响孩子的精神状态和心理健康水平。

类似“数学题有危险”这样一次又一次的避害经历后，孩子会越来越善于将危险发生前的各种征兆相互联系起来，提前预告自己危险将要发生，并进行必要的生理和心理准备。反复多次后，孩子就能形成一种习惯性反应，将周围人的脸色和语调与平常情况对比，不断捕捉周围人的情绪变化信号，随时做出反应，逐渐形成所谓的敏感。

敏感是生物体下意识的自我保护，父母要培育的是孩子在出现敏感反应后的大脑自控，迅速梳理眼前的客观状态，通过比较和自我认知，形成自我保护的实效做法。

以下是上述思考题的答案及各选项的对应解释。

你做对了吗？

A 自我保护的表现

解读 避害成了生存首要目的。

B 态度平和的表现

解读 具备自信和安全感的人才会如此。

C 积极进取的表现

解读 能够有把握战胜敏感的人才会如此。

D 需要保护的表现

解读 这是敏感没有形成时的状态。

人的幸福是对自我现状的一种评价，这种评价是与人进行比较后的感受，也是与自己心中的既定心愿和目标进行比较的结果。第一种幸福没有明确的参考内容，往往是权利、财富、知名度，或者你所在圈子中多数人在乎什么，但是这种比较通常无法带来真正的幸福。第二种幸福取决于自己的目标是什么，以及少年时代心中形成的人生目标是什么。一个人如果心理成熟、自我独立，就会有自己既定的方向，不在乎别人的成就，也不在乎别人的批评和排挤。**一个人的目标正是在良好的成长环境中获得的，父母的言语、态度、表情、互动方式以及自身的目标感对孩子来说都异常重要。**

----- 身边的妈妈这样做 -----

孩子的问题，先从自己身上找原因

——伍思懿，家有 7 岁男孩

小学择校有面试环节，内容并不难，就是到报名现场做一个简单的自我介绍，说说自己的兴趣、爱好等，几句话就可以。我陪孩子练习时发现，孩子说话时不是眼睛往上瞟就是眼光垂向地板，可能是因为他从来没有像这样站着正式说话的经历，太紧张造成的。于是我开始留意他平常说话时的习惯，结果发现在日常生活中他说话也不看人。

我尝试提醒孩子跟我说话时眼睛要看着我，但效果并不好。有时提醒过后他的眼睛会看我一下，但很快目光又移走了，有时提醒多了他很反感。

于是我开始翻书学习、上网查询、向幼儿园大班的老师了解情况，思考和找寻问题的原因和解决办法，探索了很久都不知道该怎么办。有一次听孙老师讲解孩子的心理安全感建设时，提到对孩子的及时响应和分级响应，以及父母在家庭中的对话对孩子心理和思维的影响，我猛然惊醒，终于找到了线索。

细细反思后，我意识到孩子说话时眼睛不看人的表现，与此前几年我和他的互动方式有直接关系。从产假结束开始上班后，我的工作就一直特别忙，早出晚归。每天早上做早饭，招呼孩子起床、洗漱、吃饭，就像打仗一样，匆匆忙忙弄完就赶紧出门了。早上这段时间，与孩子的对话都是“隔空”进行的，边跟他说话，边忙手里的事情，即便看着他，也只是看看他起床了没有，穿衣服进行到了哪一步，我看的其实是他正在做的事情，而不是他。我更没有专门蹲下来或坐下来与他目光齐平，注视着彼此说过话。

晚上，我经常带着电脑回家加班，眼睛就好像被电脑屏幕拴住了，孩子跟我说话时我也是“隔空”接话，经常连头也不回，心思都没在他那儿，更不用说和他有目光交流了。上幼儿园之前是姥姥在家帮忙带孩子，姥姥经常开着电视让他自己看，同时做家务，也是“隔空”应答的状态。

我与孩子在家共处的时间本来就很有限，没有给予他足够的关注、充分的回应，又缺少眼神的互动，而且在家庭交流中批评的言语过多，应该就是他目光总回避看人的原因了。原因不在孩子，而在我。于是我开始尝试改变自己的做法：跟孩子说话时，专时专用，尽量面对面，放低目光和他视线齐平，专注、用心地和他说话。把话说完了，再收回目光干自己手里的事情。如果自己很忙，不能马上满足孩子陪伴的要求，也要嘴上先应着，如果还能有目光的回应和关注更好，和他约定自己需要忙多久，然后就来陪他。

有意识地调整一段时间后，我发现孩子和我们说话开始有目光交流了。用餐的时候，一家人不远不近地彼此平视，氛围轻松多了，不像以前那样各自低头吃饭了。现在我已经开始尝试第二步调整，那就是思考自己的语言表达方式，避免总是挑孩子的毛病。相信在坚持不懈的努力下，我能得到更多的提升，并为孩子带去潜移默化的影响。

回顾这一章会发现，育儿是蕴含着规律的，那么你会依照规律调整自己的行为吗？回顾亲子互动的形式也许会有一种熟悉的感觉，仿佛回到了自己小的时候，下一章我们一起来聊聊原生家庭这个话题。

第 10 章

原生家庭：孩子的核心素养来自哪里

“这孩子的犟脾气真像他爸。”

“这孩子的性格一点儿都不像我。”

“这孩子胆小怕事，像我小的时候。”

当我们说起一个人时，往往离不开谈论他的性格。那么，性格是什么呢？具体来说，性格就是一个人的行为表现方式，比较固定，较少变化，而且与周围的人不同。

说话的语速、看问题的视角、做事的方式，行动特别快或者特别慢，神经大条或者仔细认真等，都是一个人性格的表现。性格的表现是由很多方面决定的，受一个人的能力、情感发育程度以及脑海中的想象力影响，这些都来源于一个人的原生家庭，而核心素养也孕育其中。本章要讨论的问题都是从原生家庭出发，侧面探讨了孩子的性格表现及核心素养的培养，而性格及素养的根源其实是观察能力。那么我们就从这里开始讲起。

82. 如何激活孩子的观察力

一个人的性格及素养是全面发展各种能力的综合结果。具体到观察力、理解力、想象力以及创造力这四个方面，落实在每一天的生活中。对于观察力，下面的两段描述非常有代表性：

“孩子的爸爸是从事设计工作的，对事物的细小变化非常敏感，有很好的观察力，在生活中经常能快速发现别人根本没有注意到的小细节。平时带孩子玩时，他经常会刻意地给孩子指出和讲解，引导孩子观察他所看到的各种细节，希望提升孩子的观察能力。可是我发现一开始孩子还有些兴趣，到后来越发不愿意听爸爸讲了。爸爸专门指出来想让孩子看一眼的那些东西，孩子表现出很不耐烦的样子，是不是爸爸的做法有不妥之处？身为父母应该如何培养孩子的观察力呢？”

“我家附近有一家儿童早教培训机构，号称专业开发智力，课程的大致安排就是每次带孩子用平板电脑或者纸质模板做各种‘观察力训练题’，比如从图片或文字中找不同、找相同、发现规律等，孩子并不抵触这样的课程，因为每次都有积分，可以换小礼物。老师们反馈孩子的进步非常快，但所谓的进步是以孩子完成训练题的速度和准确度来衡量的。在家里时，我也发现孩子在平板电脑上玩这类观察题的水平熟练了很多，但我没有在生活细节上看到她有这种提升，因为她依然留意不到生活细节里的区别和变化。所以我很疑惑做题对于培养观察力而言有用吗？”

不知你是否也有类似的苦恼，那不妨来思考以下问题。

思考题 练习识别孩子的需求

培养观察力的核心问题是如何激活观察力，下面四个选项中，哪一个是激活观察力的主要开关呢？

A 交谈中的情绪

B 事后提问，孩子下次会主动注意

C 用笔做记录

D 父母平常不断示范

观察力是将视觉获取的信息留存在大脑中的一种能力，视觉最初获取的信息不是文字，而是万物的样子，有形状、颜色、大小、轻重、粗糙和光滑等内容。观察者会根据自己的目的，主动决定将哪些内容录入大脑，作为有意义的信息保存起来，而不是被动地向脑子里投喂缺少目的性和趣味性的细节信息。

观察力有如下三个要点。

- 第一，眼睛要尽量看全。
- 第二，大脑要指挥眼睛看全。
- 第三，眼脑两者核对，再次印证。

观察力在生活中常有体现，与一个人交谈 10 分钟后道别，我们可以在心里回忆一下：对方戴眼镜了吗？如果戴了，眼镜是什么颜色的？他戴手表了吗？发型是什么样子的？

孩子的观察力不是靠直接或间接地告诉和讲解来激发的，而是通过与孩子交流过程中的提问来激发的。比如一场活动结束之后，父母可以与孩子分享活动中的感受，比如像这样对孩子提问：

> “你喜欢滑滑梯吗？快要着地的时候，你有没有失重的感觉？”
>
> “哦，对了，那个滑梯是什么颜色的来着？”
>
> “有个小女孩总跟在你后面，她穿什么颜色的衣服你还记得吗？”

提问不是为了得到一个答案，也不是为了让孩子马上作答，不必要求孩子回答，甚至不必让孩子觉得这是问题，而是在与孩子互动的过程中，非常自然、不留痕迹地插入一两个问题。如果孩子说自己没有注意，那么父母也不用追究、强调，或告诉孩子答案。下次还是这样，和孩子一起享受快乐的感觉，灵活地插入一两个提问。未来某一天，孩子不等问就会主动说：“这回我知道颜色了，我留意看了，我发现了！”这才是父母打开孩子观察力大门的瞬间。孩子的大脑意识到要去看某一件事物，并且将相关的信息存储到了大脑的某个位置，在面对问题时也就可以给出回答了。

以下是上述思考题的答案及各选项对应的具体解释。

你做对了吗？

A 交谈中的情绪

解读 交谈能够加强记忆力，但不能提升观察力。

B 事后提问，孩子下次会主动注意

解读 父母提问，引出现象背后的意义。

C 用笔做记录

解读 记录不能激活观察力，但可以训练记忆力。

D 父母平常不断示范

解读 这样会形成依赖习惯，失去自主性。

观察是通过视觉看到一个事物，存储在大脑中，与大脑中已有的类似经验进行比较，或者设想这个事物进一步会产生什么变化的过程。有了这两个对过去和未来的比较思考，大脑就会重新指挥眼睛再去观察，试图把细节都看到，从而调用大脑的比较、识别功能，进而得出结论，这种思维活动才是激活观察力的核心源泉。

对父母来说，提问不要立刻就期待答案，要给孩子的大脑一些时间，让大脑去加工、过滤、分类；提问的目的不是考试，也不是验证孩子掌握了什么知识，只是刺激孩子的大脑去思考，推动脑力活动，在活动中激活并形成观察力。而基于观察，就可以进一步提升孩子的理解力。请看下一节。

83. 如何提升孩子的理解力

理解力与人的性格息息相关。如果在生活中留心观察的话，我们会发现那些容易发脾气的人都比较急躁，而表现急躁的原因就是理解力发展较好，对别人迟迟没有反应感到不耐烦，这样的人往往还会说出这样的话：“这么简单的事情，你怎么还没看出来？”

与此相对，理解力薄弱的人通常脾气比较温和，这是由于大脑处理速度慢导致的，脑电流还停留在大脑皮层试图想明白眼前的事情，没有机会到达边缘系统，因此没有大脑资源可供人流露情感。

理解力非常强大的人反而又不急躁了，因为他们有足够的理解力来评估对方的理解水平，也就知道想让别人理解是需要时间的，自己也就不再急躁了。因此理解力至少有三个程度：初级、中级和高级。

学习语文、数学、英语以及其他任何学科，理解力都会起到核心的作用，这个作用来自学习行为中的大脑活动过程。学习行为也是调动大脑记忆力的过程，大家都说不要死记硬背而是要理解，说明学习行为中理解力的重要性不容忽视。我们以数学的学习举例，请思考以下问题。

思考题 练习识别孩子的需求

如下哪一项才是对加法的真正理解呢？

A 加法是两个数的和

B 加法是从一个数开始，顺序数到另外一个数的结果

C 加法是一种基础的数字运算规则

D 加法是人类对所属物品数量的标记方式

理解力包括对一个事物的认识程度、范围和意义。小朋友理解加法是从数手指开始的，有 2 个苹果，就用 2 根手指表示，又送来 3 个苹果，就从 2 根手指开始数 1，2，3，数数的同时增加了 3 根手指，这时总共有 5 根手指，也就是 5。

数手指的过程就是理解数量增加以及增加多少的过程。2 个苹果能够用 2 根手指表示，这是初级的抽象过程，帮助孩子形成用一个东西代替另外一个东西的概念。自己的手指可以代替苹果，也可以代替花朵和小狗。等这个替换思维形成后，进一步的抽象行为基础也会在孩子的大脑中渐渐形成。

加法就是不断在原来的基础上清点一个数量的增加过程。这是通过数手指形成的大脑本能，当过渡到数字的 8 与 9 相加时，脑海中刻录的数手指的印象会在底层发挥作用，加上之前抽象思维的基础，孩子一下子就可以反应出答案是 17，这不是记忆力的结果，而是真正理解力的结果。

理解力是一个抽象的概念，可以从 7 个具体的思维表现来解释，分别是：推理思路、预期思路、提问思路、重要性思路、可视化思路、综合思路以及关联思路。**训练理解力的最佳方式是读书，通过对文字、句子、段落和章节进行 7 种加工方式的练习，可以帮助形成较强的理解力。**

以下是理解力运用到加法上的解释。你找到正确答案了吗？

你做对了吗？

A 加法是两个数的和

解读　这是对行为的界定，不是理解。

B 加法是从一个数开始，顺序数到另外一个数的结果

解读　这是对加法最本质的理解。

C 加法是一种基础的数字运算规则

解读　这是对事情的描述，停留在表层认识层面。

D 加法是人类对所属物品数量的标记方式

解读　这是对事物意义的一种认识。

我们再回到理解力的思维表现上，请思考以下问题。

思考题　练习识别孩子的需求

假设你某天早晨醒来后，有头晕眼花的感觉，这时下面哪个想法属于推理思路？

A 这是怎么回事

B 我该怎么办

C 昨晚我吃什么了

D 这是什么原因导致的呢

“昨晚我吃什么了？”这种提问可以启动大脑，通过明确具体的指向形成一种因果关系，这是推理思路的一个方向。推，就是思维有一个思考的方向，有环节和步骤；理，就是客观存在的前后关系。推理，就是沿着一个方向，去寻找当下之前发生的事情。理解力需要推理的意识，通过这样的想法聚焦到一个可能的原因上。

“这是什么原因导致的呢？”也是一个提问的思路，但是提问的范围很大，也就没有具体的着手点。首先需要明确寻找对象，然后聚焦于这一对象进行推论，这就形成了理解力的底层思维。但这么想只会让大脑觉得空泛，不知道具体方向，也就只能表现出无所适从。而“昨晚我吃什么了？”这样的提问是要通过核实一个猜测，大脑的活动具体到一个事物的猜测上，是一种聚焦的能力，这正是基于观察力来形成理解力的过程。

但多数人的反应是“我该怎么办？”，这种提问的目的是立刻解除眼前的困境，这是感性思维，对真正解决问题没有什么帮助。

以下是上述思考题的答案及各选项的对应解释。

你做对了吗？

A 这是怎么回事

解读 这个大脑思路更多地集中在当下的感觉上。

B 我该怎么办

解读 这是对眼前的应对思考。

C 昨晚我吃什么了

解读 这是非常具体的推理思路的表现。

D 这是什么原因导致的呢

解读 这是笼统的提问方式。

观察能力并非来自课堂，而是源于生活点滴，理解力同样源自儿童所处的生活环境。关注生活的本质，从本质去扩展才符合人类大脑的习惯，也是形成观察力和理解力的最佳通路。

良好的观察力和较强的理解力能够让一个人表现得体，也为良好的性格及核心素养打下了基础。我们常常说起的想象力也不是来自课堂，而是同观察力、理解力一样来自家庭的熏陶和滋润。请看下一节。

84. 如何培养孩子的想象力

想象力是人类大脑很多功能中的一种，这种功能的原发动力是主动驱动的力量。一个人如果饿了，那么生理反应就是要吃食物，这是被动的反应活动；如果不饿的时候想吃点儿什么，就会产生想法，开始在大脑中寻找过去的痕迹，有味觉的痕迹，也有图像的痕迹，这样的大脑活动过程就是主动的。这种主动过程驱动下的大脑思维就属于想象力的一个体现。父母想让孩子具备良好的想象力，先要关注的是孩子有没有出现过对美好事物的渴望，并且在与孩子互动的过程中，注意他自主表现出来的要求、心愿和期待。

想象力不是培养出来的，而是在符合条件的良好环境下自我生发并发展的。靠人为的教育、强制的背诵以及大量的命题作文，是启发不出孩子的想象力的。有一位妈妈这样描述：

“孩子上小学后，老师经常会布置做小报的任务，除了具体的要求，老师往往还会加上一句‘可以自由发挥想象力，只要和主题有关即可’，但恰恰是这句‘自由发挥想象力’，成了孩子最发愁的部分。他经常问我：‘要自己想象，我想象什么呢？我根本想不出来可以画什么。’”

你有没有遇到过类似的苦恼？请思考以下问题。

思考题 练习识别孩子的需求

说起培养孩子的想象力，应该如何做呢？

A 多给孩子买新鲜的玩具

B 多带孩子四处旅游

C 多给孩子讲故事、看电影

D 只要不打击孩子，自然就有想象力了

想象力是与生俱来的，只有想象力被扼杀了，才会出现要培养想象力的需求。每一个孩子出生后，都是先看到外界事物再尝试用大脑去理解，理解不了就会自己做出合理的解释，多数解释的内容都来自想象。想象就是完全以自己脑海中对世界的认知构思出来的内容。那么，一旦看到了更多，知道了更多，孩子也就失去了想象力。

想象力是保护出来的，不是培养出来的，父母需要做的是尊重孩子对现实世界的解释，并尽量将孩子的解释保留下来，以后有机会的时候可以提示孩子，帮助孩子回忆曾经的解释，这些都是原发的想象力。

孩子不能区别现实与虚幻之间的差别，对孩子来说，现实世界的事情是真的，虚构的故事和传说也都是真的。只有经过自己的核实，孩子才能真正懂得哪些解释不对，以及不对的原因，反之亦然。父母只要给孩子时间，允许孩子自己去解决困惑，而不是急于跳出来给孩子解释，就是在保护孩子的想象力了。而在这种保护之下，孩子可以凭借自己的力量激发出大量的想象力。请思考以下问题。

思考题 练习识别孩子的需求

以下四件事对孩子的想象力都有帮助，其中哪一件帮助最大？

A 多给孩子讲各种各样的故事

B 让孩子自己决定一个小时的时间要做什么

C 让孩子扮演故事中喜欢的人物

D 让孩子多玩过家家等游戏

当父母手里有事在忙的时候，孩子常常会问他自己应该做什么，这时让孩子自己想、自己决定做一件事，就是在培养孩子的想象力。孩子的大脑需要结合家里已有的东西和自己的意愿找出一个玩法。有的孩子家里有很多积木，有的孩子有很多火车，也有一些孩子有很多洋娃娃，父母不参与的情况下，孩子也可以自己投入其中，玩得不亦乐乎，大人看着可能会感到不解：这有什么意思呢？而孩子却在不断地设想各种情景，设计各种与外界的互动，这就是想象力的释放。

如果父母为孩子准备好了活动，那么孩子下一步的问题就是：“这个怎么玩啊？”因为是父母布置的活动，所以具体的环节和规则就都不是孩子的事了，孩子只是被动参与到父母的安排中。在这种父母安排的活动中，也会出现孩子玩着玩着想出不同玩法的情况，这就是创造力，结合不同的目的以及动机，改变玩法以对自己有利，这体现出来的是孩子自己解决问题的能力。

实际上，孩子从出生到长大的过程就是不断探索、体验和尝试的过程，只要不被打压、不被纠正，每个孩子都能够发展出自己的闪光点。

以下是上述两道思考题的答案及各选项的对应解释。

你做对了吗？

A 多给孩子买新鲜的玩具

解读 这种做法毁灭了孩子的想象力。

B 多带孩子四处旅游

解读 这仅仅是最基础的做法之一。

C 多给孩子讲故事、看电影

解读 这样做并不会培养出想象力。

D 只要不打击孩子，自然就有想象力了

解读 想象力不是培养出来的，而是保护出来的。

你做对了吗？

A 多给孩子讲各种各样的故事

解读 这种行为对文化能力的提高非常有效。

B 让孩子自己决定一个小时的时间要做什么

解读 这种安排对提升想象力最有效。

C 让孩子扮演故事中喜欢的人物

解读 根据效果来看可以排在第三位。

D 让孩子多玩过家家等游戏

解读 仅次于让孩子自己决定。

大人们普遍对“培养”一词有一种错误的理解，那就是需要依靠学校、机构和老师教才能够实现对孩子的培养。他们教，父母创造条件让孩子去学，就是培养了，但这样的培养往往束缚了孩子自由发展、自主生长的力量。这种培养就像给盆景绑上铁丝，强行引导，最后盆景被动生长成了人们要求的样子，却不是最舒服、最自然、最原本的状态了。想象力就是如此，与生俱来，无须刻意雕琢、被动开发。与想象力密切相关的是创造力，那么创造力又该如何“培养”呢？请看下一节。

85. 如何培养孩子的创造力

创新是一个人的大脑意识，还是一种行为表现呢？有创造力的儿童都有好动的特点，都有倔强的性格，那些被他人的要求笼罩着的儿童，几乎都是静默的、柔弱的。因此，创造力其实也在大脑深处塑造着人的外部性格。来看看下面这些父母的描述：

“我觉得自己挺缺乏创造力的，在工作中是执行者的角色，有点儿逆来顺受，一直从事重复性较强的工作。我非常羡慕那些有创造力的人，他们总能发现问题，总有全新的点子、不同的解决方法。我能看到自己与他人的差距，于是非常注意培养孩子的创造力，希望他的脑子更灵活。”

“我是‘70后’，我的父辈所处的那个年代，社会生活模式几十年才有一些变化；而我们这一代，却经历了十年一变、甚至三年一变的发展速度；到我们孩子这一代，将经历的变化简直不敢想象。引领这些变化的是科技，是创造力，所以我觉得培养孩子的创造力对适应未来有很重要的意义。孩子一天天成长，社会也在飞速变化，而身为父母却没有具体的做法，心里真是非常焦虑。”

父母重视孩子的教育并为孩子的未来操心，这种心情可以理解，但是焦虑无法解决问题，还容易把自己推向误区。请思考以下问题。

思考题 练习识别孩子的需求

下列有关孩子创造力的认识，哪个是错误的呢？

A 培养创造力的敏感期一旦错过就没有了

B 创造力与生俱来，随着孩子的成长被磨灭

C 自信的人更有创造力

D 创造力表现为好奇后的尝试

直观的创造力就是通过思考、行动和表现得出别人无法得出的结论。孩子的大脑没有任何约束，表现出来的任何动作和声音都是独特的。大人在旁边不断“纠正”，孩子的行为和语言渐渐就与大人越来越一致了，创造力也随之被抹杀了。当孩子表现出对未知事物的好奇并试图探索时，如果得出了与大人观点不一致的结论，应该给予孩子发表自己观点的空间，基于此，创造力才可以持续一生。

创造力和想象力一样，也是保护出来的，是通过保护孩子的自信心进而保留下来的一种本能，是在好奇心的驱动下，去探索并得出自己满意的结论，或者得出自己觉得好玩的结果。可能与大家看惯了的东西不一样，也可能之前从来没有得出过这种结果，但是这种结果对孩子来说意义非凡。

孩子说的话有时让大人听了发笑，孩子的想法有时让大人觉得幼稚，孩子的表现有时让大人感到头疼，但恰好就是这些让大人们感到好笑、幼稚、头疼的内容才是最珍贵的。大人们总是打击、否定、蔑视这些童言童语，也就渐渐

毁掉了孩子的自信。没有了自信，孩子会缩手缩脚，创造力也就此消失了。

以下是上述思考题的答案及各选项对应的具体解释。

你做对了吗？

A 培养创造力的敏感期一旦错过就没有了

解读　这种说法缺少科学依据。

B 创造力与生俱来，随着孩子的成长被磨灭

解读　创造力正是在成长中磨灭的。

C 自信的人更有创造力

解读　这也是正确的，自信可以推动创造力。

D 创造力表现为好奇后的尝试

解读　仅仅好奇还不够，还需要自己尝试着去找到答案。

培养，是塑造一种环境，营造一种氛围，不是教导，更不是说教。**生活中的各种事情都是孩子表达想法的机会，大人应该尽量避免把自己的观点、态度和做法强加给孩子，让孩子成为他自己就是对创造力最好的“培养”。**

让孩子成为他自己也意味着尊重孩子的自我意识，自我意识强的孩子，就算学业普通、生活平凡，也可以在自己的能力范围内按自己的意愿安排生活，获得满足感和幸福感。那么，如何才能培养孩子的自我意识呢？请看下一节。

86. 如何培养孩子的自我意识

自我意识开始觉醒后，孩子的关注点就不再只是聚焦于生理需求，而是开始表达自己独立的想法和意愿了，最明显的表现就是经常对父母说：“我不！”

以前喜欢的衣服，现在孩子会说“我不穿”；以前喜欢吃的食物，现在孩子会说“我不吃”。春寒料峭的时候非要穿凉鞋去上幼儿园，怎么说也不听；物权意识越来越强，自己的玩具连摸都不让别人摸；也有一些孩子开始有了自己的喜好，喜欢某一件衣服就一直穿，脏了、旧了也不脱；喜欢某种颜色，自己的床单、被罩、书包、水壶等，只要是能挑选颜色的，都选那种颜色；有自己特别喜欢的图书，虽然家里有很多书，但一说亲子伴读时就只选那一本……

其实这些都是孩子自我意识萌发的表现，是非常正常的现象。3 ～ 6 岁是培养儿童自我意识的一个重要阶段，在家中可以从以下四个方面做起。

- 第一个方面是培养孩子的物权意识，尊重孩子维护自己物品和权益的行为，比如紧紧握着自己的玩具不松手，并明确表示“这是我的”。这句话不用大人教，孩子能自动模仿学来，父母应该尊重孩子的表达。
- 第二个方面是让孩子意识到自己的身体边界，学会说“不要碰我”，这是儿童保护自己的最初防线。但单纯的语言说教效果甚微，因为没有视觉上的具体场景，父母可以把这种身体边界的表达融入生活，用温和的语气告诉孩子“别碰我”，这是用一种行为的示范，让孩子感受父母的身体边界。而父母也要控制自己频繁不当的亲昵行为，尊重孩子的身体边界，这样孩子才会渐渐形成对自己身体边界的意识，从而知道什么情况下应该通过明确说“不”来提醒对方并保护自己。
- 第三个方面是不打断孩子说话。如同前面的做法一样，在自己讲话被孩子打断时，用平和、正式的态度对孩子说“请不要打断我”，孩子在与父母的互动中，就会主动学会这句话。“请不要打断我”是保护自己思维一致性和完整性的防护罩。孩子说话的过程经常被大人打断，这实际上剥夺了儿童形成自己完整思路的机会，剥夺了他练习清晰表达自我意愿和事件发生过程的机会。而且，父母总是替孩子说，孩子就会形成依赖，期待别人替自己表达，理所应当地认为别人知道自己的想法和意愿。
- 第四个方面是允许孩子表达自己的喜好，包括数字、颜色、食品、图书、衣服等，父母和孩子最好能用本子记录下各自的喜好。“我很喜欢……”是表达自己心情和感受的语言，能够说出来是对自己情感体验状态的确认，通过自我反馈，孩子能更具体、更清晰地认识自己的感受。

与清晰的自我意识相对的是失去自我，模仿跟风、听命依附、迷信权威、总是把别人当作自己的主心骨。与其说父母们是在努力培育儿童，不如说父母们是在与儿童的互动中形成了一种柔和的关系，在彼此都是独立人格的状态下，保持清晰的边界，在此基础上进一步互动。

自我意识不仅是对个人喜好的认识，也是对自己所有物的认识，这也就铺垫了财商的基础。请看下一节。

87. 如何培养孩子的财商

现实生活中，我们会发现财务压力大的人脾气也大，容易急躁，心中的财务期望总是难以实现，一点儿小事就要爆炸。财务压力源自一个人对自己财务状况的认识，这种认识来自大脑对财务的理解，对收入、支出以及财务变化情况的平衡感觉。财务状况影响人的性格表现，不可小觑。而对财务的认识也是可以从小培养的，通常我们称之为“财商”。

财商就是对财务、钱财、财富等概念的认识以及处理相关问题的能力。当代社会是一个商业社会，未来的孩子不仅要有知识、有情商，还需要有财商。我在对一些儿童的访谈中发现，目前家庭教育中的财商培养并没有得到广泛的重视。

已经读小学二、三年级了，孩子却没有跟父母一起做购物清单的经历，去超市都是被动跟随，不知道父母去超市采购的重点，也没有关注过自己最常吃、最爱吃的食物的价格，甚至连大致价位都没有概念，比如常喝的酸奶大概多少钱一瓶，很多孩子直接说“不知道”“不了解”，有的孩子则用随机猜测的方式回答：“3 块吧，还是 5 块，要不然就是 10 块？”

小学五、六年级的孩子，多数人完全不了解家中日常生活的大致开支，既不知道每个月全家的伙食费是多少，也不知道自己每个月买书、零食和玩具需要花多少钱，更不知道自己上的培训班费用是多少。有的父母甚至这样告诉孩子：“我们负责挣钱，你负责花钱以及好好学习、提高成绩。”

一些六年级的孩子说自己有手机，父母给里面充了钱，想买东西时，拿手机扫一下码就可以了，所以自己只需要记得花钱时带上手机，但每次实际支付了多少钱完全不在意，支付前既没有估算大致金额，支付后也没有认真查看。

有的孩子说自己的零用钱都是父母代管，自己不能灵活支配，于是感觉那些零花钱不是自己的，只是父母嘴里的一种说法而已。每次花钱还得问他们要，非常不自在。

这些情况侧面反映了财商教育的缺失，而这些缺失在早期都被学习成绩所掩盖了，只有经过长期积累、表现出比较严重的问题时才会被意识到，而这时再想办法解决就没有那么容易了。请思考以下问题。

思考题 练习识别孩子的需求

培养孩子的财商，应该先从以下哪方面做起呢？

A 应该满足孩子的需求，要什么玩具就给买下来

B 应该带孩子一起去买东西，认识钱

C 应该按照孩子在家做家务的多少支付报酬

D 应该给孩子存钱，将来学习使用

财商的核心包含如下三个方面。

- 第一是要理解钱在周转过程中的交换原理，交换是核心中的核心，也是所有商业社会运行的基础规则。
- 第二是能够衡量自己的需求与自己能力之间的关系。
- 第三是能够衡量别人的需求以及别人支付能力之间的关系。

从小培养孩子的财商，应该从做家务支付报酬这个步骤开始。通过家庭会议讨论家务的范围，划定自己分内的事情和公共家务，比如叠被子、整理自己的玩具和书桌就属于分内的事情，不能支付报酬；而像洗碗、扫地、拖地、晾衣服等这些家务，就属于公共家务，可以跟孩子商定完成这些家务的标准以及支付多少钱来交换他所付出的劳动，让孩子了解钱的来历。

赚钱的过程也是孩子有所付出后得到报酬的过程，这是一件非常具体、直观而且有现实意义的事，和做数学应用题完全不同。若非如此，孩子不能真正理解父母的钱是怎么挣来的。工作日的白天孩子要上学，见不到父母，还以为父母就是白天出去转一圈就有钱了，家里缺什么就有人送货上门了呢。

当孩子理解了钱是父母通过劳动赚来的，自己也要通过劳动才能获得钱后，孩子就会主动思考，靠自己的本事能不能买得起玩具、能不能买得起冰激凌、能不能交上学费等。这时，孩子就能够进一步理解劳动的含义，也能够理

解体力劳动和脑力劳动的区别，从而自发地思考需要学习的原因了。这些都是从孩子自己想要的东西，以及自己付出劳动的过程中慢慢体会和学到的。对于财商的培养，为家务付酬是基础。

以下是上述思考题的答案及各选项对应的具体解释。

你做对了吗？

A 应该满足孩子的需求，要什么玩具就给买下来

解读　这种情况无法培养财商。

B 应该带孩子一起去买东西，认识钱

解读　这种做法不能让孩子理解钱和劳动力的交换。

C 应该按照孩子在家做家务的多少支付报酬

解读　这是让孩子认识钱的最佳方式。

D 应该给孩子存钱，将来学习使用

解读　存钱会把孩子变成守财奴。

有关财商的正确认识是从货币的用途开始的，进而认识到货币的意义、如何得到货币、如何将货币用于自己的支配，再来满足自己的物品需求等。基于此，孩子会开始认识自己的物质需求，这个需求是用自己付出的、可以换来货币的劳动来衡量的，而不是在看到别人享受的样子后激发的。这是儿童财商的核心认识，这个认识可以让孩子长大后摆脱人与人之间的攀比，专注于自我需求以及自我能力之间的平衡，从而拥有更满足的人生状态。除此以外，满足的人生状态还来自看待挫折的态度和应对的方法，也就是我们常说的具有“坚强的品质”，那到底应该如何培养呢？请看下一节。

88. 如何培养孩子坚强的品质

社会上常说“80 后”这一代孩子普遍存在不够坚强的问题，稍微遭遇挫折、批评就承受不住，不是放声大哭，就是萎靡不振，年龄稍微大一点儿的孩子在遭受挫折后甚至流露出消极的言行。如今，“80 后”们的孩子都已经上学

了，就连“90后”都开始为人父母了。当时被认为性格不够坚强的一代，开始认为自己的孩子更不坚强。那么请思考以下问题。

思考题 练习识别孩子的需求

孩子的坚强品质应该从什么方面开始培养呢？

A 应该多让孩子遭遇一些挫折

B 父母应该与孩子一起活动，向孩子展示应对方式

C 老师应该创造更多的场景，给孩子讲解应对方式

D 减少对孩子的安慰，给孩子更多的自我消化时间

孩子的人生态度主要源于以下两个方面。

第一个方面是父母的示范作用。孩子摔跤了，父母就拍打桌子、埋怨地板，这样不适当的宽慰和过度的保护让孩子的大脑失去了自己处理的机会，无法深究自己目前的处境，也无法用本能去应对。如果孩子一遇到挫折就等待有人哄，那等他长大了知道被哄是小孩子才有的“待遇”，不能依赖大人协助自己解决时，就会表现得软弱无能。

第二个方面是孩子在12岁以前的自我习得。12岁以前“习得”的东西浑然天成，不仅水平很高，而且不会丢掉。12岁以后“学得”的东西都是浮于表面的，非常容易流失。貌似学到了坚强，但那都是给人看的，经不住考验。孩子习得一项能力，来源于自己的主动观察和模仿，而不是被要求、被命令。

要想培养孩子的坚强品质，最好的办法就是父母参与到孩子的活动中，比如骑车、跳绳、下棋、伴读等，将自己遇到困难时的心理变化、情绪调节过程以及应对方法传递给孩子。此外，和孩子讲自己小时候面对挫折的细节也能起到非常积极的示范作用。

以下是上述思考题的答案及各选项的对应解释。

你做对了吗？

A 应该多让孩子遭遇一些挫折

解读 多遇挫折而不辅导、不示范，孩子受到的压力会更大。

B 父母应该与孩子一起活动，向孩子展示应对方式

解读 只有从父母身上看到应对挫折的具体做法，孩子才能够学会。

C 老师应该创造更多的场景，给孩子讲解应对方式

解读 无关学业的方面，家庭的影响力比老师的教育更有效。

D 减少对孩子的安慰，给孩子更多的自我消化时间

解读 这确实是一个方向，从小就让孩子意识到要自己设法控制自己。

孩子看到过父母遭遇挫折时的情形吗？父母失败的时候，可以不经意地说："输了也没关系，这一次学到了新的对策，下一次我可以赢回来。"让孩子看到父母的表现和应对办法，那么他不知不觉也就学会了。

下棋输了是挫折，考试成绩不如意是挫折，被别人批评和惩罚都是挫折，被小朋友孤立、嘲笑、取外号也在这一范畴里。父母想一想，孩子看到过或者至少听到过你的做法和态度吗？无法直面挫折，也就难以产生责任感，父母要明确的是，子女教育不都是学校的事，人一生的品质、素养都是原生家庭奠定的，责任感也是一样。请看下一节。

89. 如何培养孩子的责任感

"责任感"是一个非常抽象的词，难以把握，很多父母不知道应该怎样将责任感的培养融入家庭教育之中，等意识到必须付诸行动的时候，往往是因为发现孩子已经出现了各种不负责任的表现，而孩子的年龄也已经不小了，想补救又不知从何处着手。比如有的父母这样描述：

"我们一起去超市采购，买了很多东西，我已经拎不动了，我儿子却像没看见一样，根本没有想要主动分担的意思，还得专门说请他帮忙拎其中两个购物袋，他才极不情愿地拎起来。结果走了没多远，就小声嘀咕太沉了、太累了。他已经上小学五年级了，让他拎的东西真的不重，没想到他的反应是这样的。"

"我在房间看书，余光正好看到孩子把屋外的垃圾桶碰翻了，垃圾

撒在地上，我发现他第一时间朝我看了一眼，见我没反应，自己愣了几秒后把垃圾桶扶了起来，然后就觉得没事了，走开了。可地上还有垃圾呢，完全不打算收拾起来，我觉得这孩子挺没责任感的。”

责任感并不是等孩子到了某个阶段才开始培养的，而是应该在孩子 3 ～ 5 岁期间通过点滴渗透，让他形成自愿、自发的意识，看起来就像先天就具备的能力一样，是自然而然形成的。请思考以下问题。

思考题 练习识别孩子的需求

以下四种行为都应该在 3 ～ 5 岁期间要求孩子做到，其中哪种行为适合尽早落实？

A 离开自己的房间时关灯

B 玩具玩过后放回原处

C 洗漱、洗澡后要把毛巾挂好

D 与人交谈后要说“谢谢”

这道思考题所列出的选项都是具体的行为，如果父母在日常生活中每次都能这么做，孩子天天看见这样的行为，也会自动这样做。如果父母没有这样的行为，反而想要求孩子这样做时，就需要一个合理的解释了。父母从来没有做过这样的示范，孩子一直也不需要这样做，现在突然被要求这样做了，孩子难免不明所以。而且，孩子没有从这样的行为中得到任何直接或间接的收益，自己就更难以接受为什么必须这样做。父母往往需要更多的解释和教育，这样的教育对父母来说难度很大，孩子也觉得自己被勉强，于是效果总是不理想。

告知孩子将玩具放回原处是需要最早落实的一件事，而且第一次就要做对。父母们面临的挑战是让孩子去做的话又慢又麻烦，自己还要示范，远没有替孩子做来得简单省事儿，却没意识到最初阶段的麻烦，打下的是孩子一生良好习惯以及责任感的基础。如果只图现在省事儿，觉得人人做了算了，这些小事孩子长大以后自然就会了，那就过于乐观了。从养育初期，也就是孩子大脑的“初始设置”阶段，就让孩子有机会看到并体验这些常态的行为，就是培养责任感的基础了。

以下是上述思考题的答案，以及每一种做法供你参考的具体解释。

你做对了吗？

A 离开自己的房间时关灯

解读　这是一个责任意识的巩固。

B 玩具玩过后放回原处

解读　这个习惯与自己的行为密切相关。

C 洗漱、洗澡后要把毛巾挂好

解读　这是需要父母明确示范的动作。

D 与人交谈后要说“谢谢”

解读　这是一个长期要做到的互动行为。

良好的责任感分为如下四个层面。

- 第一层是不给别人制造麻烦。
- 第二层是与自己所属团体中的其他人的行为尽量一致，比如，大家都保持安静时，自己也尽量不发出声音。
- 第三层是能为自己的感受承担责任。
- 第四层是对自己的未来承担责任。

培养孩子的责任感，不是靠说教灌输到孩子的大脑中的，而是让孩子自然而然地养成习惯，这需要依靠具体的行为逐渐培养，应该先从承担自己的分内之事做起。那么请思考以下问题。

思考题　练习识别孩子的需求

以下都是孩子分内的事情，哪一件需要通过多次示范让孩子看到？

A 帮助准备用餐的饭桌

B 收拾、打扫自己的屋子

C 刷牙洗脸后清洗水盆

D 为身后的人留门

责任感是一种建立在脑海中的本能反应，不是理性权衡后才做出的一种行为。在灌输和说教下“培养”出的责任感是人前一个表现，人后一个表现，往往带有目的性；而真正的责任感是孩子在力所能及的情况下，不去计较得失，不用思考理由，不需要考虑别人能否看到，都会这样做。

为身后的人留门，就是理解了自己的行为可能影响到别人，从而渐渐形成的一个意识，同理，孩子也会渐渐明白自己的大声喊叫也是有后果的，也是会干扰别人的。

用餐的饭桌、自己居住的屋子、刷牙洗脸后形成的水盆污渍等都与自己的行为相关，是非常明确的分内之事，而给身后的人留门则需要大人多次示范，因为这是给别人带来方便的行为。

以下是上述思考题的答案及各选项的对应解释。

你做对了吗？

A 帮助准备用餐的饭桌

解读 自己也要吃饭，有明显的好处，不需要过多示范也可以理解。

B 收拾、打扫自己的屋子

解读 房间干净对自己也有明显的好处，不需要过多示范也可以理解。

C 刷牙洗脸后清洗水盆

解读 自己弄脏了，自己收拾，不需要示范也可以理解。

D 为身后的人留门

解读 自己没有明显的好处，但是对他人有好处，需要多次示范。

孩子的成长过程中会经历各种不同的体验和感受。大人经常对孩子的这些感受做出响应，会让孩子丧失消化和承担自己感受的意识，同时也就失去了承担这种感受的能力。

思考题 练习识别孩子的需求

想要培养孩子对自己的感受负责，应该采用以下哪种做法？

A 孩子磕碰了时，埋怨桌子

B 孩子表现害怕时，表示有妈妈保护

C 孩子对事情有担心时，父母积极解释消除担心

D 孩子表现消极感受时，父母也表示自己的消极感受

当孩子表现出害怕、恐惧等消极的感受时，父母要明白，这是一个人在成长过程中总要经历的一种体验，这是一个过程。既然是过程，就意味着孩子需要停留在那种感受的状态中，接受如下三个阶段的变化。

- 第一阶段，没有人能替代自己去面对这种感受。
- 第二阶段，体会感受的变化，并意识到这也不能把自己怎么样，不耽误吃喝、不耽误睡觉，也不耽误爸妈仍然在身边。
- 第三阶段，渐渐发现感受会出现变化，一旦静静地品味某种感受，它就没有那么糟糕了，而是会向好的方向发展。

自己不高兴，那是自己的事情，不该依靠别人来分担，自己害怕也要自己设法解决。这样的三个阶段让大脑形成了自主承担的意识，这个意识会扩展到智力层面，就是渐渐认识到学习也是自己的事，分数不高是自己的事，不是担心爸妈不高兴，而是自己不高兴，要自己来解决。

父母往往出于心疼孩子，就主动跳出来剥夺孩子自行消化感受的过程，并试图快速终止孩子的负面情绪。这样一来，孩子的大脑便无法形成自己的认知，也无法具备自我的独立性。在孩子长大后，父母不在身边的时间越来越多，也会因此而生出很多担心，反而平添了本可避免的烦恼。

面对孩子的负面感受，父母可以跟孩子讨论自己的经历："我也有过这种非常害怕的时候，那时我的父母工作很忙，没有时间听我说这些，我就只好自己慢慢体会害怕的感受。后来我明白了，害怕也不能把我怎么样。你现在是觉得害怕吗？试试想个办法，每个人都有自己的办法来应对。如果明天还想不出来的话，咱们可以再讨论。"

以下是上述思考题的答案及各选项对应的具体解释。

你做对了吗？

A 孩子磕碰了时，埋怨桌子

解读　从很小就开始把责任感消灭得很彻底了。

B 孩子表现害怕时，表示有妈妈保护

解读　妈妈享受了母爱的伟大，浇灭了孩子的成长。

C 孩子对事情有担心时，父母积极解释消除担心

解读 这是所谓理性的父母，对孩子保护过度。

D 孩子表现消极感受时，父母也表示自己的消极感受

解读 感受的应对是自己消化后习得的。

责任意识，包括不因自己的行为给他人添麻烦，也包括勇于接纳自己的感受变化，更包括对自己的未来负责。当下与未来联系在一起，有因果，彼此促进。写作业是眼前的行为，考试是近期的结果，长大成人后的知识文化水平是更加遥远的结果，每个人都需要承担自己行为的结果。通过因果思维与眼前的作业联系起来，才是最省心省力的心智建设。

心智的成熟离不开犯错，而承认错误意味着有能力反思自己，也意味着儿童出现了审视自我的意识，这种意识也是情商的发源。那要如何培养孩子的情商呢？请看下一节。

90. 如何培养孩子的情商

智商代表了人的智力使用情况，情商就代表了一个人情感的表现情况。

孩子长大以后所面对的社会，不是仅仅靠优异的学习成绩就可以取得成就的。孩子需要智商，更需要情商，但学校里都是培养智商的课程，灌输的都是知识，最主要的情商培养阵地还是在原生家庭。那么请思考以下问题。

思考题 练习识别孩子的需求

将来步入社会所需要的情商，父母应该如何对孩子进行培养呢？

A 家里多生几个孩子就可以了

B 早一点儿送去幼儿园接触集体

C 带出去多见人就能够学会

D 开始认识自我的时候进行约束

“情商”是生活中的常见词，大家都希望自己的情商高一些，但究竟什么是情商，恐怕很多人都难以说清。情，是指人与人相处过程中，过往的互动关系在大脑中沉淀积累后的语言、表情、情绪等的反映或反射；商，是一种可量化计算的方法。总结来说，情商就是使用“情”的能力以及表现水平。既然是表现水平，就意味着高低不同，也意味着可以通过练习得到一定的提高。

儿童情商的基础是稳定的安全感，而安全感源于 2 岁前生理需求和心理意愿的满足。孩子只有在觉得自己是安全的、自己的生命可以顺利地生长发育时，才会将精力用于对“情”的关注和认识上，而迈出情商的第一步是了解自己。对于培养安全感和了解自己，父母可以开展的做法有以下三点。

第一点，对孩子的需求做出及时但分程度、分层级的响应。比如孩子要求吃冰激凌，就至少有三个层级的响应方式。

首先承接孩子眼前正在关注的话题，可以说：“我也挺想吃的，确实好久没有吃冰激凌了。”这不是直接答应或直接拒绝，而是顺应孩子的想法和表达接一句话，既即时响应了孩子，又没有响应过度。这是第一个层级的响应方式。

如果孩子强调马上就想吃，希望现在就买，那么接下来可以采取第二个层级的响应方式，和孩子讨论一下怎么买、多少钱、想吃的感受，以及现在的气温是多少，吃了会不会感觉冷，等等。孩子的需求和表达进了一步，父母的响应层级也提升了一步。

最后，可以采用第三个层级，拿出购买的具体行动。在与孩子互动的过程中，如果父母能始终抱有“凡事都有三个层级的响应方式（有危险除外）”，将是对孩子最好的示范。

第二点，不要过度呵护和纵容孩子。在孩子遇到挫折、体会到压抑的情绪时，要给孩子充分的时间让他自己消化，而不是希望通过马上哄一哄，让他赶紧高兴起来。在体验负面情绪时，孩子会尝试对自己的这种情感形成一个解释，给自己的情感找到一个出口，这种不过度响应、不总哄着孩子的做法，将培育出茁壮的情感幼苗。

第三点，在生活中不断引导孩子说出自己的感受，认识到自己为什么哭、为什么笑。如果孩子不能认识到自己的感受，大人可以通过提供选项的方式询问。比如："你哭是因为他没有征求你的同意就抢走了你的玩具吗？"每一次这样的表达都是在引导孩子尝试去了解自己的情绪。坚持这样做，就是让孩子不断跳出来看自己，慢慢就能直接说出自己为什么哭、为什么笑了。了解自己后，再了解别人就容易多了。孩子会慢慢关注他人的情绪，并根据他人的情绪状况来调整自己的情绪，以便达到交流的目的。

认识了自己，也就能够推测出其他小朋友开心或伤心的原因，也就能够培养出一个具备情商基础的孩子了。

以下是上述思考题的答案及各选项的对应解释。

你做对了吗？

A 家里多生几个孩子就可以了

解读 多生几个，依靠群体之间的互动形成情商，有可能但并不都能成功。

B 早一点儿送去幼儿园接触集体

解读 取决于幼儿园对孩子组织的活动，以及活动过程中的辅导。

C 带出去多见人就能够学会

解读 这属于自然成长，发展方向不可测。

D 开始认识自我的时候进行约束

解读 情商建立于对自我及他人情绪认识的过程中。

情商的形成有 5 个阶段：认识自己的情感、调整自己的情感、识别他人的情感、通过调整自己的情感表现来影响他人的情感变化、通过自己的情感变化来影响很多人的情感变化倾向。情商的形成离不开父母平常有意识地与孩子互动，不能对孩子太严厉，也不能太纵容。都说"穷养儿子富养女儿"，那么，到底怎么做才算是富养呢？请看下一节。

91. 富养是养什么

"富养孩子"是近些年来非常流行的一种说法，尤其强调女孩应该富养，不然"长大了将会……"，省略号代表的都是一些父母不愿意接受的情形，由此而认同女孩的确需要富养。但对于"富养"这个含糊、笼统、抽象的词所代表的含义，父母们是否细致、深入地思考过呢？不了解“富养”的含义，也就无法形成具体而科学的做法。那么请思考以下问题。

思考题 练习识别孩子的需求

富养的“富”到底指的是什么呢？

A 满足孩子的物质需要

B 给孩子提供广泛的体验

C 满足孩子的物质及精神需求

D 让孩子拥有自己的意识和偏好

富，意味着为孩子提供足够多的选择；养，意味着给孩子提供生理成长所需要的粮食，同时提供心理、精神、智力发展所需要的养料。这样的富养还有一个说法叫“见世面”，也就是借助视觉的活动形式，在多种选择中实现自我认知。“世面”指的不是带着孩子国内国外旅游，看难得一见的景象，也不是追逐人们都要去的热点，盲目跟风反倒是没有见过世面的表现，而是通过经常面对多样化的选择，不断思考、探索、明晰心中的想法，知道自己喜欢什么、热爱什么，并通过一次次做出符合自己意愿的选择，不断强化独立自主的自我意识，真正成为自己。这才是真正的“见世面”，真正的富养。

以下是上述思考题的答案及各选项对应的具体解释。

你做对了吗？

A 满足孩子的物质需要

解读 这是对富养的误解。

B 给孩子提供广泛的体验

解读 不知道体验过程中的感受来自何处。

C 满足孩子的物质及精神需求

解读 这是较高级的豢养模式。

D 让孩子拥有自己的意识和偏好

解读 拥有自己，才是富养的含义。

能够形成自己认识事物的方式，知道自己稳定的偏好，就能够形成精神富有的状态。这就是富养要追求的一种境界。不被财富吸引，不对他人盲目艳羡，拥有自己追求的目标，这种境界离不开父母的正确对待。富养长大之后的孩子会拥有一种高洁的品质，不从众、不贪财、不稀罕功名、不削尖脑袋钻营，淡然而超脱。

富养不仅是对女孩的一种养育标准，也是养育男孩的一种精心布局。女孩侧重自我的偏好以及心态的稳定性，男孩则应该侧重经历更多的事情，在事情中付出汗水和体力，甚至触及体能极限，借此学会自我决策，这都是对男孩的富养。无论男孩女孩，都会受到父母双方的影响，那么妈妈在孩子的成长过程中起到的作用是怎样的呢？请看下一节。

92. 孩子成长过程中，妈妈的作用是什么

如果你是一位妈妈，那么先回忆一下自己小的时候，你对自己妈妈的哪些言行印象深刻？这些印象深刻的言行中，哪些是你很喜欢的，哪些是你曾经想过以后自己有了孩子，一定不这样做的。然后，再来看看自己做妈妈的时候，做了什么。这就是在体会原生家庭的威力，找到了自己的来路，也就明白了孩子的去路。

妈妈，是孕育和抚养孩子过程中最操劳的人，喂奶、安抚、哄睡、穿衣、喂饭、陪玩、接送、辅导作业……很多妈妈感慨自己像个保姆，承包了家里的大小事情，可孩子还不领情；又像个原地打转的陀螺，总在围着同样的事情无限循环。可这些真的就是妈妈的作用吗？请思考以下问题。

思考题 练习识别孩子的需求

妈妈到底应该对孩子起到什么样的作用呢？

A 当好保姆

B 精神的安全庇护所

C 独立自主的摇篮

D 可以依恋撒娇的怀抱

孩子需要依赖大人才能生存，人类的动物本能和社会角色赋予了妈妈哺育和照料孩子成长的责任。如果妈妈能恰当地响应孩子的各种行为，那么不仅可

以满足孩子的生理需求，还能驱赶孩子的孤独、害怕、落寞等各种潜在心理，让孩子获得心理上的安全感。在孩子寻求生理满足和心理安全的过程中，妈妈与孩子的互动方式将在孩子心中形成一定的心理模式，直接影响孩子 3 ～ 6 岁期间的行为，这个阶段孩子的很多行为正是依恋关系是否正常的映射。

面对孩子的各种行为，妈妈如果能有辨别地进行分层级响应，既做到及时，又能分情况采取不同的做法，而不是所有的事情都用同一种态度、方式、强度和紧急程度来响应，不仅有助于孩子建立安全感，形成适当的依恋关系，更是为孩子以后具备灵活多变响应他人的能力打下基础，也是在为孩子妥善处理人际关系做铺垫。妈妈对孩子的需求和行为的响应方式主要有以下四种。

第一种，目光交流。孩子在视线中能看见妈妈，妈妈不仅和孩子对视，还会微笑或微微点头。尤其是在孩子会走之后，开始探索新的事物和场所时，总会时不时地回头寻找妈妈，希望妈妈不仅在视线中，而且眼睛还注视着自己。有了和妈妈的目光交流，知道妈妈在身边，知道妈妈看着自己，寻求关注和安全感的行为得到了满足，孩子才会转回头继续探索。

第二种，身体接触。比如孩子大哭，好像是饿了要喝奶，这时妈妈用手轻轻地在他嘴角点几下，看他是不是一边循着手的方向转头，一边蠕动着嘴，再轻拍他的肩膀温柔地用话语回应。得到了回应和身体接触的安抚，通常情况下孩子的哭声就已经减弱了，这时再一边说“咱们马上吃奶，我正在给你冲奶粉呢”，一边进行喂奶的准备。再比如，孩子跑着跑着摔了一跤，自己爬起来边哭边跑着扑向妈妈的怀抱，搂着妈妈，过一会儿就不哭了。摔了能自己爬起来，却还得挨着妈妈待一会儿，这体现的就是心理需求通过身体接触获得了满足。

第三种，话语回应。用温柔、耐心、慢速的话语回应孩子。

第四种，精神建设。这需要妈妈将专注于眼前事情的精力分配一部分放眼未来，为孩子早晚都要经历的事情进行铺垫和布局。当孩子问妈妈“能玩一会儿吗”的时候，先顺应孩子想玩的愿望，然后跟孩子约定要玩多久，用计时器计时，时间到了要间隔 6 个小时再玩或第二天再玩。和孩子明确，下一次还能再玩，但不是没有限度地想玩多久玩多久。再好玩的游戏也要有限度、有下一次。看到眼前的样子，脑海中想象未来，心中持续期盼，这是通过生活小事让孩子能看向未来、愿意等待、有所追求的做法。因为有期待和追求，就会主动动地向那个方向努力，同时慢慢形成耐心，而不是必须今天就要，只能现在，不能等待。

妈妈能做到的这四种分层级响应方式不仅维护了孩子的心理安全，更是精神建设的家庭布局。以下是妈妈在孩子成长过程中应该起到的作用的具体解释。你找到正确答案了吗？

你做对了吗？

A 当好保姆

解读 这是最差的角色定位。

B 精神的安全庇护所

解读 这是应该充分体现的角色。

C 独立自主的摇篮

解读 这是父亲的主要工作。

D 可以依恋撒娇的怀抱

解读 这是溺爱的典型表现。

一个家庭中，父母有各自的角色和分工，孩子成长过程中，父母都积极参与并扮演好自己的角色，就能够培养出一个各方面更健全的人。那么爸爸在孩子的成长过程中应该起到什么作用呢？请看下一节。

93. 孩子成长过程中，爸爸的作用是什么

在人们心中，男人在当了父亲以后会更有担当、更有责任感。从社会普遍意义来说，男性和女性确实有社会分工上的差别；从家庭角色来说，爸爸和妈妈在孩子成长过程中所起的作用也有所不同。请思考以下问题。

思考题 练习识别孩子的需求

从孩子的角度来说，爸爸的影响力主要体现在哪方面呢？

A 身体健康方面

B 心理安全感方面

C 性格以及自信方面

D 体育运动方面

在孩子 0 ～ 3 岁期间，尤其是 0 ～ 6 个月时，妈妈是孩子的生命源泉，通过及时满足孩子生理上的需求以及在日常生活中的关注、陪伴、互动等，形成稳定而正常的依恋关系，促进孩子建立心理安全感。而通常来说，爸爸不是孩子的依附对象，爸爸在孩子成长中最重要的作用是性格及自信方面的塑造作用，并从以下两个方面直接影响孩子，让孩子感受到父亲的社会意义。

第一个方面是父母间的互动。爸爸如何与妈妈一起主导家庭活动，父母二人如何倾听、理解、互相帮助，这些点滴都逃不过孩子的眼睛。父母间的角色关系和互动模式时时刻刻都在为孩子示范着将来走向社会以后的人际关系及亲密关系，并将固化为孩子内心的一种模式，在成年后不知不觉中就沿用了这样的模式。

第二个方面是爸爸通过参与跟孩子一起的活动，为孩子提供性格及自信的参考模板。在成长的不同阶段，孩子需要不同的"阶段性营养成分"，在 0 ～ 3 岁的个人成长阶段，养分主要由妈妈提供。在生理上的断奶期之后，孩子在 3 岁多将步入社会成长阶段，需要逐渐脱离对妈妈的依附，从心理上"断奶"，此时，爸爸所能提供的社会化养分的比例会逐渐增加。

爸爸可以带孩子一起玩、参与社会活动、户外拓展、与人打交道等，在这些活动中，爸爸遭遇挫折或内心如愿的状态都能引领孩子的情感发育以及应对方式，这些都是无法通过语言教给孩子的。孩子的自信不是通过鼓励建立的，而是通过付出努力后如愿才获得的。在爸爸的影响下，孩子渐渐相信自己的行为可以让自己想要的事情发生，相信自己是一个可以创造理想生活的人，从而自我满意、自我认可。

以下就是爸爸在孩子成长过程中需要起到的作用的具体解释。你找到正确答案了吗？

你做对了吗？

A 身体健康方面

解读　父母双方共同发挥作用。

B 心理安全感方面

解读　妈妈发挥更大的作用。

C 性格以及自信方面

解读　父亲的作用更为凸显。

D 体育运动方面

解读　父母都可以发挥作用。

孩子在12岁以后会渐渐从生理和心理情感的发育转移到社会交往和人生使命的发展上，比如如何与人交往、如何规划未来等。很多品质如坚强、果断、守信、正直等，都形成于12～18岁，这离不开父亲的积极影响，而这些来自父亲的影响，将终身刻录在孩子身上。

----- 身边的妈妈这样做 -----

家庭，才是教育的主战场

——唐子曦，家有8岁、6岁两个男孩

我是一位“80后”妈妈，有两个儿子，老大8岁，老二6岁半。还没有孩子时，我心里的想法就很明确，家庭教育对孩子有深远的影响，我和我先生要共同承担养育孩子的责任。我们的房子不大，老人无法常住，因此在孩子相继出生、忙得不可开交时，有朋友建议我把两个孩子分别送到两边老人家里，让他们帮着带一段时间，等大一点儿了再接过来，但我和我先生的想法都是：自己的孩子，自己带。

以前看身边亲戚朋友家的孩子，每天在各种补习班之间赶场子，连休息时间都没有，我一直暗下决心，以后一定不给自己的孩子施加那么大的压力，要让孩子快乐成长。但当自己有了孩子，迈上漫漫养育之路后，我发现自己之前的想法虽然方向是好的，但都是口号式的，说起来简单，做起来难。日复一日地面对具体又琐碎的育儿问题，我经常感到迷茫无力，甚至心力交瘁。

我和我先生是大学校友，相识相知多年，彼此的感情稳定，基本没有争吵过，但自从有了孩子，小摩擦一直不断。我经常感觉自己带孩子已经够忙的了，他还添乱，心中有很多怨气，经常唠叨和数落他，也希望他能变得更配合我，更上心孩子的教育，结果没想到他对家里的事情越来越不愿意参与，完全成了甩手掌柜。这与我早先心中所想的“共同养育孩子”的想法相去甚远。

我们的两个孩子年龄差得不远，所以孩子小的时候，日常家务显得格外繁重，没有精力深入思考教育问题，但随着老大上幼儿园，我的心态完全改变了。

面对身边各种机构的噱头宣传，以及身边不想让孩子输在起跑线上的焦虑父母，我的心情也很矛盾，既不想违背成长规律让孩子们抢跑或给他们“填鸭”，又觉得完全放任也不行，我意识到自己需要找到具体的做法。非常幸运的是，就在那时我看到了孙老师写的《妈妈教的数学》和《爸爸教的数学》，从书中我第一次清晰地看到了家庭教育最实在、最具体的做法。

原来孩子的教育是可以通过家庭布局实现的，是我自己误解了快乐教育。快乐教育，是把教育以孩子喜欢的、容易接受的方式引入，让孩子在快乐的心理状态下主动地探索和学习，而不是打着快乐的旗号，完全放手不管、不教育。

这两本书相结合，也让我看到了父母二人教育角色的不同分工，以前我总是期待孩子爸爸能用我对待孩子的方式来照顾他们，却完全没有想过父母教育角色分工的重要意义。我和孩子爸爸共同阅读了这两本书后深入讨论了好几次，我们的婚姻虽然没有感情方面的严重问题，但在有了孩子以后，好像就没有过谈心聊天或者深入交流的时候了。

借着这些讨论，我们聊了彼此对生活、工作和孩子成长的具体期待，还对需要落实的家庭教育活动做了大致的分工。我负责照顾孩子的生活起居以及语言、语文、动手操作相关的家庭活动（我是文科生）；他负责思维、数学、科学、人际关系、社会生存、户外运动等方面的家庭活动（他是工科生）。我们还约定，不在孩子面前挑对方的毛病，就算教育理念有冲突也要背着孩子讨论。其实这条约定主要是给我自己制订的，因为我已经体会到数落他不仅不能让他更配合、更理解我，反而会让他疏远，只有尊重他的方式方法，给他空间和时间，我们才有可能在孩子的教育方面越来越融洽、协调。之后我们开始落实家庭布局活动，因为明确了具体的做法，我们慢慢感觉到那些教育理念在逐步落地。

以前我总嫌孩子爸爸大大咧咧、不够细致，但约定好不在他陪伴孩子时当面指责后，我便开始观察他的做法以及孩子的变化。他虽然不如我细致，却能够做到抓大放小，不在细节上跟孩子较劲儿，所以两个孩子最喜欢和爸爸一起玩家庭互动游戏。

从老大上幼儿园中班到现在小学二年级这3年多的时间里，他带着孩子们落实了很多项数学启蒙类、科学常识类、家庭话题讨论类的小活动。他们曾在两个多月间持续观察了植物的生长情况，还和孩子一起讨论他最为熟悉的同事、领导、孩子在班级里最要好的朋友、小区里经常在一起玩的伙伴以及他们的父母。

有一次还在上幼儿园的老二跟我说:“我发现我是班里跑步最快的，我喜欢跟李嘉浩和王悦涵玩就是因为他们也跑得快，我跟他们能玩到一起去。但是在班里的活动区域玩积木和小实验时，我更喜欢找陈思翰和孙启铭玩，因为他们比较细心，不闹腾。”

我原以为可能是孩子听到幼儿园老师经常表扬某些小朋友如何如何后，随之产生的想法，但他说那是他自己的想法，不同的玩法要找不同的小朋友，还说他和爸爸专门观察和讨论过:“爸爸最好的朋友是张叔叔，但是每周打羽毛球时却约李叔叔，因为张叔叔不爱打羽毛球。我玩不同的游戏，也可以找不同的小朋友。”

孩子的话让我很受触动，一是没有想到他已经留意到了这些，并且有了自己的思考，二是感受到了爸爸参与孩子教育与妈妈的不同之处，这些放眼向外的观察、社会互动的点滴都是爸爸对孩子潜移默化的影响。在育儿之路上，我们在不断学习、摸索、磨合、调整，通过亲身实践和持续落实，我和孩子爸爸都觉得我们终于找到了“共同养育孩子”以及“让孩子快乐成长”切实可行的方法和途径。

这一章的内容都是围绕核心素养的培养展开的。从能力到性格，从财商到情商，我们不难发现，来自家庭的环境气氛和父母的言行举止都对孩子形成了潜移默化的持久影响，渐渐塑造了孩子的性格表现、心理成熟度以及人生观、世界观和价值观。重新回顾这些章节，相信你一定能够从中找到可以在家庭中做出改变的部分。

后 记

孩子的成长，错过不再来

从别人的孩子，到别人的父亲，岁月沉淀下来的就是种种人生智慧，那种恍然大悟的感觉督促我驱散惰意，不断敲击键盘，将这一路的心得写成此书。

这些文章里，每一篇都有父母们无法逃避的棘手问题，也有一个个从科学角度入手，对儿童心理的分析。

每个人的一生都有很多第一次，在实践中摸索，在挫败中醒悟，人们常说“要是早知道”，但每个人都无法早知道，我们总是一边自我成长，一边自我学习。

我在还没有做父亲时，清楚地记得自己的父亲在愤怒时会打我，我想以后自己当爸爸了绝对不能打孩子。如今，我儿子 23 岁了，我没有口出恶言训斥过他，也没有动手打过他，我庆幸自己没有把“棍棒底下出孝子”这个理论延续下去。因为，我早知道被那般对待的滋味，也决定了不让我的孩子再去体会这种滋味。

如果我们想要脱胎换骨，想要跳出自己原生家庭的魔咒，就要靠知识、靠经验、靠不断地学习与实践。本书中的每个章节，都试图从儿童成长的多个视角展开其中的规律和原理，也明确地告诉父母们可以做哪些事情，还对儿童的情感发育过程、智力表现方式和脑力发展阶段做出了说明。

只要我们用心，第一次当爸爸妈妈也一样可以采取正确的方式去面对孩子，直面现实生活。沉静思考、揭示规律、运用落实，才是我们应该尝试的，也是我身为本书的作者诚心期待的。在落实过程中遭遇的各种“意外惊喜”，都欢迎与我进一步讨论。

来日方长，孩子总会长大，父母总会回首，希望当孩子长大，我们回顾养育之路时，可以确信自己科学、理智、客观地走过了这段路……

附录

身边的妈妈这样说

从 2016 年《妈妈教的数学》出版以来，不断有读者反馈这本书不仅让他们明白了学习数学的门道，更让他们看到了家庭教育、亲子互动的科学规律和贴近生活的可操作方法。很多读者与孙路弘老师取得联系，提出了更多的育儿困惑，希望得到深入的指导。以下这些反馈就是来自 5 年来跟随孙路弘老师学习并落实了相应做法的父母们的留言。让我们来看看他们是怎么说的。

1. 哭，是孩子试图要说什么

叶： 我就是对 0 ～ 3 岁孩子的哭声缺少正确响应的妈妈，孩子 4 岁以后，我们发现他会用哭来控制大人了。孙老师的方法很实用，孩子哭时，妈妈要及时响应，但响应的方式需要分层级，对孩子的哭声进行辨别，而不是只要孩子一哭就全都采用相同的速度、深度和模式来响应孩子。这对我的启发太大了。

媛： 记得孙老师的线下讲座有不少还没结婚生子的年轻人都来听，真的很有远见！为人父母是一门大学问，跟其他学科一样需要理论结合实践。但很多父母不是既不懂理论也没有实践，就是看了些讲大道理的书，知道了些皮毛，但完全不知道具体的做法。孙老师不光说出了背后原理，还有具体的做法指导，太难得了。对于没有学习过儿童心理学，也不容易一下子吃透理论的绝大多数父母来说，这样深入浅出、联系实际生活的内容实在是太珍贵了。从“孩子的哭声”中，我学到了父母对孩子哭声的响应方式决定了之后孩子处理事情的应对方式。3 ～ 6 个月就已埋下了种子，父母要采取三步走的方法：“看”“猜”“行”，帮助孩子学会正确的应对方式。

4．孩子为什么爱撕纸

黎： 我一直都知道撕纸对小孩有好处，只是不知道具体原理，从孙老师的方法中，我知道了怎么观察孩子的行为并探索背后的原因。或许我的探索不一定正确，但这是一个学习和进步的过程。我儿子喜欢撕纸，于是我带着他一起撕，撕完了抛起来，五颜六色的纸纷纷落下，孩子高兴坏了。

小木： 大多数父母都没有足够的知识来面对和处理养育的细节，思考细节的能力也很匮乏。孙老师讲的内容都是通过生活中的细节去捕捉背后的根源，让我们发现孩子身上的问题，根源都在父母身上。不仅如此，他还提供了落地的做法，帮助父母提高育儿能力。这些内容都有反思价值，如果能够改变自己，就可以改变孩子及后代的命运！

6. 孩子为什么一玩水就停不下来

珊： 我家孩子 20 个月大就喜欢玩水，因为他总会把衣服弄湿，我经常拦着他不让他玩。这下我知道为什么孩子喜欢玩水了，原来是大脑发育的需要。

7. 为什么家里到处都是孩子的玩具

花香： 反思大宝的成长过程，才明白了大宝身上一些不好的习惯是怎么形成的。玩具的数量和种类都太多了，又不整理。习惯了这种视觉效果后现在书桌凌乱他也察觉不到。我开始有意识地培养孩子自己动手的习惯，才几个月就已经有了些改变，孩子不仅会主动收拾书桌了，而且自己的书包也能整理得很好了，在育儿路上遇到孙老师真是太幸运了！

姗： 从来没有听过哪个老师或专家告诉我们玩具要少、绘本要少、不要全都摆出来，可孙老师却这样说，并且理由很充分。理解了原理，我真的就不会像以前那样见着什么都想给孩子买，摆一地任由他随便怎么玩。现在我会把物品归类，让孩子选自己感兴趣的少数几样玩具玩，其他的都收纳好。

袋鼠： 顽固的父母总是觉得孩子们带来的杂乱无章是教育问题，于是变本加厉地压迫孩子，想让他们成为自己心目中的“乖孩子”，孙老师的这些内容是让父母认清自己需要给孩子提供什么样的成长环境，以及怎么做才是遵循孩子的成长规律。

10．孩子晚上不愿意睡觉怎么办

快乐宝妈： 孙老师所讲的内容一下子让我豁然开朗。孩子在 1 岁半到 2 岁多的时候晚上总是睡得很晚。为了让孩子快点儿睡，我经常跟她说“再不睡大灰狼就来了，大灰狼专门找不睡觉的小孩”，孩子一听害怕了，很快就睡着了。这个行为真的就是自利行为，虽然我没有用黑暗来吓唬孩子，但是我想我的这个做法跟大人拿夜晚的黑暗来吓唬孩子是一样的，希望我现在改变自己的做法还来得及。

学： 我终于理解了孩子不睡觉的原因，也学到了具体的做法。最重要的是不要总把孩子的行为归为态度问题，这是我需要认真思考和改进的。

14．孩子偷吃东西是怎么回事

昕黎： 有一次孩子趁我不在偷偷吃了冰箱里的冰激凌，我当时看到了没有指责他，我问他吃了几口，他说“吃了 5 口，真好吃”。我说，虽然冰激凌很好吃，但是现在是冬天，冬天吃凉的妈妈担心你会拉肚子，所以妈妈很想吃也没有吃。没想到孩子自己就把冰箱关上了，后来也没有去吃过了。幸好当时我没有直接站在孩子的对立面上，我知道应该给孩子自主权，但有时又忘了，这节内容让我更深刻地理解了一点：如果孩子对你产生了敌对情绪，那你说什么都没用了。

17．为什么孩子就是不愿意去幼儿园

妙： 这一节的内容对我来说就是及时雨。我的孩子刚上幼儿园，我们

能接纳他有时不想上幼儿园的情绪，但是对于他为什么不想上幼儿园，没有做出过语言和心理上的疏导，没有将感性转移到理性。等下次孩子再说不想上幼儿园时，我会给他一些不喜欢的选项，不再引导他喜欢幼儿园，而是从不喜欢中找到喜欢的地方，找到自己需要的东西，让他明白不喜欢的也并不能影响到自己。

20．为什么孩子不喜欢哪门课的老师，就学不好那门课

超枝： 反思自己生活中的亲子关系，我对待孩子还是严厉的时候居多，对她要求过多、过高了，在家里充当了老师的角色，还是那种她不喜欢的老师类型。以后自己要调整做法，改善亲子关系。

味道： 孙老师讲的内容终于解开了我多年的疑惑。记得我上初三时数学有了很大的进步，原因是那位数学老师给人一种很亲和的感觉，讲课时爱笑、表情夸张、语调抑扬顿挫，能让我在一种放松的状态下学习，左脑便发挥了它最大的作用，随之成绩便进步了！

嘉木： 我对这一节的内容深有感触，我小时候喜欢哪个老师，那一科就学得好，因为会主动学习，觉得认真听这个老师讲课是一种快乐。现在知道了背后的科学原理，从家庭的角度我们也一定努力给孩子一个愉快的生活环境，在生活中学习，在玩中学习。

33．对孩子来说，兴趣是什么

娜： 孙老师这一节的内容颠覆了我对“兴趣”二字的理解，兴是起，趣是急，起来急急忙忙去做一件事。兴趣是个动作，这真让我茅塞顿开。我之前一直想给 3 岁的儿子报个兴趣班，可是没找到中

意的，就一直拖着，这回完全放下了，不必为了报兴趣班而报兴趣班了。

34．画画是为了逼真吗

花开有声： 孩子小的时候，画画一开始爱画大圈，后来爱画小圈，再后来爱画 1 厘米线段且每段尾巴都有小钩，边画嘴里边念叨着像是在说故事，好像每一段都代表一个物体。就这样能一直画一个多小时，满满的一张 A4 纸。我太惊叹了，那时他才 2 岁。随口就是一句“太厉害了，画得真好！”，之后我对孩子的画也更多给予“画得好，真像！”之类的评价。直到他 3 岁半的一天，让我给他画消防车，我说：“做饭了，你自己画。”孩子答道：“我画得不像。”这时我才意识到不当评价的后果。

喵喵： 做个小孩不容易啊！画板压弯了孩子的脊背，随之扭曲的还有孩子的大脑。大人总说：“你这孩子真拧巴，怎么不好好学啊。”现在才意识到，真正拧巴的是大人啊。我儿子喜欢用粉笔在黑板上画画，当然各种图形都画得有缺陷，例如，三角形不够尖、椭圆形不够对称、圆形不够圆等。回想起来，我太庆幸自己没有对孩子的画指手画脚，而只是歪打正着地问孩子“你画的什么呀？”。现在懂了，应该把孩子画的图形实物都找出来，辅助孩子做大脑刻录工作！

35．弹琴就能培养音乐修养吗

苹： 学了孙老师的内容后，我对自己之前的做法后悔不已。以前每次看到孩子在学琴的过程中没有达到老师的要求，自己就当老师的帮凶，每次孩子练完琴心里都不开心。对比没学琴之前孩子对钢琴的渴望，这种反差太鲜明了。父母的想法、态度、做法对孩子的影响实在太大了，不学习就上岗，确实会经常掉进坑里还不自知。

36．学围棋能够培养什么

婷： 自己一直有围棋情结，觉得会下围棋的人都很聪明。现在明白了，让孩子在围棋班学棋是个大大的失误，应该在家里自然而然地自主学习。

38．学武术就能体质好吗

雪莲： 本来想等明年孩子 6 岁给他报个跆拳道班，现在知道了这个年龄不适合去学习这些规范动作，知道了大脑小脑的较量，过早学习指定规范的动作，强化了小脑却遏制了大脑的发育，可真是一个错误的决定。

40．奥数的潮流，跟还是不跟

茜： 父母总是希望自己心中的遗憾能够由孩子来弥补。我接触过的父母大多数都是按照自己的意愿，为了所谓的“不能让孩子输在起跑线上”，给孩子报各种各样的兴趣班。孙老师让我意识到，保护孩子的兴趣最重要，让孩子在快乐中自发地学习，不要把兴趣变成任务，这才是父母需要做的。

44. 为什么孩子喜欢听重复的故事

嘉木： 从前很烦孩子要求反复讲同一个故事，现在觉得可以理解了，孩子自己知道想要什么，父母只需要顺势而为就好了。

晓静： 学了孙老师的内容，我更理解孩子的表现了。孩子爱听重复的故事，有的故事听一个月都不嫌烦。原来我还不太理解孩子怎么老是问我谁谁说什么了、怎么说的，每天这个问题都要重复很多遍，如果耐心回答，他可以问上半个小时不停。我一直困惑这是为什么，现在看来，这对孩子是非常有好处的。谢谢孙老师解惑！

45. 为什么孩子注意力不集中

小宝妈： 孩子从小就被老师说注意力不集中，我们一直在想办法、找原因，但是方向错了。我们一开始以为这是因为孩子身体弱，营养不全面，缺少微量元素，后来认为是孩子的态度问题，没有想到是周围环境，也就是家庭的问题。父母经常在家吵架，放学后让孩子先看电视等，无形中都影响了孩子。从这件事上，我对“孩子的问题就是父母的问题”这句话有了深入的认识。不要总在孩子身上找原因，要在自己身上找原因。

46. 为什么孩子多动

宁： 女儿就是喜欢玩，喜欢各种运动，讨厌坐在那里练字，一年级的拼音和写字让我头疼，女儿跟其他上过学前班的孩子相比，落后好多。我非常期待她能静下心来学习，该玩的时候玩，该学习的时候学习。可现实是，她只爱折腾着玩。很庆幸我及时学到了孙老师的这些内容，原来孩子 9 岁以前脑部资源都是优先供给小脑，需要耗尽这些精力孩子才有可能专注。而且孩子的主要任务就是玩，要在玩中学。通过孙老师设计的游戏，我学会了如何"消耗"孩子多余的精力、如何陪孩子在玩中学的方法。玩算牌、玩字牌，一个假期玩下来，女儿进入小学后适应得很快。

小丹： 学习了孙老师的内容之后才知道 0 ～ 3 岁这么关键，而我们没有好好关注，没有视觉聚焦，很少跟孩子进行眼神交流，导致孩子在 3 ～ 6 岁感统失调的各种问题开始显现。现在孩子已经 7 岁了，虽然错过了很多但现在开始学习还不晚，希望在 6 ～ 9 岁阶段能来得及纠正。感谢这个信息交流发达的时代，感谢遇到孙老师，希望这样的机缘是正向改变的开始。

Branda： 跟随孙老师学习，我理解了为什么相比其他动物，人类的后代发育最慢，是因为人类的大脑有发育周期。在大脑发育的初期，孩子就是通过玩来释放精力的。只要能带来心理愉悦，怎么玩都开心，前一秒孩子还在伤心，后一秒就疯玩去了，我们说孩子没心没肺，是因为他还没有发育出"情感"这一块儿。提前开发智力的后果就是孩子坐不住，而且学习效率低。

69．对孩子来说，挨打意味着什么

娜： 常言道，"一个暴妈毁三代"，感觉做母亲的责任好重啊！大人对孩子确实有很大的期待，就算嘴里说着孩子是孩子，我是我，但是没有具体的操作方法，现在我知道应该怎么做了。

71. 对孩子来说，“爱”是什么意思

超枝： “妈妈爱你”这句话的意思，我之前从来没去思考过，想当然地认为当宝宝需要我时，要想及时地给她安慰就要这么说。想着让宝宝学会表达爱，平时也会经常跟她这样表达。学完孙老师的内容后有了更多感悟：亲密的亲子关系源于高质量的陪伴，做父母应事无巨细地观察、了解孩子，关注他的开心、悲伤、生气等所有情绪，用心浇灌和记录，而不只是停在表面表达“爱”。

婧： 原来，爱的正确表达是愿意放下自己的意愿，只因为那是你的意愿，只因为那样你快乐。那是因为我爱你。大部分妈妈都是爱孩子的，可是爱孩子也要用对的方式来正确地表达。

水滴： 这些内容需要反复学习好几遍才能更好地消化和吸收。情感质量包括安全感、共同点以及“爱你是让你如愿”，这才是爱。感情的核心是陪伴，有哭有笑的陪伴才是双方理解的共同感情。知道孩子喜欢什么，不喜欢什么，哪些事情会让孩子高兴，哪些事情会让孩子伤心、生气，列出清单，去操作和执行。我们痛苦是因为总是想要说教和改变对方，殊不知这样不但毁了对方，也伤了自己。

78. 孩子说话时目光回避他人，是不自信吗

芳： 孩子跟人说话从来不看别人的眼睛，我们跟他说要看着我们的眼睛说话，他的脸转过来，眼睛却看向旁边。现在我知道他不是故意的，是因为他从小没有看到过我们的示范。

婧： 我发现跟孩子聊她感兴趣的事时，她的目光是看着我的。如果我说教了，她的目光就开始不看我了。平时的确没有这个意识，在这之后我会从自己做起，话随目光，等待反馈，再做指令。

未来，属于终身学习者

我这辈子遇到的聪明人（来自各行各业的聪明人）没有不每天阅读的——没有，一个都没有。巴菲特读书之多，我读书之多，可能会让你感到吃惊。孩子们都笑话我。他们觉得我是一本长了两条腿的书。

——查理·芒格

互联网改变了信息连接的方式；指数型技术在迅速颠覆着现有的商业世界；人工智能已经开始抢占人类的工作岗位……

未来，到底需要什么样的人才？

改变命运唯一的策略是你要变成终身学习者。未来世界将不再需要单一的技能型人才，而是需要具备完善的知识结构、极强逻辑思考力和高感知力的复合型人才。优秀的人往往通过阅读建立足够强大的抽象思维能力，获得异于众人的思考和整合能力。未来，将属于终身学习者！而阅读必定和终身学习形影不离。

很多人读书，追求的是干货，寻求的是立刻行之有效的解决方案。其实这是一种留在舒适区的阅读方法。在这个充满不确定性的年代，答案不会简单地出现在书里，因为生活根本就没有标准确切的答案，你也不能期望过去的经验能解决未来的问题。

而真正的阅读，应该在书中与智者同行思考，借他们的视角看到世界的多元性，提出比答案更重要的好问题，在不确定的时代中领先起跑。

湛庐阅读App：与最聪明的人共同进化

有人常常把成本支出的焦点放在书价上，把读完一本书当作阅读的终结。其实不然。

时间是读者付出的最大阅读成本

怎么读是读者面临的最大阅读障碍

“读书破万卷”不仅仅在“万”，更重要的是在“破”！

现在，我们构建了全新的“湛庐阅读”App。它将成为你“破万卷”的新居所。在这里：

- 不用考虑读什么，你可以便捷找到纸书、电子书、有声书和各种声音产品；
- 你可以学会怎么读，你将发现集泛读、通读、精读于一体的阅读解决方案；
- 你会与作者、译者、专家、推荐人和阅读教练相遇，他们是优质思想的发源地；
- 你会与优秀的读者和终身学习者为伍，他们对阅读和学习有着持久的热情和源源不绝的内驱力。

从单一到复合，从知道到精通，从理解到创造，湛庐希望建立一个“与最聪明的人共同进化”的社区，成为人类先进思想交汇的聚集地，与你共同迎接未来。

与此同时，我们希望能够重新定义你的学习场景，让你随时随地收获有内容、有价值的思想，通过阅读实现终身学习。这是我们的使命和价值。

内 容 提 要

这是一本全方位解读孩子日常心理行为问题的实用宝典，从孩子最常见的行为问题出发，讲解了孩子行为背后的心理学根源，从行为、情绪到学习、社交，从科学的角度解读，替代传统的家庭经验传承，为每一个第一次当父母的人提供可以直接操作的方法，启发父母思考，帮助他们正确识别孩子的真正需求，应对日日眼前所见的教养难题。

本书法律顾问　北京市盈科律师事务所　崔爽律师
张雅琴律师

图书在版编目（CIP）数据

哭闹撒谎育儿心理学 / 孙路弘，刘帆著. --北京：中国纺织出版社有限公司，2021.4
ISBN 978-7-5180-8446-3

Ⅰ. ①哭… Ⅱ. ①孙… ②刘… Ⅲ. ①儿童心理学
Ⅳ. ①B844.1

中国版本图书馆CIP数据核字（2021）第048658号

责任编辑：闫　星　　责任校对：王蕙莹　　责任印制：储志伟

中国纺织出版社有限公司出版发行
地址：北京市朝阳区百子湾东里 A407 号楼　邮政编码：100124
销售电话：010—67004422　传真：010—87155801
http://www.c-textilep. com
中国纺织出版社天猫旗舰店
官方微博 http://weibo.com/2119887771
石家庄继文印刷有限公司印刷　各地新华书店经销
2021年4月第1版第1次印刷
开本：710 × 965　1/16　印张：21
字数：312千字　定价：89.90元